中国农业科学院
兰州畜牧与兽药研究所年报
(2016)

杨志强　赵朝忠　张小甬　主编

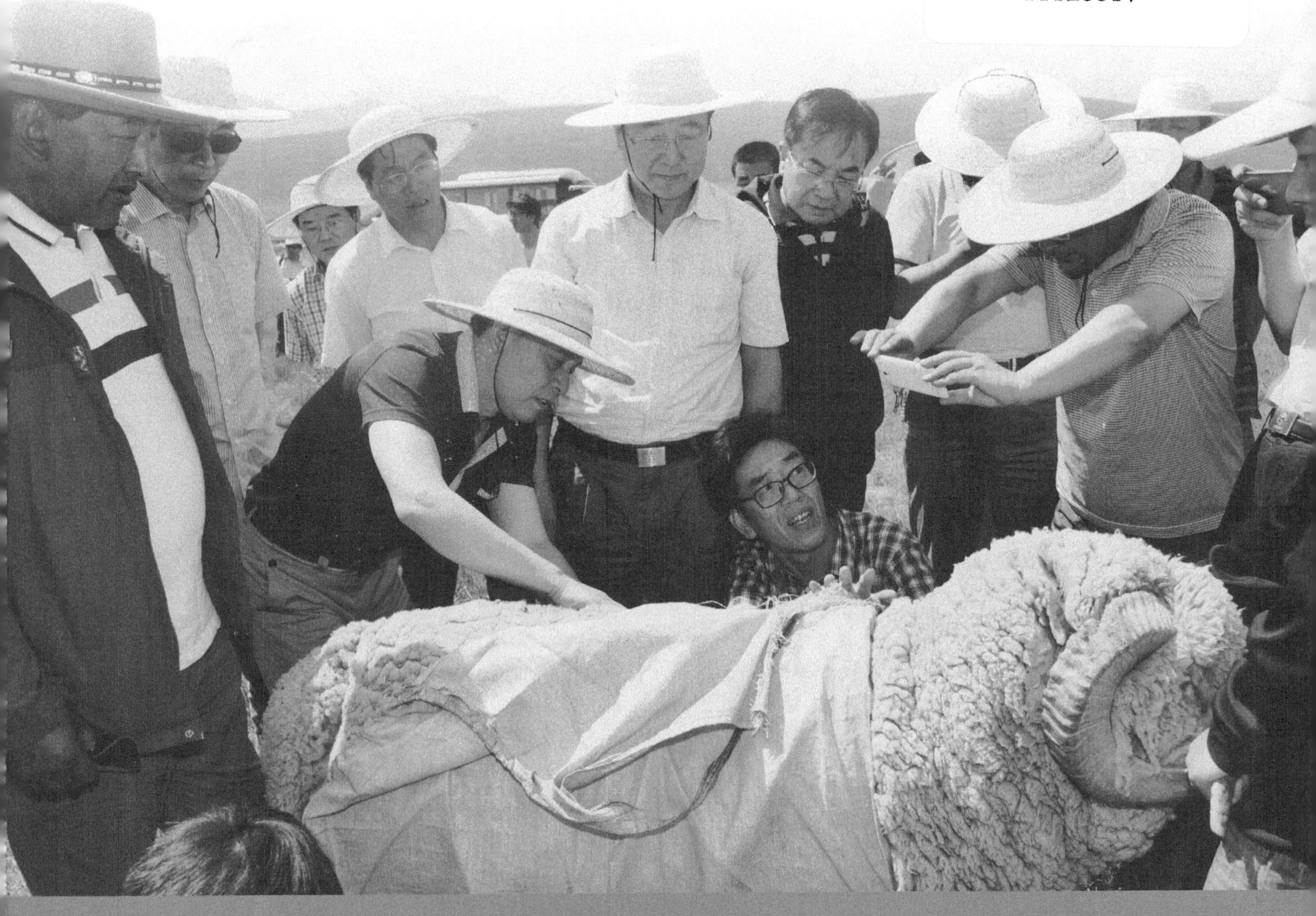

中国农业科学技术出版社

图书在版编目（CIP）数据

中国农业科学院兰州畜牧与兽药研究所年报．2016／杨志强，赵朝忠，张小甫主编．—北京：中国农业科学技术出版社，2018.3

ISBN 978-7-5116-3477-1

Ⅰ．①中…　Ⅱ．①杨…②赵…③张…　Ⅲ．①中国农业科学院-畜牧-研究所-2016-年报②中国农业科学院-兽医学-药物-研究所-2016-年报　Ⅳ．①S8-242

中国版本图书馆 CIP 数据核字（2018）第 007808 号

责任编辑　闫庆健
文字加工　杜　洪
责任校对　马广洋

出 版 者　中国农业科学技术出版社
北京市中关村南大街 12 号　邮编：100081
电　　话　(010)82106632(编辑室)　(010)82109702(发行部)
(010)82109709(读者服务部)
传　　真　(010) 82106650
网　　址　http://www.castp.cn
经 销 者　各地新华书店
印 刷 者　北京建宏印刷有限公司
开　　本　787 mm×1 092 mm　1/16
印　　张　11
字　　数　321 千字
版　　次　2018 年 3 月第 1 版　2018 年 3 月第 1 次印刷
定　　价　36.00 元

《中国农业科学院兰州畜牧与兽药研究所年报（2016）》

编辑委员会

目　录

第一部分　研究所工作报告

——真抓实干开局年，创新工程谱新篇

2016年是“十三五”规划开局之年，也是研究所科技创新工程全面实施之年。在中国农业科学院的坚强领导和亲切关怀下，研究所班子带领全所职工全面贯彻党的“十八大”和十八届三中、四中、五中、六中全会精神，学习习近平总书记系列重要讲话精神，认真落实农业部、中国农业科学院重大决策部署，围绕现代农业科研院所建设行动，以科技创新工程为抓手，真抓实干，各项事业协调推进，党的建设全面加强，全所呈现出心齐气顺、风正劲足、干事创业的新局面。

一、科技创新工程

2016年，创新工程进入全面实施阶段。“奶牛疾病”“牦牛资源与育种”“兽用化学药物”“兽用天然药物”“兽药创新与安全评价”“中兽医与临床”“细毛羊资源与育种”“寒生旱生灌草新品种选育”8个创新团队顺利通过试点期评估，获得院科技创新工程经费1 274万元。为充分调动科研人员的能动性和创造力，遵循协同、高效的原则，整合科技资源，优化重组科研团队。全所创新团队现有科研人员93人，其中团队首席8人、团队骨干37人、团队助理48人。

机制创新是创新工程顺利实施和研究所快速发展的根本保障。为进一步发挥创新工程对科研的引领和撬动作用，结合研究所实际，先后制订修订规章制度15个。通过办法的实施，有力地推动了研究所科技创新工作，有效地发挥了创新工程对改革发展的促进作用，进一步激发了全所干部职工创新热情，为建立健全以绩效管理为核心的创新机制奠定了基础，在科技创新方面取得重大进展。研究所科技投入实现新的增长，科研成果大幅增加，科研论文质量、专利数量有了明显上升，成果转化有了新的进展。

积极参与“十三五”科技发展规划的编制。组织专家积极参与科技部、农业部、甘肃省、中国农业科学院科技发展规划的编制工作，修订完善了《研究所科技创新工程“十三五”规划》，积极参与《“十三五”农业农村科技创新规划》《中国农业科学院“十三五”科学技术发展规划实施方案》《中国农业科学院知识产权“十三五”规划》《甘肃省兽医局兽药产业健康发展实施意见》等的修改工作。

二、科研工作

2016年，在中国农业科学院科技创新工程的引领下，积极争取科研课题，研究所全面完成了各项科研任务。

2016年研究所承担各级各类科研项目130项，合同经费1.47亿元，到位经费3 205.58万元。2016年新立项国家、省部和横向委托科研项目33项，其中“‘十三五’国家重点研发计划”项目3项，国家自然科学基金项目1项，合同经费2 019.01万元，到所经费1 868.62万元。

在研项目进展良好。科技基础性工作专项“传统中兽医药资源抢救与整理”，撰写中兽医药学资源及其利用现状报告2篇，整理和撰写名家传记1部、畜禽经验方1部，荟萃经验方193个，地道药材11种；收集中兽医古籍著作4部。更新中兽医药陈列馆展品48件，接待参观人员200余人

次；中兽医药学资源网站上传信息100条。收集中兽药资源有关书籍50部、资料信息108条、中药图片资料40幅；主编出版视频1部，著作3部，参编著作2部；发表论文7篇；获得发明专利1项，行业标准2个。国家科技支撑计划“新型动物专用化学药物的创制及产业化关键技术研究”，建立灵敏、快速、简便的五氯柳胺混悬剂高效液相检测方法；获得临床试验批件，完成了五氯柳胺混悬剂二期临床试验，驱虫效果显著。完成维他昔布及制剂新药研制，取得国家新兽药证书2个，建成规模化口服制剂生产线1条，获得发明专利5个，发表文章8篇，培养研究生3名。绿色增产增效技术集成模式研究与示范项目“羊绿色增产增效技术集成模式研究与示范”，开展牧区“放牧+补饲—草原肥羔全产业链绿色增产增效技术”集成模式研究与示范，建立羊绿色增产增效技术集成模式研究与示范点10个，示范规模共计13.3万只，带动规模40余万只。在甘肃省肃南县牧区重点集成了高山美利奴羊选育提高与杂交利用技术，集成示范效果显著，每只羊新增收益195.5元。甘肃省科技支撑计划“牧草航天育种研究”，先后在我国“实践十号科学实验卫星”和“神舟十一号飞船”成功搭载5类牧草的20份种子材料和紫花苜蓿试管苗1株，并在国内首次开展苜蓿试管苗航天搭载试验。“航苜1号”紫花苜蓿新品种实现成果转让。完成了“航苜2号”新品系选育，其品种多叶率为71.38%，草产量平均高于对照14.04%。

科技成果喜获丰收。研究所全年获科技成果奖励8项，其中“高山美利奴羊新品种培育及应用”分获甘肃省科技进步一等奖和中国农业科学院杰出科技创新奖，“优质肉用绵羊提质增效关键技术研究与示范”和“治疗犊牛腹泻病新兽药的创制与产业化”获甘肃省农牧渔业丰收一等奖，“甘南牦牛选育改良及高效饲养技术集成示范”获全国农牧渔业丰收奖成果二等奖，“黄白双花口服液和苍朴口服液的研制与产业化”获兰州市科技进步一等奖。“‘益蒲灌注液’的研制与推广应用”获得甘肃省科技进步三等奖，“青藏地区奶牛专用营养舔砖及其制备方法”获甘肃省专利奖二等奖。组织验收结题科研项目24项；申报新兽药7项，取得新兽药证书3项；发表论文151篇，其中SCI论文31篇（院选SCI论文11篇），单篇最高影响因子4.052；颁布国家标准1项；申请专利243项，获得授权专利205项（其中发明专利50项）；授权软件著作权3项；出版著作15部。

学术交流与国际合作日趋紧密。2016年先后派出12个团32人次参加国际学术会议和开展合作交流，分别出访美国、肯尼亚、英国、德国、荷兰、匈牙利、丹麦、芬兰、南非、俄罗斯、塔吉克斯坦、吉尔吉斯斯坦、泰国、爱尔兰和日本等15个国家。邀请英国、荷兰、苏丹和以色列专家学者18人次来所访问。邀请国内知名专家、学者来所做学术报告10场次。研究所有70多人次参加了全国或国际学术会议。

科技兴农大显身手。2016年研究所按照中央一号文件要求，以“促生产、保增长、提效益”为目标，结合研究所科研生产实际，立足西北，面向全国，充分利用人才、技术、信息等方面的优势，为农业基层单位和农牧民传播新技术、新方法，举办各种科技培训15场次，培训720人次。研究所积极响应甘肃省委号召，深入开展“双联”行动和精准扶贫，先后有11批55人（次）赴甘南州临潭县新城镇4个村开展双联行动，为帮扶村争取道路建设经费74.8万元，送去“甘农一号”优质苜蓿种子1 250kg，“大通牦牛”种公牛4头、办公桌椅和电脑，向养殖户发放牛羊用矿物质营养舔砖、驱虫药、消毒药等兽药产品。研究所联系的肖家沟村和南门河村已通过县州的脱贫考核验收。研究所荣获2015年全省联村联户为民富民行动优秀双联单位称号，2015年研究所精准扶贫驻村帮扶工作队被中共甘肃省临潭县委评为先进驻村帮扶工作队，1名同志荣获兰州市七里河区人大“双联行动优秀人大代表”荣誉称号，1名同志获优秀驻村帮扶工作队队长奖。

成果转化取得新进展。加快了科技成果转化，促进了地方经济发展。2016年研究所与成都中牧、河北武当、洛阳惠中、甘肃陇穗等15家单位达成成果转化及技术服务协议11项，到位经费350.50万元。

三、条件建设

完成了中国农业科学院试验基地建设项目和农业部兽用药物创制重点实验室建设项目。2013年修购专项“中国农业科学院共建共享项目：张掖大洼山综合试验基地基础设施改造”和2014年修购专项“中国农业科学院公共安全项目：所区大院基础设施改造”顺利通过农业部验收。2015年度修购专项“中国农业科学院前沿优势项目：牛羊基因资源发掘与创新利用研究仪器购置”和2016年度修购专项“公共安全项目：农业部兰州黄土高原生态环境重点野外科学观测试验站观测楼修缮”圆满完成了年度任务。

2016年，农业部动物毛皮及制品质量监督检验测试中心（兰州）经农业部组织的专家复审合格，SPF级标准化动物实验房通过了甘肃省实验动物管理委员会年检，并取得了实验动物使用许可证。组织召开了农业部兽用药物创制重点实验室和甘肃省新兽药工程重点实验室第一届学术委员会第四次会议。建成了面积24m^2，存860份标本的牧草标本室。

四、管理服务

管理服务能力明显提高。制定了中国农业科学院兰州畜牧与兽药研究所《科研人员岗位业绩考核办法》《公务用车管理办法》《印章使用管理办法》《档案查询借阅规定》《突发公共事件应急预案》和《危险化学品安全管理办法》等28项管理办法，出版《中国农业科学院兰州畜牧与兽药研究所规章制度汇编》和《农业科研单位常用文件摘编》。研究所承办中国农业科学院综合政务会议。强化公文质量，提升公文写作水平，研究所荣获中国农业科学院2015—2016年度“好公文”奖，1名同志荣获中国农业科学院优秀核稿员称号。加大科技创新宣传力度。在《中国农科院院网》《院报》《工作简讯》等院媒发表稿件51篇。中央人民政府网站《中国政府网》刊登研究所题为《我国育成高山细毛羊新品种达到国际领先水平》的文章，这也是国家媒体首次对研究所科技成果进行报道。编印研究所《工作简报》12期，主办宣传栏13期。完成中国农业科学院保密自查自评工作、网络保密检查工作和网络安全检查工作，并通过了中国农业科学院办公室保密检查。在科研管理上，通过申报动员、交流座谈、实施论证、定期检查和评审验收等多种方式，为科技人员提供服务和支持，确保项目成功立项和顺利实施。先后组织撰写科研项目（课题）申报书或建议书134项，组织申报成果12项。研究所科技管理处获得了中国农业科学院“外事管理先进集体”称号，1名同志获得中国农业科学院“外事管理先进个人”称号。在开发创收上，通过扩大对外宣传，加强员工培训，提升服务质量等措施，积极应对市场变化，克服各种困难，基本实现全年创收目标。在财务与资产管理上，建立了科研经费预算查询系统，利用信息化手段进行科研项目和资金管理，提高科研经费管理效率。严格执行财务制度，加强财务内控，确保资金安全；加强预算管理，预算执行进度达到95%以上。在人事管理上，1人获甘肃省优秀专家称号。“高山美利奴羊新品种培育及应用课题组”获2014—2015年度中国农业科学院“青年文明号”称号。接收中国农业科学院“西部之光”访问学者1名。3名职工取得研究员任职资格、4名职工取得副高级职称任职资格，1名职工取得中级职称任职资格。初聘1名博士、3名硕士专业技术职务。新录用人员4名。2016年招收博士生4名、硕士12名，2名博士研究生和9名硕士研究生通过毕业论文答辩。出站博士后1名，进站博士后2名。在劳资管理上，按照相关文件精神，为在职职工办理了2016年度正常晋升薪级工资，调整发放退休人员养老金和工作人员基本工资。在离退休职工管理上，研究所承办了中国农业科学院离退休工作会议，老干部科获中国农业科学院离退休工作先进集体称号，1名同志被评为农业部离退休工作先进个人，有7名离退休职工作品入选中国农业科学院组织开展的《喜看院所发展，安享幸福晚年生活》书画摄影作品集。召开迎新春茶话会，走访慰问了15名离退休干部、困难职工和职工遗属，及时探望慰问生病住院的离退休职工20人余次，给65

名80岁以上老同志送生日蛋糕、生日贺卡，为10名异地居住的离退休职工邮寄生日贺卡。在基地管理上，研究所综合试验站规划通过了中国农业科学院验收和地方政府批复。张掖基地项目基本完成工程任务，达到验收标准。大洼山填沟工程进展顺利。在安全生产上，进一步落实安全生产责任制，强化在岗值班制度，调整了部门和实验室安全员。本年还集中开展3场专题讲座，全所职工集体观看了安全警示教育片，进行了消防知识培训和急救逃生演练。全年召开安全生产专题会9次，开展每月1次的安全卫生大检查，扎实开展安全生产隐患排查整改，消除了安全隐患。加强车辆管理。在后勤管理上，水电暖气供给有力，保障了全所科研和生活。绿化美化大院环境，全年补植草坪300m^{2}之多，修剪草坪25次，共8万m^2、绿篱5次约2 500m^2，修剪树木400余株。

五、党的建设

加强理论学习。制定了研究所《2016年党务工作要点》《2016年职工学习教育安排意见》《关于在全体党员中开展“学党章党规、学系列讲话，做合格党员”学习教育实施方案》。以“两学一做”为抓手，学习党的“十八大”和十八届三中、四中、五中、六中全会精神及习近平总书记系列重要讲话精神。举办研究所“两学一做”学习教育党务骨干培训班2次。理论学习中心组集体学习4次、研究所领导讲专题党课3次、收看专题辅导报告4次、英模报告1次。组织党员收看视频教育片《榜样》《柴生芳》、电影《大会师》等。举办了研究所“庆祝建党95周年暨两学一做知识竞赛”活动。

加强组织建设和廉政建设。开展党支部调整及换届选举工作。制定了《关于党费收缴使用管理的规定》，研究所在职党员补缴党费39. 37万元。发展党员2名，确定入党积极分子4名。制定了《关于党支部“三会一课”管理办法》。研究所党委获中国农业科学院“先进基层党组织”称号，1名党员获中国农业科学院“优秀党务工作者”称号，1名党员获中国农业科学院“优秀共产党员”称号。研究所评选先进基层党组织2个，优秀党务工作者2名，优秀共产党员6名。制定了研究所《2016年党风廉政建设工作要点》《关于领导班子成员落实“一岗双责”的实施意见》《关于严禁工作人员收受礼金礼品的实施细则》《信访举报管理办法》。通过全所职工大会、专题会议、辅导报告等形式，学习法律法规及会议材料。组织收看了中国农业科学院党员干部警示教育视频会议和廉政警示教育片。结合中央巡视工作反馈意见，立行立改，从严从实做好整改工作。

发挥工青妇和统战作用。组织召开研究所第四届职工代表大会第五次会议。开展道德讲堂宣讲活动2次、职工摄影作品展示与评比活动、学雷锋志愿服务及保护母亲河活动2次、乒乓球业余健身活动。开展为工会会员庆祝生日活动。协助完成九三学社中兽医支社换届选举。协助完成兰州市和七里河区人大代表、政协委员的推荐工作，1人当选市人大代表，1人当选市政协委员，1人当选区人大代表，3人当选区政协委员。

开展形式多样的文明创建活动。全年涌现出文明处室5个，文明职工5名。举行了庆祝“三八”妇女趣味活动。组织全所职工“春季植树周”活动。举行了“庆五一健步走”活动。开展了离退休职工欢度重阳节趣味活动。

2016年，研究所各项事业取得了新的成就，实现了的“十三五”期间的良好开局，在建设世界一流科研院所的征程中迈出了坚实而有力的一步。这得益于创新工程的有效实施，得益于全所职工的勤奋努力。但是，我们也清醒地认识到发展中还存在一些深层次的问题。主要表现在：高层次人才，特别是科研领军后备人才缺乏；基础研究乏力，应用研究与畜牧生产结合不紧密；创新平台基础薄弱，现有设施设备共享共用不够充分；国际合作与交流形式单一，实质性合作项目较少。这些问题虽然是发展中的问题，但在一定程度上制约了研究所的可持续发展和服务“三农”能力的提升。

六、2017年工作要点

2017年，是实施“十三五”规划承上启下的关键之年。做好2017年各项工作责任重大。在新的一年里，在中国农业科学院党组的领导下，不忘初心，砥砺前行，以科技创新工程为引领，抢抓一带一路发展机遇，瞄准学科前沿动态，突出特色，发挥优势，奋发有为，力求在管理机制、科学研究、人才队伍、条件建设、党的建设等方面取得新的更大的进展。

（一）根据中国农业科学院的部署和要求，按照科技创新工程的目标任务要求，进一步优化创新团队，完善创新工程配套制度，扎实推进研究所科技创新工程，争取取得新的成效。

（二）抓好科研工作。认真做好科技项目的储备和申报工作，继续加大国家自然基金项目申报力度。创新国际合作方式，加强科研计划任务执行的服务、监督和检查工作。强化科研经费管理。抓好科研项目的结题验收和总结，着力培育大科技成果，积极申报科技成果奖、专利和新兽药。发表一批高水平的科技论文。

（三）进一步加强所地、所企及国内外高等院校和科研院所的科技合作，大力促进协同创新，加快科研成果转化和人员交流。围绕精准扶贫、服务“三农”和甘肃省脱贫攻坚帮扶活动，大力开展技术培训、科技下乡和科技兴农工作。

（四）加强科技创新团队人才建设和中青年科技人才的培养，做好人员招聘录用工作。做好技术职务评审推荐及聘任工作。加强研究生管理，做好研究生招收与培养工作。

（五）加强条件建设。进一步加强所区、基地基础设施条件建设，完成2015年基本建设项目和2016年修购专项。积极申报大洼山基础设施改造项目及研究生公寓建设项目。

（六）根据中国农业科学院研究所评价体系，进一步完善各类人员的绩效考核和奖励办法。加强管理，严格执行各项规章制度。进一步抓好安全卫生工作。

（七）抓好党建工作。继续加强职工学习教育，提高党建工作规范化、科学化水平。认真贯彻落实党风廉政建设各项政策措施。抓好工会、统战和妇女工作。持续开展文明创建活动，营造文明和谐、积极向上的创新环境。做好离退休职工管理与服务工作。

第二部分　科研管理

一、科研工作总结

2016年是“十三五”规划开局之年，研究所围绕《国家创新驱动发展战略纲要》《“十三五”国家科技创新规划》和《关于进一步完善中央财政科研项目资金管理等政策的若干意见》等文件精神，制定“十三五”科技发展规划，完善科技管理制度，推动科研创新，全面组织保障科研计划任务的顺利实施，圆满完成了年度计划任务目标。

（一）科研计划管理工作

1. 科研立项与项目库建设

按照学科发展要求，结合国家农业科技战略需求，积极组织专家凝练科学问题，撰写项目建议书，为“十三五”期间农业科技发展研究储备项目库。先后组织撰写科研项目（课题）申报书或建议书134项。已经获得科研资助项目（课题）33项，总经费2 019.01万元，落实科研项目经费1 868.63万元。其中“‘十三五’国家重点研发计划”项目3项。

2016年已获资助的科研项目：国家重点研发计划课题及子课题4项，经费155万元；国家自然科学基金1项，经费24万元；国家科技支撑计划子课题1项，经费50万元；农产品质量安全监管专项1项，经费60万元；农业行业标准1项，经费8万元；中国农业科学院科技创新工程滚动支持团队8个，经费1 274万元；农业部现代农业体系项目4项，经费280万元；甘肃省科技支撑计划项目课题及子课题5项，经费32万元；甘肃省青年基金2项，经费4万元；甘肃省还草工程科技支撑计划项目1项，经费20万元；甘肃省秸秆饲料化利用技术研究与示范推广1项，经费10万元；横向委托项目4项，经费101万元。

研究所正在牵头组织全国30家科研院所、高校和企业等优势单位申报2017年度国家重点研发计划“中兽医药现代化与绿色养殖技术研究”项目，预算经费3 280万元。同时组织研究所专家积极参与国内兽药专业优势单位联合申报2017年度国家重点研发计划“新型动物药剂创制与产业化”和“畜禽群发普通病防控技术研究”项目。遴选推荐了2016年度研究所基本科研业务费项目32项，中国农业科学院增量项目4项，组织完成了2017—2019基本科研业务费34项项目的入库工作；组织完成了2017年度畜牧业行业标准建议、2017年创新型人才项目申报、科技部创新人才推进计划、2017—2020年科技基础资源调查专项重大需求建议、国家重点研发计划项目申报、农业部平台项目和甘肃省、兰州市等地方科研项目的申报工作。

2. 科研计划实施管理工作

2016年研究所共承担各级各类科研项目130项，合同经费1.47亿元，总到位经费8 620.81万元，本年度新增项目经费3 205.58万元。包括国家自然科学基金项目13项、农业部现代农业产业技术体系项目4项、国家科技支撑计划课题及子课题15项、科技基础性工作专项项目7项、国家重点研发计划课题及子课题4项、公益性行业专项项目课题及子课题19项、农业科技成果转化项目1项、农产品质量安全监管专项1项、农业行业标准1项、中国农业科学院科技创新工程项目经费8项、甘肃省科技重大专项子课题1项、甘肃省科技支撑计划课题及子课题13项、甘肃省国际科技合作计划项目 1 项、甘肃省自然基金项目 2 项、甘肃省青年科技基金项目 12 项、甘肃省农业生物技术研究与应用开发项目 5 项、甘肃省农业科技创新项目 2 项、甘肃省农牧厅全国牧草新品种区域试验项目 1 项、甘肃省农牧厅秸秆饲料化利用技术研究与示范项目 1 项、甘肃省农牧厅还草工程科技支撑计划项目 1 项、兰州市科技发展计划项目 2 项、兰州市创新人才项目 2 项、横向委托项目 14 项。

3. 学科建设

积极推进学科建设，根据学科发展要求，在研究所原有 2 大学科集群、5 大学科领域、9 大重点研究方向的基础上，加强了研究所在中兽医针灸与免疫、临床兽医、兽药残留、牛羊基因工程与繁殖、荒漠草原生态、草食家畜产品质量安全等方面的研究，为研究所进一步开展科技创新做好战略布局。

4. 中国农业科学院科技创新工程实施

2016 年研究所共获得院科技创新工程经费 1 274 万元，完成了研究所与创新团队首席、团队首席与团队成员的任务书签署工作。对现有科研团队的人员结构和团队名称进行了优化，完成创新工程 2017—2019 年度经费预算编制申报工作，完成研究所创新工程试点期绩效管理自评估报告及绩效考评综合评审会答辩工作。截止目前，研究所共有 8 个团队进入院科技创新工程并顺利通过试点期评估，现共有创新团队科研人员 93 人，其中团队首席 8 人、团队骨干 37 人、团队助理 48 人。

5. 科研项目结题验收

先后对 24 项结题科研项目进行了会议组织验收工作。甘肃省科技重大专项“甘肃超细毛羊新品种培育及产业化研究与示范”“新型高效安全兽用药物‘呼康’的研究与示范”及甘肃省科技支撑计划、甘肃省国际科技合作、甘肃省农业科技成果转化资金计划和甘肃省中小企业创新基金计划等 8 个科研项目进行了验收；6 月，“新型中兽药‘产复康’的产业化示范与推广”“奶牛隐性乳房炎快速诊断技术 LMT 的产业化开发”“中型狼尾草在盐渍土区生长特性及其应用研究”“中药制剂‘清宫助孕液’的产业化示范与推广”和“高效畜禽消毒剂二氧化氯粉剂的研究及产业化”项等 12 个兰州市科技发展计划项目通过验收 .

6. 制订修订科技管理制度

组织专家积极参与科技部、农业部、甘肃省、中国农业科学院“十三五”科技发展规划的编制工作。修订完善了《研究所科技创新工程“十三五”规划》，参与完成了《“十三五”农业农村科技创新规划（征求意见稿）》《中国农业科学院“十三五”科学技术发展规划实施方案（征求意见稿）》《中国农业科学院知识产权“十三五”规划（征求意见稿）》《甘肃省兽医局兽药产业健康发展实施意见》等规划方案的修改工作。

研究所管理制度制（修）订。总共组织制（修）订 15 个管理制度（办法）。修订了《研究所科研人员岗位业绩考核办法》《研究所科研项目（课题）管理办法》和《研究所奖励办法》，制定《研究所推进重大科技任务形成的管理办法（征求意见稿）》《兰州牧药所知识产权管理办法》和《兰州牧药所鼓励科研人员创新促进科技成果转化的实施办法》，修订了《中国农业科学院兰州畜牧与兽药研究所学业奖学金评选办法》和《中国农业科学院兰州畜牧与兽药研究所因公临时出国（境）经费实施细则》，制定了《中国农业科学院兰州畜牧与兽药研究所因公临时出国（境）管理办法》《中国农业科学院兰州畜牧与兽药研究所研究生国家奖学金评审办法》《中国农业科学院兰州畜牧与兽药研究所研究生公费医疗管理办法》《中国农业科学院兰州畜牧与兽药研究所研究生特困补助实施办法》《中国农业科学院兰州畜牧与兽药研究所研究生婚育管理办法》《中国农业科学院兰州畜牧与兽药研究所研究生出国（境）管理办法》和《中国农业科学院兰州畜牧与兽药研究所涉外培训管理办法》等。

7. 科研基础数据的整理与总结

先后完成了兰州市发改委调研材料、创新工程科研团队调整工作、2015 年度国家科技基础条件资源调查、2015 年度科学研究与技术开发机构调查表、2015 年度科普统计调查表、2015 年科研工作年报、2016 年兰州科技成果博览会项目参展等材料的组织撰写工作。完成了研究所 2015 年学术委员会工作总结、研究所“十二五”期间农业科技援藏工作总结、“十二五”期间改革创新成效、落实整改任务报告、种业权益改革试点实施方案等报告的撰写。

（二）成果与服务

1. 成果培育

研究所申报各级奖励 13 项，已获得科技奖励 8 项：“甘南牦牛选育改良及高效牧养技术集成示范”获全国农牧渔业丰收奖成果二等奖，“高山美利奴羊新品种培育及应用”获中国农业科学院杰出科技创新奖，“优质肉用绵羊提质增效关键技术研究与示范”和“治疗犊牛腹泻病新兽药的创制与产业化”获甘肃省农牧渔业丰收一等奖，“黄白双花口服液和苍朴口服液的研制与产业化”获兰州市科技进步一等奖。发表论文 151 篇，其中 SCI 论文 31 篇（院选 SCI 论文 11 篇，其它 SCI 论文 20 篇，总计影响因子 47. 19，最高 4. 052，平均影响因子 1. 52）；颁布国家标准 1 项；申请专利 243 项，获得授权专利 205 件，其中发明专利 50 件；获得新兽药证书 3 项；授权软件著作权 3 项；出版著作 15 部。

2. 成果转让与科技服务

2016 年对新兽药“苍朴口服液”“板黄口服液”等 8 项成果进行科技成果登记。研究所先后与成都中牧、河北武当、洛阳惠中、甘肃陇穗等 15 家单位达成成果转移转化及技术服务协议，总计到位 350. 5 万元，新签订协议 11 项。加快了科技成果转化，促进了地方经济发展。

与甘肃陇穗草业有限公司达成“航苜 1 号紫花苜蓿新品种委托授权协议”，金额 15 万元；与甘肃猛犸有限公司达成“中兰 1 号苜蓿品种转让协议”，金额 15 万元；与酒泉大业种业有限责任公司达成“中兰 2 号紫花苜蓿新品种种子生产经营权转让协议”，金额 10 万元；对天津中澳嘉喜诺生物科技有限公司就“茶树纯露消毒剂的研究开发”开展技术服务，金额 40 万元；对洛阳惠中兽药有限公司就“头孢噻呋注射液影响因素及加速试验”进行技术服务，金额 14 万元；另外还有 3 项专利转让，3 项技术咨询服务。

3. 科技宣传工作

研究所在注重科技创新工作的同时，通过各种媒体对研究所科研进展、科技成果进行宣传，在《中国农科院网》《甘肃省科技厅网》《研究所网》、CCTV 电视 7 台、2016 中国兰州科技成果博览会等媒体和平台及时报道重要新闻、展示重大成果，提高了研究所的声誉和社会影响力，助力研究所快速健康发展。

（三）科技平台管理

农业部动物毛皮及制品质量监督检验测试中心（兰州）经农业部组织的专家复审合格，SPF 级标准化动物实验房通过了甘肃省实验动物管理委员会组织的专家年检，并取得了实验动物使用许可证，补充了“中兽医药陈列馆”馆藏标本和器具，建成了研究所“牧草标本室”，申报了 2017—2019 年农业部重大专项设施运行费项目并参加了现场答辩评审会。先后完成了研究所“十二五”期间大型科学仪器设施共享服务调查工作，完成了大型仪器设备基本信息的系统填报工作，完成了研究所科研基础设施与仪器开放工作报告，完成了研究所国家农业科学试验站布点需求工作，完成了生物育种国家实验室申报材料研究所负责部分的撰写工作，组织召开了农业部兽用药物创制重点实验室和甘肃省新兽药工程重点实验室第一届学术委员会第四次会议，为更好支撑科研工作打下坚实基础。

4 月研究所召开农业部动物皮毛及制品质量监督检验测试中心（兰州）复查评审会。评审组通过听取研究所关于实验室质量管理体系运行情况和3年来工作汇报，实地考察检验场所，查阅质量体系文件，进行人员笔试座谈后，对该中心近年来的发展给予了高度评价，认为该中心在机构和人员、质量体系、仪器设备、检测工作、记录与报告、设施与环境6个方面符合《检验检测机构资质认定评审准则》和《农产品质量安全检测机构考核评审细则的要求》等，具备按相关标准进行检测的能力，同意通过农产品质量安全检测机构考核、部级产品质检机构审查认可和检验检测机构资质认定。9月，甘肃省科技厅委托甘肃省实验动物管理办公室对研究所动物实验房进行2015年度省实验动物许可证年检，专家组在听取汇报，对实验动物工作环境、实验基础设施等情况进行现场考察及评审，查阅有关文件、记录和质量检测报告等材料后，一致同意通过年检，并对发现的问题提出整改意见建议。10月，研究所组织召开农业部兽用药物创制重点实验室和甘肃省新兽药工程重点实验室第一届学术委员会第四次会议，重点实验室主任向与会委员和专家汇报了过去两年重点实验室各项工作的进展，与会委员和专家对重点实验室两年来取得的工作成绩和建设成果给予了充分肯定，对于重点实验室的学科发展、创新研究、平台建设、人才培养、开放运行等进行了讨论，并提出了宝贵意见和建议。

（四）国际合作与学术交流

1. 国际交流与合作

2016年研究所共有12个出访计划，出国计划有10项，2项出访计划为农业部和中国农业科学院出访计划。1—11月共派出11个团，31人（次）出访肯尼亚、英国、德国、荷兰、匈牙利、丹麦、芬兰、南非、俄罗斯、塔吉克、吉尔吉斯斯坦、泰国、爱尔兰、日本和美国等15个国家参加国际学术会议、开展合作交流。

2. 学术交流

研究所先后邀请国外知名专家、学者和教授18人次来所做学术报告，分别来自英国、荷兰、苏丹和以色列等国家，共组织学术报告10场次。有70多人次参加了全国或国际学术交流大会。

（五）研究生培养

2016年研究所招收12名硕士研究生和4名博士研究生。有2名博士研究生和9名硕士研究生顺利通过论文答辩并毕业，7名博士研究生和23名硕士研究生完成了开题报告和中期考核。目前在所的研究生数量为50人。

根据研究生院相关要求完成了2014级和2015级的28名研究生学业奖学金评定工作。评定学业奖学金同时推选出国家奖学金、大北农励志奖学金和陶氏益农优秀论文奖学金候选者；开展了第二批学位授权点自我评估工作，涉及临床兽医学、基础兽医学和动物遗传育种与繁殖学3个培养点；聘请专家听取研究所学位培养点自评估工作汇报，审阅评估材料，并提出诊断式评议意见；组织导师对2014级研究生开展了实验记录自查工作，并针对检查结果提出了相关改进意见并上报研究生院。

（六）科技兴农工作

2016年研究所按照中共中央国务院一号文件（简称中央一号文件，全书同）要求，以“促生产、保增长、提效益”为目标，在农业部和中国农业科学院的领导下，结合研究所科研生产实际，立足西北，面向全国，通过项目引领、强化创新、深入基层、贴近生产、促进转化、加强培训、服务“三农”等多种措施，全力开展农业科技服务工作。

4月2日，国家绒毛用羊产业技术体系分子育种岗位在肃南县农广校开展了肃南县科技富民行动甘肃高山细毛羊特色优势产业培训，共培训国家绒毛用羊产业技术体系岗位、站长及团队成员4人，农牧科技人员20人，农牧民72人。4月11日，国家绒毛用羊产业技术体系分子育种岗位在肃南裕固族自治县召开“肃南县科技富民行动高山美利奴羊特色优势产业培训会”，共培训国家绒毛用羊产业技术体系岗位、站长及团队成员4人，农牧科技人员和农民92人。5月22—26日“无抗藏兽药应用和疾病综合防控”课题组在兰州西湖大厦举办了“藏区牛羊疾病防控与藏草药加工技术培训会”，会议采用专家讲座和实训操作两种方式进行，主要讲授了藏区牛羊口蹄疫防控技术、牛羊重要疾病的病理诊断、牛羊寄生虫病的流行现状与防控策略、人畜共患病防控技术、藏草药加工与炮制几个专题，并到中兽医药标本馆、大洼山中药种植基地等地进行了现场实地学习与交流。7月5—7日，国家绒毛用羊产业技术体系分子育种岗位联合张掖综合试验站在永昌县举办“高山美利奴羊选育提高和提质增效技术集成模式及推广利用培训会”，共培训国家绒毛用羊产业技术体系岗位、站长及团队成员12人、农牧科技人员37人、农牧民89人。7月国家奶牛产业技术体系疾病控制功能室在青岛奥特奶牛场开展了奶牛提质增效技术集成生产模式与示范—牛隐性乳房炎综合防治技术，从隐性乳房炎的诊断、中兽药预防、管理评分等多个方面进行了示范，而且配备配套的产品4种，给该牛场和周边相关的牛场提供隐形乳房炎诊断液及诊断盘、强力消毒灵、乳宁散（中试产品）等相关产品60余箱（件）。8月25日，国家肉牛牦牛产业技术体系牦牛选育岗位专家在青海省海北州举办了“肉牛高效健康养殖技术”培训班，培训人数120人。9月4日，“牦牛资源与育种”团队在碌曲县尕秀村示范基地举行了种牛投放暨牦牛健康养殖培训，国家肉牛牦牛产业技术体系甘南综合试验站、李恰如种畜场领导及广大牧民群众50余人参加。9月6—8日，国家奶牛产业技术体系疾病控制功能室在张掖市举办了全省规模化奶牛场饲养管理技术培训班，会议邀请了国内长期从事奶牛营养、牧场管理、技术服务和科学研究的相关专家，进行“利用精准营养技术提高牧场效益”“‘三管齐下’加快中国奶业升级”“规模化奶牛场繁殖技术管理”“奶牛围产期保健管理”“奶牛疫苗及疫苗合理使用”等培训，参训人数150人。11月21—23日“牦牛资源与育种”创新团队在夏河社区开展技术培训，梁春年博士主讲了“牦牛产业发展及提高牦牛养殖经济效益的途径”、郭宪博士主讲了“牦牛繁殖新技术”和“藏羊高效饲养技术”、王宏博博士主讲了“饲草料加工及藏羊健康养殖技术”等，来自夏河县畜牧站、牦牛藏羊养殖大户、牧民专业合作社代表共50余人（次）参加了技术培训。

二、科研项目执行情况

黄土高原苜蓿碳储量年际变化及固碳机制的研究

课题类别：国家自然科学基金面上项目

项目编号：31372368　　　　**起止年限**：2014年1月至2017年12月

资助经费：82.00万元

主持人及职称：田福平 副研究员

参加人：胡宇　张怀山　时永杰　路远　张茜　张小甫

执行情况：完成了不同生长年限苜蓿草地的各项测定工作，采集与本年度相关的植物和土壤样品。分析了不同生长年限苜蓿土壤总有机碳库及各组分碳库的变化特征，分析了生长2年、4年、11年、16年的苜蓿草地在不同生育期1m土层深度的土壤有机碳及其组分含量。研究结果显示：不同生长年限紫花苜蓿土壤活性有机碳组分主要集中在0~60cm土层，呈表聚现象，表现为随土层深度的增加而减小；随生育期的推移，各生长年限紫花苜蓿土壤有机碳组分含量均呈减小趋势；而在相同生育期内，除易氧化有机碳在返青期内、颗粒有机碳在返青期、盛花期，可溶性有机碳在结荚期，轻组有机碳在盛花期表现为随生长年限的增加而增加的趋势，各有机碳组分在其余各生育期内易氧化有机碳表现为随生长年限的增加而减小的趋势。

发酵黄芪多糖基于树突状细胞TLR信号通路的肠黏膜免疫增强作用机制研究

课题类别：国家自然科学基金面上项目

项目编号：31472233　　　　**起止年限**：2015年1月至2018年12月

资助经费：85.00 万元

主持人及职称：李建喜 研究员

参加人：张景艳　王磊　王旭荣　张凯　张康　秦哲　孟嘉仁

执行情况：采用响应面法进一步优化发酵黄芪多糖、黄芪多糖的提取、纯化工艺，制备细胞试验用多糖，其中多糖纯度可达 86.0%，内毒素含量均低于 0.1EU/mL。采用小鼠骨髓源细胞体外培养的方法，成功诱导分化出 CD11C、CD103 树突状细胞，利用免疫磁珠分选技术对 2 种细胞进行纯化，并采用显微观察、流式细胞术对 CD11C、CD103 树突状细胞进行鉴定。通过间接 ELISA 法、荧光定量 PCR 等方法，发现不同浓度的 FAPS 和 APS 可促进 TNF-alpha 的分泌，并呈计量依赖性；研究表明 FAPS 和 APS 对 IL-12、IL-6 的表达有明显的促进作用，对树突状细胞的成熟有促进作用。结合抗体阻断技术、western blot 技术等，开展了发酵黄芪多糖对树突状细胞 TLR 样受体蛋白类型鉴定和相关信号传导通路的研究，发现 FAPS 通过抗体阻断剂 4 促进细胞分泌 TNF-alpha；APS 通过抗体阻断剂 2 促进细胞分泌 TNF-alpha。发表论文 3 篇，授权实用新型专利 3 件。

阿司匹林丁香酚酯预防血栓的调控机制研究

课题类别：国家自然科学基金面上项目

项目编号：31572573　　　　**起止年限：**2016 年 1 月至 2019 年 12 月

资助经费：76.80 万元

主持人及职称：李剑勇 研究员

参加人：李世宏　孔晓军　杨亚军　刘希望　秦哲　杜文斌

执行情况：阿司匹林丁香酚酯对肺栓塞小鼠的保护作用研究，表明阿司匹林、丁香酚以及 AEE 中、高剂量组能够对肺栓塞小鼠产生保护作用，其中以 AEE 中剂量组对肺栓塞小鼠的保护率（33.33%）为最高。阿司匹林丁香酚酯抗血小板聚集作用研究，表明 AEE 能够浓度依赖性的降低 ADP 诱导的的血小板胞内钙离子浓度、ATP 释放量，但对胞内 cAMP 水平和血小板 LDH 释放量无明显改变。基于血小板聚集、血流变、TXB2/6-keto-PGF1α 及血生化指标在血栓模型中评估 AEE 的抗血栓作用研究，制备了小鼠肺栓塞模型，研究 AEE 对肺栓塞小鼠的保护作用，结果表明 AEE 能够对肺栓塞小鼠产生良好的保护作用，同时使小鼠肺系数明显降低。发表论文 2 篇，其中 SCI 论文 1 篇。

牦牛乳铁蛋白的构架与抗菌机理研究

课题类别：国家自然科学基金

项目编号：31402034　　　　**起止年限：**2015 年 1 月至 2017 年 12 月

资助经费：24.00 万元

主持人及职称：裴杰 助理研究员

参加人：褚敏　包鹏甲　郭宪

执行情况：对多个牦牛的 LF 基因的编码区进行了克隆，将其与奶牛的相应序列进行了比对，确定了牦牛与奶牛相比 LF 蛋白的氨基酸突变位点；将牦牛 LF 基因进行密码子优化后，转入毕赤酵母表达菌 X-33 细胞中，选取个阳性克隆进行表达，使牦牛 LF 蛋白在 X-33 细胞中成功分泌表达；对 LF 蛋白和 Lfcin 3 种多肽进行抑菌实验，确定了蛋白和多肽的抑菌能力与抑菌浓度；检测了奶牛和牦牛 LF 蛋白在不同组织中的表达量；对乳铁蛋白的两个重要多肽 Lfcin 和 Lfampin 进行人工合成，并对其二级结构进行 CD 光谱分析，确定了二硫键和帽子结构分别对两种多肽结构的影响。发表 SCI 论文 1 篇，授权发明专利 1 件。

基于单细胞测序研究非编码RNA调控绵羊次级毛囊发生的分子机制

课题类别：国家自然科学基金

项目编号：31402057　　**起止年限：**2015年1月至2017年12月

资助经费：25.00万元

主持人及职称：岳耀敬 助理研究员

参加人：刘建斌

执行情况：对前期数据分析得到的小RNA进行了靶基因预测和验证工作：将LncRNA005698、LncRNA000629与miRNA Base数据库中绵羊成熟miRNA进行BLAST比对分析，发现XLOC005698与oar-miR-3955-5p的种子区具有较高的一致性，且XLOC005698与oar-miR-3955-5p结合具有较低的最小自由能，表明LncRNA005698可能作为oar-miR-3955-5p的竞争性内源RNA。通过荧光素酶报告基因系统对LncRNA005698与oar-miRNA-3955-5p靶向关系进行验证，表明oar-miRNA-3955-5p与LncRNA005698之间具有靶向关系。设计了4个sgRNA并进行体外和细胞活性验证和胚胎注射实验，但未得到阳性羊，正在完善实验。发表论文3篇，其中SCI论文1篇。

白虎汤干预下家兔气分证证候相关蛋白互作机制

课题类别：国家自然科学基金

项目编号：31402244　　**起止年限：**2015年1月至2017年12月

资助经费：25.00万元

主持人及职称：张世栋 助理研究员

参加人：严作廷　王东升　董书伟　杨峰

执行情况：用qRT-PCR和Western blot技术分别完成了基因表达和蛋白表达验证，以及流式细胞术检测了兔子外周血T淋巴细胞数量。肝组织差异蛋白组学的分析结果显示，吞噬体生物途径涉及到较多差异表达蛋白而凸显为最重要生物过程之一；进一步分析表明，白虎汤治疗家兔LPS高热可显著上调MHC I蛋白表达，也能使被LPS抑制的CD8+ T细胞数量恢复正常，但对MHC Ⅱ蛋白表达无影响。此外，白虎汤可使得细胞表面的抗原识别蛋白coroninA1和吞噬杯形成蛋白F-actin的表达升高；也可上调表达Rac蛋白，使得胞内抗原降解、加工活性增强。研究结果表明，白虎汤治疗LPS发热症可能与促进细胞外抗原交叉呈递、激活T细胞相关。授权实用新型专利2件。

阿司匹林丁香酚酯的降血脂调控机理研究

课题类别：国家自然科学基金

项目编号：31402254　　**起止年限：**2015年1月至2017年12月

资助经费：25.00万元

主持人及职称：杨亚军 助理研究员

参加人：李剑勇　刘希望　秦哲　孔晓军　杜文斌　李世宏

执行情况：在高血脂大鼠疾病模型的基础上，建立了基于液相色谱-精确质量飞行时间质谱的血清代谢组学研究方法，通过多元数据分析发掘AEE对高血脂大鼠代谢的影响。通过筛选找出相应的生物标记物，然后利用MetPA分析查找相应的代谢通路，来阐明AEE可能影响的作用靶点。实验结果表明AEE治疗组与模型组在代谢轮廓上存在明显差异，筛选出22差异代谢物作为高血脂相关生物标记物，通路分析表明AEE作用机制可能与三羧酸循环、磷脂代谢、甘油磷脂代谢及部分氨基酸代谢相关。通过16S rDNA测序检测大鼠盲肠微生物菌群，探讨高脂饲料以及AEE对菌群组成结构的影响。实验结果表明：高脂饲料可显著改变高血脂大鼠的菌群结构，相比于模型组

AEE 治疗组可改善肠道菌群结构，增加菌群多样性。学术交流参加了 2 次学术交流；发表 SCI 论文 1 篇，培养博士研究生 1 名。

基于 LC/MS、NMR 分析方法的犊牛腹泻中兽医证候本质的代谢组学研究

课题类别：国家自然科学基金

项目编号：31502113　　**起止年限：**2016 年 1 月至 2018 年 12 月

资助经费：20.00 万元

主持人及职称：王胜义 副研究员

参加人：崔东安　王慧

执行情况：为了解我国主要奶业产区导致犊牛腹泻的主要病原，本年度采集了华北、西北、东北主要奶业产区内的 176 份犊牛腹泻样品，并对样品中的牛冠状病毒（Bcov）、牛轮状病毒（BRV）、牛病毒性腹泻病毒（BVDV）、大肠杆菌 K99、隐孢子球虫、肠兰伯氏鞭毛虫和其它致病菌进行检测，同时结合临床收集的资料，分析病原与相关临床症状的关系。结果表明：不同的奶业产区内导致犊牛腹泻的病原存在着差异，西北地区导致犊牛腹泻的病原菌主要是痢疾杆菌，而华北地区则是隐孢子球虫和肠兰伯氏鞭毛虫，东北地区主要是牛轮状病毒和肠兰伯氏鞭毛虫，且病原感染与犊牛腹泻的临床症状存在着明显的相关性。

为了解由不同病原引起的腹泻对犊牛血生化指标影响，采集 39 头犊牛的粪便和血清，利用细菌鉴别培养、RT-PCR 病毒检测试剂盒、胶体金多重病原检测试剂盒等手段对病原进行检测，采集的血清用血液生化分析仪进行检测。结果，12～14 日龄的腹泻犊牛粪便中检测到单纯由细菌、或病毒、或寄生虫感染的份数分别为 17、10、7，另外 3 份为混合感染，还有 2 份样品中未检测到病原；利用主成分分析法将血清的 12 项生化指标转化为综合性更强的 4 个主成分，依据这 4 个主成分的聚类结果与病原检测结果一致；对不同病原所致的腹泻犊牛血清的各项生化指标进行方差分析发现病毒性腹泻的 T-BIL、TC 与其他病原所致的腹泻有显著差异（$P<0.01$）。发表论文 2 篇。

青藏高原牦牛与黄牛瘤胃甲烷排放差异的比较宏基因组学研究

课题类别：国家自然科学基金国际（地区）合作与交流项目

项目编号：31461143020　　**起止年限：**2015 年 1 月至 2019 年 12 月

资助经费：200.00 万元

主持人及职称：丁学智 副研究员

参加人：刘建斌

执行情况：为揭示冷季饲喂不同能量饲料对牦牛瘤胃微生物群落、生长性能、肉品质以及脂代谢的影响，试验选取 15 头体重为（275.4±2.4）kg 的成年牦牛，随机分为 3 组，每组 5 头。基础饲料采用青贮燕麦、微贮玉米秸秆以及 20%青稞干草，试验日粮分为低能水平（增重净能 NEg：5.5MJ/kg）、中能水平（增重净能 NEg：6.2MJ/kg）、高能水平（增重净能 NEg：6.9MJ/kg），精粗比为 30∶70。试验动物每天饲喂两次，分别为 8：00—9：00 和 17：00—18：00，均可自由接近水源。实验总共 60 天，其中前 7 天为适应期，第 60 天采集瘤胃液样品。实验动物每天饲喂两次，分别是 8：00—9：00 和 17：00—18：00，自由饮水。三组动物饲喂日粮精粗比相同都是 30∶70，预混粗料成分也相同，但是三组日粮的能量水平不同。第 60 天，在牦牛空腹时，用瘤胃管抽取瘤胃液，四层纱布过滤，分装后于液氮中保存，用于 DNA 的提取，最后进行屠宰试验。结果表明：日增重随着能量水平的升高而升高，高能组日增重显著高于中能组和低能组（$P<0.05$），中能组日增重也显著高于低能组（$P<0.05$）。低能组平均日采食量显著高于高能组（$P<0.05$），与中能组差异不显著（$P>0.05$），中能组与高能组平均日采食量也没有显著差异（$P>0.05$）。饲料转化率在高

能组最高，转化 1kg 肉只需要 7. 755kg 饲料，而低能组饲料转化率最低，三组之间随饲料能量水平变化差异显著（$P<0.05$）。屠宰率和背膘厚也随着能量水平的升高而增加，高能组显著高于中能和低能组（$P<0.05$），且中能组显著高于低能组（$P<0.05$）。初始体重、终末体重以及胴体重随能量水平增加没有显著性差异（$P>0.05$）；通过测序，从 15 个样品中共得到 887 875个序列，基于这些序列进行 OUT 聚类，低能量组每个样品有 1 722个 OUTs，中能量组每个样品有 1 704个，高能量组每个样品有 1 665个。发表论文 2 篇，其中 SCI 论文 1 篇；在北京组织召开“国家自然科学基金委员会（NSFC）与国际家畜研究所（ILRI）合作研究项目研讨会”。国家自然基金委负责人，ILRI 副所长 Iain Wright，ILRI 专家 Olivier Hanotte，韩建林博士，东亚-东南亚区域负责人 Nguyen Hung，以及来自伊朗、尼泊尔、斯里兰卡的三位动物遗传资源科学家参会。

奶牛产业技术体系—疾病控制研究室

课题类别：农业部现代农业产业技术体系

项目编号：CARS-37-06　　　　**起止年限**：2016 年 1 月至 2020 年 12 月

资助经费：350.00 万元

主持人及职称：李建喜 研究员

参加人：李建喜　孟嘉仁　王旭荣　张景艳　张凯　王学智

执行情况：通过体系内、功能室内、功能室间的讨论与相互交流，详细制定了 2016 年的工作重点和任务内容。体系重点任务：进行奶牛高产高效生态养殖技术研究与集成示范和奶牛重要疾病防控关键技术研究与示范推广。主要在临床推广“乳宁散”，完成了防治奶牛乳房炎中药“乳宁散”的新兽药的扩大临床试验和新兽药申报材料，向农业部提交申报书。功能室重点任务：完成了奶牛胎衣不下中兽药“宫衣净酊”的质量标准优化；开展了防治奶牛子宫内膜炎植物精油的研究与应用。基础性工作：开展了本研究领域奶牛产业技术国内外研究进展、省部级科技项目、从业人员、仪器设备、国外研发机构数据调查；设计了国家奶牛产业技术体系的疾病控制数据共享平台的网页，挂在依托单位中国农业科学院兰州畜牧与兽药研究所的网站，并进行了牛内、外、产科病方面的相关数据的补充，数据正在提交。前瞻性研究：优化建立了卵泡颗粒细胞的体外分离、培养及鉴定方法；开展了奶牛乳腺细胞的原代培养和鉴定工作；完成了奶牛乳房炎疫苗的田间评价试验。培训工作：2015 年第一季度和第四季度分别举办了甘肃省奶牛规模化养殖技术培训班暨奶价研讨会，参会约 150 人次。日常工作：按时完成了体系网上管理系统要求的工作日志填写和经费上报等工作。应急性工作：春季疾病的防控指导、2014 年任务书制定与签订、多个牛场的科技服务应急性处理以及各种应急性材料的上报。发表文章 3 篇，申报发明专利 2 件；毕业硕士研究生 1 名，培养研究生 2 名。

肉牛牦牛产业技术体系—牦牛选育岗位

课题类别：农业部现代农业产业技术体系

项目编号：CARS-37-06　　　　**起止年限**：2016 年 1 月至 2020 年 12 月

资助经费：350.00 万元

主持人及职称：阎萍 研究员

参加人：郭宪　包鹏甲　裴杰　褚敏　朱新书

执行情况：体系重点任务：培育牦牛种质资源场 1 家，选择青海省大通种牛场作为研发全产业链生产技术模式的载体，在大通综合试验站开展牦牛系统繁育，旨在选育提高牦牛生产性能和收集育种数据。

功能研究室重点任务：示范推广《牦牛生产性能测定技术规范》（NY/T 2766—2015），在大通、海北、玉树、甘南综合试验站建立统一的登记制度和登记规范。开展种牛分级评定和改良当地牦牛生产试验，测定了420头牦牛生产性能，建立牦牛品种改良技术方案1套。测定了甘南、红原、海北、玉树当地牦牛与改良牦牛的生产性能，优化选育模式。完成了大通综合试验站550头基础母牛、60头种公牛的生产性能测定，并完善牦牛选育方案。登记大通牦牛核心群530头。在张掖综合试验站开展肉牛杂交组合筛选研究。优化牦牛精子体外获能条件，提高牦牛精子活力，集成牦牛快繁技术1套，扩繁牦牛80头。赴西藏自治区（以下简称西藏）、青海、甘肃、四川开展技术服务与产业调研30余次，撰写调研报告6篇。开展技术培训5次，培训技术人员338人次。

基础性工作：在“十二五”工作的基础上，搜集国内、外牦牛研发机构、研发人员、研发设备数据库，补充更新研发机构2家、研发人员10人、设备2个。

前瞻性工作：开展了无角牦牛品种培育工作，健全育种档案，对优秀种子公、母牛群体进行快速扩繁。测定了150头基础母牛，20头种公牛生产性能。克隆、鉴定牦牛生长发育、肉质性状等候选基因2个。发表论文9篇，其中SCI收录4篇；授权专利12件，其中发明专利3件、实用新型利9件。

应急性任务：及时完成了农业部、体系及功能研究室交办的应急性任务，主要赴西藏及四省藏区、六盘山区、秦巴山区开展产业调研、技术培训、技术扶贫工作。

绒毛用羊产业技术体系—分子育种岗位

课题类别：农业部现代农业产业技术体系

项目编号：CARS-40-03　　　**起止年限：**2016年1月至2020年12月

资助经费：350.00万元

主持人及职称：杨博辉 研究员

参加人：岳耀敬　牛春娥　孙晓萍

执行情况：2016年选留优秀幼年公羊2715只，选留优秀幼年母羊9 501只，培育育成公羊1 086只，选留成年公羊110只。2016年推广高山美利奴羊新品种成年公羊873只，改良当地细毛羊174 600只；培育高山美利奴羊超细品系幼年公羊680只、幼年母羊2 380只，培育育成公羊272只，选留成年公羊28只；选留高山美利奴羊无角品系幼年公羊234只、育成94只，成公羊12只；高山美利奴羊MSTN和FGF5 KO基因编辑试验共产羔21只，经检测发现7只羊为阳性羊；比较不同尾型幼年羊生长早期尾脂差异蛋白组学，五组尾脂中共鉴定到3 400个蛋白，定量分析发现804个差异表达蛋白；对细毛羊毛囊形态发生诱导期皮肤组织RNA-seq测序数据中的non-mRNA序列应用CNCI，PhyloCSF，Pfam进行LncRNA预测，共获得884个LncRNA，筛选出15个LncRNA在细毛羊毛囊形态发生诱导期差异表达；建立了GnIH抗体间接ELISA检测方法，成功的构建了GnIH-INH融合原核表达载体、基因疫苗；在肃南县皇城绵羊育种场进行了“两年三产+双胎免疫+人工授精高效繁殖技术”示范；与北京维斯恩思软件有限责任公司联合开发细毛羊联合育种网络平台。审定国家标准1项，取得授权发明专利10件，实用新型专利14件，发表学术论文13篇，其中SCI论文4篇；建立试验基地5个，设示范点3个，合作社2个，带动5个乡镇50余示范户；培训岗位人才24人次，技术人员257名，培训农民人960次，合计1 241人次；培养博士研究生2名、硕士研究生3名、毕业博士研究生1名、硕士研究生3名；1人赴国际家畜研究所开展国际合作研究。“高山美利奴羊新品种培育及应用”获中国农业科学院杰出科技创新奖；“优质肉用绵羊提质增效关键技术研究与示范”获甘肃省农牧渔业丰收奖一等奖；“高山美利奴羊新品种培育及应用”课题组荣获中国农业科学院青年文明号。

肉牛牦牛产业技术体系—药物与临床用药岗位

课题类别：农业部现代农业产业技术体系

项目编号：CARS-38　　**起止年限**：2016年1月至2020年12月

资助经费：350.00万元

主持人及职称：张继瑜 研究员

参加人：李冰　牛建荣　魏小娟　刘希望

执行情况：依据产业需求和团队研究基础在充分调研的基础上，提出本岗位“十三五”任务书。治疗畜禽呼吸道疾病纯中药制剂“菌毒清”，已取得农业部新兽药证书，与有生产资质的企业如“湖北武当药业有限公司”及“成都中牧生物药业有限公司”深入合作，推进药物市场化、商品化运作，实现产品的有偿转让。兽药新制剂“蒿甲醚注射液”正在开展药代动力学等试验研究；抗动物吸虫病及绦虫病新兽药“五氯柳胺”，完成原料药及混悬剂的大小鼠口服急性毒性试验，建立制剂含量的高效液相检测方法，获得临床试验批件，并以水牛为实验对象，与广西畜牧兽医研究所合作在广西宜州、南丹、百色等市县完成了五氯柳胺混悬剂的二期临床试验。在药代动力学试验中，建立了五氯柳胺混悬剂的高效液相色谱与质谱联用的分析方法。提供实验方案及枯草芽孢杆菌和地衣芽孢杆菌、腊样芽孢杆菌、乳酸菌、酵母菌及粪肠球菌6种益生菌各30kg在张掖、伊利综合试验站开展犊牛腹泻临床防治试验；完成甘肃、内蒙古自治区（以下简称内蒙古）、山东3个省区288份牛羊肉、粪、尿、饲料及饮水样本，氟喹诺酮类、大环内酯类、β-酰胺类类及硝基咪唑类等17种药物4 896个样品检测；协办2016年体系交流大会，参与筹备工作，按分工本岗位完成收集、整理并按格式修改交流大会论文94篇（365页），编撰目录、前言等。获得发明专利14件，主办、参与培训17场次，培训技术人员100人次，发放专业书籍及培训教材700余套册；填报工作日志112篇；处理上级部门交付的应急性任务6项；发表论文18篇，出版著作2部，培养研究生2名。

甘肃甘南草原牧区生产生态生活保障技术集成与示范

课题类别：国家科技支撑计划课题

项目编号：2012BAD13B05　　**起止年限**：2012年1月至2016年12月

资助经费：909.00万元

主持人及职称：阎萍 研究员

参加人：丁学智　王宏博　梁春年　郭宪

执行情况：课题确保“生态功能、生产功能和生活功能”系统之间的耦合，紧紧围绕牦牛繁育与健康养殖、品种改良等重大瓶颈问题，全面建立了甘南牦牛繁育综合技术体系，开展选种选配，置换种公牛，加强选育，改良牦牛品质，突出甘南牦牛的数量，提高牦牛生产性能，目前示范点年繁育甘南牦牛种公牛30头，母牛1 000头。再次引进大通牦牛种公牛30头，推进牦牛杂交改良示范与推广。同时为减少牦牛冬季掉膘，在示范点修建牦牛冬季防掉膘暖棚4座，面积达1 000 m^2。在此基础上，加大各种秸秆综合利用技术研究，推动牦牛冬季舍饲育肥，加快了牦牛的出栏，提高了牦牛的商品利用率，牦牛生产性能提高了10.4%，全面完成了年度指标。本年度向示范区投放冬季牦牛精补料6t，青贮裹包8t，营养舔砖1t，从营养上解决牦牛生产性能低下的现状。培训牧民100人次，出版专著1部，获得软件著作权1个，发表论文3篇，培养研究生2名。

甘肃甘南草原牧区牦牛选育改良及健康养殖集成与示范

课题类别：国家科技支撑计划子课题

项目编号：2012BAD13B05-1　　**起止年限**：2012年1月至2016年12月

资助经费：200.00万元

主持人及职称：梁春年 副研究员

参加人：褚敏　裴杰

执行情况：在碌曲县尕海乡尕秀村开展畜群结构优化技术研究。在畜群结构调查的基础上，根据当地的实际情况和牧户生活生产的需求，优化畜种年龄和性别结构，加大能繁母畜比例。结合碌曲县尕海乡尕秀村畜种资源实际，充分发挥自然资源优势和生物资源优势，逐步实行以草定畜，优化牦牛畜种结构，增加良种牛羊数量，提高单产能力。牦牛藏羊健康养殖关键技术优化与示范，牦牛的营养平衡调控和供给技术示范：集成推广牦牛生长与营养调控配套技术、营养平衡和供给模式，建立适用于高寒牧区使用的营养舔砖和补饲料配方及饲草料囤积供给优化体系，保障牦牛藏羊营养供给。牦牛可持续利用技术集成示范：建设牦牛藏羊良种繁育示范基地，扩大推广牦牛、藏羊良种覆盖率，改革放牧制度，开展冷季补饲育肥，加强幼畜的培育，优化棚圈防寒保暖设计，综合提高牦牛、藏羊养殖经济效益。标准化健康养殖技术规程制定：制定《牦牛标准化生产技术规范》《牦牛标准化健康养殖疫病防治技术规范》《牦牛生产圈舍建设及设施配套规范》。

甘肃南部草原牧区人畜共患病防治技术优化研究

课题类别：国家科技支撑计划子课题

项目编号：2012BAD13B05-2　　**起止年限：**2012 年 1 月至 2016 年 12 月

资助经费：60.00 万元

主持人及职称：张继瑜 研究员

参加人：周绪正　刘希望　牛建荣　李冰　李金善　魏小娟

执行情况：课题采取以控制和切断犬绦虫病传染源为切入点，开展以牛羊等中间宿主的预防和治疗，研究甘肃省牧区阻断包虫病传播的策略和措施，建立各地区包虫病的防治模式；开展前瞻性的抗包虫病药物不同剂型研究和系统评价；研制敏感、特异、便捷的检测试剂；研发高效、安全的治疗药物和新剂型，深入开展包虫病病原生物学、流行病学研究。开展绦虫病和包虫病防治先进技术和成果的推广应用。通过项目实施，甘肃省牧区犬感染率降到 5%以下，2 岁以下家畜患病率降到 10%以下，并逐步达到包虫病在牧区人感染率的明显下降。根据课题计划安排及设定的阶段目标，课题各项考核指标完成情况良好，建立动物包虫病综合防控技术规范 1 个，并成为农业部 2012—2015 主推 100 项轻简化技术之一，在牧区广泛推广应用；在屠宰场、养殖基地调查牛羊包虫病及家牧犬绦虫病的感染情况，举办培训班 2 次，培训农牧民 150 人次，投放牛羊及犬驱虫药物 20 000头次，发放环境消毒药 100kg，综合防控工作正有条不紊的开展；按照项目总体要求完成课题实施总结报告。

奶牛健康养殖重要疾病防控关键技术研究

课题类别：国家科技支撑计划课题

项目编号：2012BAD12B03　　**起止年限：**2012 年 1 月至 2016 年 12 月

资助经费：728.00 万元

主持人及职称：严作廷 副研究员

参加人：刘永明　李宏胜　潘虎　苗小楼　齐志明　王胜义　王东升　王旭荣
杨峰　罗金印

执行情况：根据农业部兽药评审中心意见，复核中药制剂藿芪灌注液，撰写了新兽药申报补充材料，并上报农业部兽药评审中心，进入最终评审阶段；根据农业部兽药评审中心“关于苍朴口服液技术审评意见的函”，完成全部补充试验，质量复核等内容。对治疗奶牛子宫内膜炎的药物丹翘灌注液进行了工艺优化和 24 个月的长期稳定性试验。开展了防治奶牛子宫内膜炎中药抗炎机制和促进奶牛产后子宫复旧中兽药的研究；制备丹翘灌注液500瓶，在甘肃荷斯坦奶牛繁育示范中心奶牛场、吴忠市小西牛养殖有限公司奶牛场等进行了临床试验。从甘肃、内蒙古、河北、山东、安徽和河南等地部分奶牛场采集乳房炎奶样326份，进行了细菌分离和鉴定，分离病原菌418株；开展了81株牛源无乳链球菌PCR分型研究，血清型与溶血性关联性研究，抗生素耐药性、毒力基因及致病基因研究。出版著作1部；发表论文25篇，其中SCI论文5篇，授权实用新型专利23件；获得新兽药证书1项；"治疗犊牛腹泻病新药剂的研制与产业化"获得2016年甘肃省农牧渔业丰收奖一等奖；"黄白双花口服液和苍朴口服液的研制与产业化"获得2016年兰州市科技进步一等奖。

奶牛不孕症防治药物研究与开发

课题类别：国家科技支撑计划子课题

项目编号：2012BAD12B03-1　　**起止年限：**2012年1月至2016年12月

资助经费：115.00万元

主持人及职称：严作廷 副研究员

参加人：王东升　苗小楼　潘虎　张世栋　尚小飞　陈炅然

执行情况：根据农业部兽药评审中心意见，制备了3批治疗奶牛不发情中药制剂藿芪灌注液，已通过农业部兽药评审中心复核，补充材料后上报农业部兽药评审中心，进入终审阶段。对治疗奶牛子宫内膜炎的药物丹翘灌注液进行了工艺优化和24个月的长期稳定性试验。开展了防治奶牛子宫内膜炎中药抗炎机制和促进奶牛产后子宫复旧中兽药的研究。制备丹翘灌注液500瓶，在甘肃荷斯坦奶牛繁育示范中心奶牛场、吴忠市小西牛养殖有限公司奶牛场等进行了临床试验。培训奶牛养殖人员100人次。出版著作1部，发表论文10篇，获授权实用新型专利11件。

奶牛乳房炎多联苗产业化开发研究

课题类别：国家科技支撑计划子课题

项目编号：2012BAD12B03-3　　**起止年限：**2012年1月至2016年12月

资助经费：50.00万元

主持人及职称：李宏胜 研究员

参加人：王东升　苗小楼　潘虎　张世栋　尚小飞　陈炅然

执行情况：从甘肃、内蒙古、河北、山东、安徽和河南等地部分奶牛场采集乳房炎奶样326份，进行了细菌分离和鉴定，分离病原菌418株，提取其DNA并扩增16S rDNA片段，进行了测序，分离出的病原菌主要有无乳链球菌、大肠杆菌、金黄色葡萄球菌、凝固酶隐性葡萄球菌、副乳房链球菌、停乳链球菌、乳房链球菌和变形杆菌等，进行了病原菌抗生素耐药性研究。开展了培养基中分别加入0%、5%、10%乳清培养后对金葡菌荚膜多糖含量的影响以及扫描电镜观察。测定出了制苗菌株金黄色葡萄球菌J58株、无乳链球菌M19株、A20株对小鼠的半数致死量（LD50）。在小鼠上进行了疫苗免疫后抗体测定的研究（效力检测平行试验），确定了最佳的ELISA检测方法。在泌乳奶牛上开展了制苗菌株毒力复壮试验。开展了81株牛源无乳链球菌PCR分型研究，血清型与溶血性关联性研究，抗生素耐药性、毒力基因及致病基因研究。本年度取得授权实用新型专利12件，发表论文12篇，其中SCI论文3篇。

防治犊牛腹泻中兽药制剂的研制

课题类别：国家科技支撑计划子课题

项目编号：2012BAD12B03-4　　**起止年限：**2012年1月至2016年12月

资助经费：50.00 万元

主持人及职称：刘永明 研究员

参加人：王慧　王胜义　荔　霞　董书伟

执行情况：根据农业部兽药评审中心“关于苍朴口服液技术审评意见的函”，完成醇沉工艺对苍朴口服液有效成分的影响试验，试验结果随着醇的浓度增高而盐酸小檗碱损失率降低，70%和80%醇沉浓度澄清度效果好，盐酸小檗碱损失率接近，从醇沉效果和经济成本考虑，最终选用70%的醇沉浓度。完成苍朴口服液有效成分转移率的测定试验，结果盐酸小檗碱平均工艺转移率为18.17%，厚朴酚及和厚朴酚平均工艺转移率为17.53%，二者批间转移率均稳定；完成苍朴口服液中苍术薄层色谱鉴别研究，结果供试品色谱中在苍术素对照品色谱和苍术对照药材色谱相应的位置上，显相同颜色的斑点，阴性对照液无相应的斑点。发表论文3篇；获得苍朴口服液新兽药证书；“治疗犊牛腹泻病新药剂的研制与产业化”获得2016年甘肃省农牧渔业丰收奖一等奖；“黄白双花口服液和苍朴口服液的研制与产业化”获得2016年兰州市科技进步一等奖。

甘南高寒草原牧区“生产生态生活”保障技术及适应性管理研究

课题类别：国家科技支撑计划子课题

项目编号：　　　　**起止年限**：2012年1月至2016年12月

资助经费：25.00 万元

主持人及职称：时永杰 研究员

参加人：田福平　胡宇　李润林　张小甫　宋青

执行情况：整理了试验区基础资料、背景资料；完成各项保育关键技术的单项对比试验，包括人工措施改良退化草地试验，病虫、鼠害治理技术试验；完成了玛曲荒漠现状调查、玛曲退化草地围栏封育后生态位特征、沙化草地植被恢复与重建模式的研究等工作。建人工草地20亩，搜集野生牧草资源15份，筛选出优良草种2种，育种材料2个。申报专利12件，发表论文2篇。

新型动物专用化学药物的创制及产业化关键技术研究

课题类别：国家科技支撑计划课题

项目编号：2015BAD11B01　　　　**起止年限**：2015年4月至2019年12月

资助经费：783.00 万元

主持人及职称：张继瑜 研究员

参加人：周绪正　程富胜　李冰

执行情况：完成五氯柳胺原料药及混悬剂的大小鼠口服急性毒性试验，建立制剂含量的高效液相检测方法，获得临床试验批件，并以水牛为实验对象，与广西畜牧兽医研究所合作在广西宜州、南丹、百色等市县完成了五氯柳胺混悬剂的二期临床试验。在药代动力学试验中，建立了五氯柳胺混悬剂的高效液相色谱与质谱联用的分析方法；完成了五氯柳胺原料药的合成以及其混悬液制剂的制备，进行了中试放大，制得了目标产品，原料药及制剂的产品质量指标均达到预期要求。相继开展了原料药及制剂的稳定性研究，从研究结果看五氯柳胺原料药及其制剂均有较好的稳定性。打通并对替唑尼特的硝唑沙奈颗粒肠溶层包衣进行了研究和优化，同时展开药物新的生物活性探索和作用机制研究工作，为扩展其用途提供了理论依据。完成维他昔布原料药及制剂的所有药学、药理、毒理、临床研究并向农业部提交了注册申请，取得维他昔布和维他昔布咀嚼片新兽药证书。完成维他昔布原料和制剂GMP放大工艺研究，取得原料及制剂GMP证书，建成1条规模化口服制剂生产线，取得农业部核发的兽药产品批准文号。确定加米霉素原料和加米霉素注射液工艺条件可行，制备的加米霉素原料和加米霉素注射液产品质量稳定。获得国家一类新兽药2个，建立生产线3条，授权发明专利5个，发表论文8篇，其中SCI论文2篇，培养研究生3名。

新兽药五氯柳胺的创制及产业化

课题类别： 国家科技支撑计划课题

项目编号： 2015BAD11B01-01　　**起止年限：** 2015年4月至2019年12月

资助经费： 203.00万元

主持人及职称： 张继瑜 研究员

参加人： 魏小娟　周旭正　李冰　程富胜　尚小飞　吴培星

执行情况：完成了五氯柳胺混悬剂的大鼠急性毒性试验、五氯柳胺混悬剂的小鼠急性毒性试验、五氯柳胺原料药的大鼠急性毒性研究、五氯柳胺原料药的小鼠急性毒性研究；建立灵敏、快速、简便的五氯柳胺混悬剂高效液相检测方法，在该方法提供的条件下，测定的五氯柳胺混悬剂的含量在标示量范围95%~105%，符合药典规定；获得临床试验批件，并以水牛为实验对象，与广西畜牧兽医研究所合作在广西壮族自治区（以下简称广西）宜州、南丹、百色等市县完成了五氯柳胺混悬剂的二期临床试验，对自然感染状态下的牛进行驱虫药效实验，得到的驱虫效果显著；在药代动力学试验中，建立了五氯柳胺混悬剂的高效液相色谱与质谱联用的分析方法，该方法具有灵敏、特异性高、准确性高、可重复的优点。发表论文7篇，其中SCI论文2篇。

噻唑类抗寄生虫化合物的筛选

课题类别： 国家科技支撑计划课题

项目编号： 2015BAD11B01-08　　**起止年限：** 2015年4月至2019年12月

资助经费： 20.00万元

主持人及职称： 刘希望 助理研究员

参加人： 李剑勇　杜文斌　杨亚军　李世宏　孔晓军　秦哲

执行情况：根据结构拼合原理，设计合成了查尔酮-噻唑杂交分子12个，对化合物的结构进行了核磁共振氢谱、核磁共振碳谱和高分辨质谱测定，结果显示化合物结构与目标产物一致。开展了目标化合物的体外抑菌活性研究。研究结果显示，部分目标产物对厌氧菌艰难梭菌具有较好的抑制效果，MIC值1~2 ug/Ml，与对照药物甲硝唑相当。部分目标化合物对产气荚膜梭菌显示出中等抑制活性；目标产物对金黄色葡萄球菌和大肠埃希氏菌无明显的抑制活性。开展了基于原核生物脂肪酸合成关键酶酯烯酰基载体蛋白还原酶I（FAB-I）的特异性抑制剂的计算机模拟设计，为下一步合成与抗菌活性研究提供了基础。授权发明专利1件。

妙林类兽用药物及其制剂的研制与应用

课题类别： 国家科技支撑计划子课题

项目编号： 2015BAD11B02-01　　**起止年限：** 2015年4月至2019年12月

资助经费： 140.00万元

主持人及职称： 梁剑平 研究员

参加人： 尚若锋　刘宇　杨珍

执行情况：通过运用均匀设计等试验，优化现有的配方，提高高产菌株的抗修复能力。进一步诱变高产菌株，使菌种的摇瓶效价提高到16 000mg/L左右，中试发酵效价达17 000mg/L；通过毒理学和稳定性等研究，筛选出候选药物1~2个。研究结果表明：筛选的菌株抗修复能力较差，在发酵生产截短侧耳素时产量不稳定，需要进一步筛选合适工业化发酵生产的菌株；已完成筛选出的3种化合物的初步稳定性研究、生物活性研究和急性毒理学研究。通过以上研究，初步筛选出一种适合于新药研发的妙林类候选药物。发表 SCI 论文 3 篇，获授权发明专利 1 件，获得甘肃省技术发明三等奖 1 项。

优质安全畜产品质量保障及品牌创新模式研究与应用

课题类别：国家科技支撑计划课题

项目编号：2015BAD29B02　　**起止年限：**2016 年 1 月至 2018 年 12 月

资助经费：50.00 万元

主持人及职称：牛春娥 副研究员

参加人：郭健　孙晓萍

执行情况：针对新丝路带民族特色畜产品，结合少数民族文化特点、少数民族地区的生态、优质安全畜产品资源以及畜产品产业链特点等，通过比对研究国内外牛、羊肉质量安全限量指标，对羊肉中重金属检测方法进行研究及条件优化，建立了“畜禽肉中汞的测定原子荧光法”“畜禽肉中砷的测定原子荧光法”“畜禽肉中铅的测定原子荧光法”等肉品检测标准草案 3 项；采集 58 份牛、羊肉样品进行质量安全风险排查；建立基于 HRM 技术的牦牛肉掺假鉴别方法。申报发明专利 2 件，出版著作 1 部；培训技术人员 300 余人次。

传统中兽医药资源抢救和整理

课题性质：科技基础性工作专项

项目编号：2013FY110600　　**起止年限：**2013 年 6 月至 2018 年 5 月

资助经费：1034.00 万元

主持人及职称：杨志强 研究员

参加人：张继瑜　郑继方　王学智　李建喜　罗超应

执行情况：根据项目任务和目标，分别对山东与浙江两省与中兽医药资源相关的 7 所高等院校、4 个研究院所及宠物医院的 17 名专家进行了实地拜访或采访，撰写 2 篇关于两省中兽医药学教学、科研、医药资源及其利用现状的报告。整理和撰写了河南农业大学张新厚教授、江西中兽医研究所等张泉鑫研究员名家传纪 1 部；整理江西、河南两省畜禽经验方 1 本，荟萃各种经方 193 个，河南地道药材 11 种；收集了江西省区域内的中兽医文献资源、古籍著作 4 部。维护与更新中兽医药陈列馆中兽药标本与相关设备，接待国内外各级参观人员 200 余人次；维护中兽医药学资源网站，上传有关资料信息 100 条左右。收集中兽药资源有关书籍 50 余部、资料信息 100 余条、中药图片资料 40 余种；主编出版视频 1 部，著作 3 部，参编著作 2 部；发表文章 7 篇；获得发明专利 1 件；获得地方行业标准 2 个。

传统中兽医药标本展示平台建设及特色中兽医药资源抢救与整理

课题性质：科技基础性工作专项子课题

项目编号：2013FY110600-01　　**起止年限：**2013 年 6 月至 2018 年 5 月

资助经费：334.00 万元

主持人及职称：杨志强 研究员

参加人：张康　王磊　王旭荣　张景艳　孟嘉仁　李建喜　张凯　孔晓军

执行情况：对上海朝翔生物技术有限公司、四川成都乾坤中兽医药标本馆、陇南市卫生学校中药标本馆、宕昌县中药材标本馆及中药材基地、甘肃省中医学校中药标本馆和内蒙古农业大学等 6 个与中兽医药资源相关的单位进行调研。其中与上海朝翔生物技术有限公司签订了战略合作伙伴协议，并举行了《科技合作战略伙伴》《中兽药工程技术试验基地》《国家科技基础性工作专项“传统中兽医药抢救和整理”中兽医药上海标本馆》的授牌仪式。项目组成员维护与更新中兽医药陈列馆中兽药标本与相关设备，收集腊叶标本120种，特色药材10种，针具11套，器械6件，模具15个，古籍与现代著作114余部，接待国内外各级参观人员200余人次。维护了中兽医药资源数据库、中药材查询数据库。

东北区传统中兽医药资源抢救和整理

课题性质：科技基础性工作专项子课题

项目编号：2013FY110600-04　　　　**起止年限：**2013年6月至2018年5月

资助经费：100.00万元

主持人及职称：张继瑜 研究员

参加人：周绪正　李冰　吴培星　牛建荣　魏小娟

执行情况：收集经方、验方200余条。对于经验处方，主要从处方名称、所属类别、方剂组成、主治功效、处方用量、方剂来源、处方歌诀、临床用法、方剂释解、配伍原则、注意事项、病症分析、文献摘要、临床应用、现代研究等方面进行了归纳整理；对于民间验方，主要从方剂名称、方剂组成、方剂献方人及其地址、方剂的主治功效等方面进行了归纳总结。收集40余种中药生长期、成品药材以及相关中药信息，主要从药材的采集地点、鉴定单位及鉴定人、产地地理状况、药物性味、主治功效、采集时间、采集人姓名、药物用量、入药部位、炮制方法、配伍药解、用法禁忌、临床应用、现代药理学研究等方面进行了材料收集与整理归纳。继续整理编写《中兽医传统加工技术》；发表论文1篇，授权实用新型专利3件。完成项目总任务量的70%。

华中区传统中兽医药资源抢救和整理

课题性质：科技基础性工作专项子课题

项目编号：2013FY110600-05　　　　**起止年限：**2013年6月至2018年5月

资助经费：100.00万元

主持人及职称：郑继方 研究员

参加人：王贵波　罗永江　辛蕊华　李锦宇　谢家声

执行情况：搜集了江西省区域内的中兽医文献资源、古籍著作《医牛宝书》《抱犊集校注》《养耕集》和《医牛药书》四部著作；整理和撰写了河南农业大学张新厚教授、江西中兽医研究所张泉鑫研究员等名家传纪；整理了两省畜禽经验方一本，荟萃各种经方、验方193个；荟萃了河南地道药材11种，搜集了11味诸如淮山药和淮牛膝等河南地道中草药资源的来源、地道药材形态、资源分布、药材功效、炮制加工、有效成分、现代研究、临床配伍等相关信息，按照课题既定的收集范例样式进行了分门别类的整理和编撰，旨在统一上传入网，以便中原地道药材信息资源及时社会分享；实地考察了我国兽医的最早庙宇洪山庙；出版了《传统中兽医诊病技艺》著作1部。

华南区传统中兽医药资源抢救和整理

课题性质：科技基础性工作专项子课题

项目编号：2013FY110600-06　　　　**起止年限：**2013年6月至2018年5月

资助经费：100.00万元

主持人及职称：王学智 研究员

参加人：王磊　孟嘉仁　张景艳　王旭荣　张凯　尚小飞　秦哲

执行情况：搜集广西壮族自治区中草药信息540条。搜集中兽医药书籍信息62条，包括《海南汉区中兽医诊疗牛病经验汇编》《梅县地区中兽医诊疗牛经验汇编》《中兽医诊疗牛病经验汇编

（韶关地区）》《中兽医疗牛集》《广西中兽医经验集》《广西兽医中草药处方选编》《兽医中草药彩色图谱》等。搜集整理中兽医验方20个，分别治疗喉丹症、锁喉箭、牛鼻花、鼻龙箭、肺箭、咳嗽病、肺痈、舌托、马牙箭、风鼓箭、瘤胃箭、饱三、牛干册、红痢、肠结、小牛疳积、粪门箭、胆胀、脾肿大、血尿症。向传统中兽医药资源数据共享平台提交周金泰、吴德峰等18位中兽医人物信息；整理了福建和广东省古籍、著作目录和中兽医单方目录；正在整理《中药材产地加工》。

华北区传统中兽医药资源抢救和整理

课题性质：科技基础性工作专项子课题

项目编号：2013FY110600-07　　　　**起止年限：**2013年6月至2018年5月

资助经费：100.00万元

主持人及职称：李建喜 研究员

参加人：王旭荣　张景艳　张凯　秦哲　孟嘉仁

执行情况：继续开展了华北地区主要图书馆的调研查阅工作，将一些主要的书籍名称记录在案。将已收集整理的古典书籍录入到书籍库中，重要经典书籍转成电子化PDF格式书籍26本，将收集的人物信息录入到“中兽医药资源共享数据库”，收集古代人物资料近30名，资料已全部上传至中兽医药资源共享数据库，编撰著作“古代中兽医名人”一本。收集《安国志》一本，安国有一座“药王庙”，祭祀药王“邳彤”，香火鼎盛，是安国的李石底蕴与文化。与负责其他区域的几个课题组合作，按照药典将本所标本馆缺少的药物补齐。与上海朝翔生物技术有限公司（上海元亨汉医药博物馆）签订了合作协议，举行了中兽医药标本馆授牌仪式。

华东区传统中兽医药资源抢救和整理

课题性质：科技基础性工作专项子课题

项目编号：2013FY110600-08　　　　**起止年限：**2013年6月至2018年5月

资助经费：100.00万元

主持人及职称：罗超应 研究员

参加人：李锦宇　谢家声　王贵波　罗永江　辛蕊华

执行情况：分别赴山东与浙江2省与中兽医药资源相关的7所高等院校、4个研究与养殖院所、1个宠物医院，对冯洪钱、李贵兴、胡松华、戴永海等17名专家进行了实地拜访或采访，对两省中兽医药学教学、科研、医药资源极其利用现状进行比较系统的了解，撰写报告2篇；收集到有关书籍50余部、资料信息100余条、中药图片资料40余种；维护与完善中兽医药陈列馆中兽药标本与相关设备，接待参观人员200余人次，维护与更新中兽医药学资源网站，上传有关资料与信息近100条；主编出版音响著作3部，参编著作2部，发表论文7篇；授权发明专利1件，地方行业标准2个。

夏河社区草畜高效转化技术

课题性质：公益性行业（农业）科研专项

项目编号：201203008-1　　　　**起止年限：**2012年1月至2016年12月

资助经费：200.00万元

主持人及职称：阎萍 研究员

参加人：包鹏甲　吴晓云　梁春年　郭宪　王宏博

执行情况：在往年畜群结构优化的基础上，继续调整畜种年龄结构和性别结构，加大能繁母畜的比例。本年度采用常规选育和分子育种技术，在社区组建的牦牛藏羊核心群的基础上，加强选育，提高牦牛、藏羊生产性能。针对夏河社区牦牛养殖实际，进行了代乳料对甘南牦犊牛生长发育及母牦牛繁殖性能的影响的研究，以降低饲养成本，减少其对母乳的消耗，对母牛的体况恢复及缩短其产犊周期有着积极的促进作用，并且在满足营养的前提下，适当增加饲料中可消化纤维能促进牦犊牛瘤胃的早期发育，断奶后能迅速适应对粗饲料的采食及消化，为后续生产打下良好的基础。同时，在夏河社区积极推广示范牦牛藏羊生长与营养调控配套技术、营养平衡和供给模式技术、牦牛标准化养殖技术、藏羊标准化养殖技术。开展了各种试验示范区可持续性评价和推广应用区综合效益评价，培训牧民 80 余人次，指导示范户牧民进行科学化、规范化、标准化生产。授权发明专利 1 件，实用新型专利 2 件，获得软件著作权 1 项，出版著作 1 部，发表 SCI 文章 1 篇。

无抗藏兽药应用和疾病综合防控

课题性质：公益性行业（农业）科研专项

项目编号：201203008-2　　　　**起止年限：**2012 年 1 月至 2016 年 12 月

资助经费：182.00 万元

主持人及职称：李建喜 研究员

参加人：张凯　张康　张景艳　王旭荣　王磊　孟嘉仁

执行情况：开展 5 种藏中草药复方的中试放大及其临床有效性评价试验：对项目前期研发的藏草药复方，进行了中试放大生产，先后生产藏草药 1 000kg，分别在甘肃和西藏牧区牦牛和藏羊主要养殖区域进行临床疾病病例收集与有效性田间试验，预期进展良好。完成了 1 种藏草药复方的药理毒理学研究：对收集于藏区民间的传统验方，根据我国新兽药研发指南，结合中兽医理论指导，进行了方剂的拆解，利用本实验室建立的动物腹泻模型筛选出一个治疗牦犊牛腹泻的藏草药复方“克痢散”；完成了该藏草药复方的镇痛、抗炎、止泻动物试验，发现该药镇痛效果显著，有一定的抗炎作用，涩肠固本作用明显；完成毒理学试验研究，无法测出该复方的半数致死量，试验动物的最大给药量可达 40g/kg 体重（相当于临床推荐剂量的 20 倍），给试验动物连续 30 天灌服该药后治疗推荐剂量组血液指标、生化指标和病理组织学指标均无异常病变，研究发现该产品属实际无毒，合理剂量范围内使用不会对动物造成任何不良影响。完成了 4 种藏中草药复方的制剂工艺研究和中试产品的临床效果继续评价，防治牦牛乳房炎的中药制备成超细粉剂，防治牛胎衣不下的中药酊剂生产工艺得到了进一步优化，优化了防治犊牛腹泻的藏中兽药配伍大方剂减为小复方，完成了藏中兽药复方“曲枳散”的配方优化和质量标准研究，开展了蓝花侧金盏杀螨机理及相关差异蛋白信息学研究。完成了藏兽医药资源数据库的优化和《牦牛藏羊主要疾病防治技术规范》的翻译：收集了 60 个藏兽医民间验方，已完成了 45% 的方解任务；对前期建立的藏兽医资源数据库进行了优化，已开展英文版和藏文翻译工作；根据前期项目组调查收集相关资料，完善了藏区牛、羊相关疾病的防治技术规程，开展了藏文版翻译工作；对前期采集的藏草药资源信息进行分类整理，对藏兽医药利用较好的区域性藏草药资源汇编，已完成了若尔盖地区藏草药资源的出版，完成了当雄县藏草药资源的整理。发表论文 3 篇，申报发明专利 3 件。

墨竹工卡社区天然草地保护与合理利用技术研究与示范

课题性质：公益性行业（农业）科研专项

项目编号：201203006　　　　**起止年限：**2012 年 1 月至 2016 年 12 月

资助经费：243.00 万元

主持人及职称：时永杰 研究员

参加人：路远　李润林　田福平　胡宇　王晓力　张小甫　宋青　荔霞　李伟

执行情况：改良天然草地2780亩，建立冬季补饲围封草地30亩，重建和补播退化草地30亩，完成社区天然草地植物群落调查样方120个，采集土壤样品230份；筛选出垂穗披碱草、披碱草、冷地早熟禾、老芒麦等优质牧草用于改良天然草地，选育牧草新品种“中兰2号紫花苜蓿”，并获甘肃省牧草品种审定委员会审定通过；提交墨竹工卡天然草地、植物、土壤及放牧管理数据库数据1份；完成墨竹工卡斯布社区天然草地健康状况调查报告1份，形成墨竹工卡斯布社区草地生态系统健康评价指标体系和方法，形成墨竹工卡斯布社区毒杂草控制技术1套，形成墨竹工卡斯布社区草地放牧管理模式1套，形成墨竹工卡草地社区化管理模式2套，形成墨竹工卡社区草原垃圾的管理办法1个；培训牧民600人次，出版著作1部，发表论文11篇，其中SCI文章2篇，申报发明专利1件，实用新型专利13件。

工业副产品的优化利用技术研究与示范

课题性质：公益性行业（农业）科研专项

项目编号：20120304204　　**起止年限：**2012年1月至2016年12月

资助经费：260万元

主持人及职称：王晓力 副研究员

参加人：朱新强　王春梅　张茜

执行情况：采用微生物固态发酵技术研究了各类糟渣等副产物的发酵技术，研制了生产加工调制技术及其在日粮中的安全高效利用技术，开展了糟渣生物饲料生产工艺技术、糟渣蛋白饲料微生物增值发酵工艺和技术，分析测定了其饲用品质，筛选确定了最佳的菌株和酶制剂组合、配比及发酵条件；对糟渣与饲草青贮技术进一步研究与实验，与甘肃顶乐生态实业集团有限公司合作开发了生物饲料，进行了肉牛饲喂实验，从饲料的品质、血液生理生化指标的测定、肉品质分析等方面，对其安全利用技术进行了全面评价，形成4~5个日粮配方，其中3个已获得国家发明专利授权。完善了工业副产物的优化利用技术，先后培训农户100人次。授权发明专利4件，实用新型专利4件，发表论文2篇。

中兽药生产关键技术研究与应用

课题性质：公益性行业（农业）科研专项

项目编号：201303040　　**起止年限：**2013年1月至2017年12月

资助经费：2130万元

主持人及职称：杨志强 研究员

参加人：李建喜　张凯　张康　张景艳　王旭荣　王磊　孟嘉仁

执行情况：开展了防治奶牛繁殖病、益气扶正类中兽药、防治猪湿热泻痢、防治畜禽卫气分证中兽药、蒙藏兽药制剂制备和生物转化型中兽药生产关键技术等方面的研究。本年度研制出连蒲双清颗粒、老铁止痢可溶性粉2个质量稳定、临床效果确实的中兽药制剂，优化了发酵黄芪多糖和藏茴香挥发油2种中药有效成分的提取技术，确定了芩藿饮和瑞香狼毒抗菌抑菌剂的生产工艺，制定了连蒲双清颗粒、芩藿饮、瑞香狼毒抗菌抑菌剂3个中兽药制剂的质量标准草案，曲枳散和芩藿饮2个药物获得临床试验批件，建立了3个临床示范基地；研发的板黄口服液、清营口服液分别获得国家3类新兽药证书；益气扶正颗粒、白虎定喘口服液、银翘蓝芩口服液3个中兽药制剂已进入新兽药评审阶段；苍朴口服液、清营口服液、银翘蓝芩口服液3项成果已开展成果转化；紫菀百部颗粒已完成全部研究工作，准备申报新兽药证书。获得奖励4项，申报国家发明专利3件，获得发明专利授权7件；发表论文41篇，其中SCI文章5篇；培养研究生21名，培训技术人员100人。

防治奶牛繁殖障碍性疾病2种中兽药新制剂生产关键技术研究与应用

课题性质： 公益性行业（农业）科研专项

项目编号： 201303040-01　　**起止年限：** 2013年1月至2017年12月

资助经费： 230万元

主持人及职称： 杨志强 研究员

参加人： 王磊　王旭荣　张景艳　张凯　张康　孟嘉仁　秦哲

执行情况：完善了蒲行淫羊散的新兽药申报材料，优化了宫衣净酊的生产工艺，完成了宫衣净酊的影响因素试验、加速试验和长期稳定性试验，制定了宫衣净酊的质量标准，撰写了临床申报材料，正在开展宫衣净酊的临床验证试验和靶动物安全性试验；开展防治奶牛胎衣不下植物精油的临床试验，治愈率达72%；开展了胎衣不下的致病机制研究，初步完成胎衣不下奶牛和健康产犊奶牛的血液生化分析和激素分析，结果表明两组奶牛血清中乳酸脱氢酶、谷草转氨酶、谷氨酰胺转肽酶、肌酸激酶、孕酮、雌二醇、前列腺素和纤维蛋白溶酶原差异极显著，与胎衣不下的发生密切相关，胎盘组织的激素分析结果也表明两组奶牛的孕酮、雌二醇、前列腺素和纤维蛋白溶酶原差异极显著，与血清中激素变化一致，再次印证了激素变化对胎衣排出的影响。授权发明专利2件，发表论文6篇。

防治畜禽卫气分证中兽药生产关键技术研究与应用

课题性质： 公益性行业（农业）科研专项

项目编号： 201303040-09　　**起止年限：** 2013年1月至2017年12月

资助经费： 213万元

主持人及职称： 张继瑜 研究员

参加人： 周绪正　牛建荣　李金善　魏小娟

执行情况：对中兽药复方口服液等药物的稳定性进行了研究，完善和建立质量控制标准和方法；完成新兽药“板黄口服液”申报并获批准注册；进行板黄口服液新药产品的转让，完成与产品转让接受单位的各项转让事宜。进一步拓宽新药抗杀螨虫活性有效成分研究的范围。对雪山杜鹃和雪层杜鹃提取物的杀螨活性和增加免疫活性进行了研究，并通过稳定剪切流动和动态粘弹性试验探讨了雪山杜鹃多糖（RABP）溶液（1～50mg/mL）的流变性质。发表论文1篇。培养研究生1名。

蒙兽药口服液制备关键技术研究与应用

课题性质： 公益性行业（农业）科研专项

项目编号： 201303040-12　　**起止年限：** 2013年1月至2017年12月

资助经费： 40万元

主持人及职称： 李剑勇 研究员

参加人： 秦哲　焦增华　刘希望　孔晓军　李世宏　杨亚军

执行情况：完成了银翘蓝芩口服液的临床感染试验，结果显示，该产品0.5mL/只·天饮水给药，连续给药7天，可有效治疗鸡传染性支气管炎。完成了银翘蓝芩口服液的靶动物安全研究，结果显示，按推荐剂量混饮给药，对靶动物鸡是安全的。完成了银翘蓝芩口服液的临床扩大试验，结果显示，该产品对雏鸡呼吸道症状为主的IB自然感染病例有较好治疗效果，优于对照药物双黄连口服液。完成了银翘蓝芩口服液的新兽药申报材料整理、撰写工作，提交农业部新兽药评审中心并通过形式审查，进入评审阶段。与山东亿民、湖北回盛、德州京新签订成果转让协议，转让金额90.0万元，到位36.0万元。发表论文1篇。

防治螨病和痢疾藏中兽药制剂制备关键技术研究与应用

课题性质：公益性行业（农业）科研专项

项目编号：201303040-14　　**起止年限：**2013年1月至2017年12月

资助经费：100万元

主持人及职称：王学智 研究员

参加人：王磊　张康　张景艳　张凯　王旭荣　尚小飞　孟嘉仁

执行情况：主要研究了小鼠溃疡性结肠炎模型的建立及克痢散对小鼠溃疡性结肠炎的防治。采用3.5% DSS溶液，可成功建立小鼠溃疡性结肠炎模型。用克痢散对小鼠溃疡性结肠炎的防治试验显示，克痢散干预组小鼠的体重下降缓慢，疾病活动指数得分降低，结肠组织中的抗氧化指标SOD、GSH-Px同模型组比较呈升高的趋势（$P<0.05$），脂质过氧化物MDA的含量和MPO活力同模型组比较显著下降（$P<0.05$），结肠组织中炎症因子TNF-a、IL-6 mRNA的表达同模型组比较均有不同程度的下降（$P<0.05$）。通过克痢散对小鼠的结肠炎进行治疗，可以缓解小鼠结肠炎的症状，说明克痢散对小鼠溃疡性结肠炎有一定的治疗作用。发表论文1篇，培养研究生1名。

2种生物转化兽用中药制剂生产关键技术研究与应用

课题性质：公益性行业（农业）科研专项

项目编号：201303040-15　　**起止年限：**2013年1月至2017年12月

资助经费：200万元

主持人及职称：李建喜 研究员

参加人：张景艳　张凯　王磊　王旭荣　张康　孟嘉仁

执行情况：采用响应面法进一步优化发酵黄芪多糖、黄芪多糖的提取、纯化工艺，确定温浸法提取黄芪多糖的工艺为提取时间65min、提取温度80℃、料液比1：9。利用优化后的工艺制备细胞试验用多糖，其中多糖纯度可达86.0%，内毒素含量均低于0.1EU/mL。发酵黄芪多糖的含量为6.72mg/mL。进一步利用从鸡肠道分离的FGM益生菌，初步建立了益生菌发酵黄芪茎、叶的工艺，并对发酵前后粗多糖、总黄酮、总皂苷的含量进行了测定，结果表明，益生菌发酵黄芪茎、叶，可促进粗多糖与总皂苷的转化，有较好的开发研究价值。开展了曲枳散防治仔猪消化不良的药理学和药效学研究，结果显示，曲枳散添加于仔猪饲料中，具有促进生长、提高免疫力的作用，其中1.0%、6.0%的饲喂剂量能够促进仔猪生长；高剂量（6.0%）组较之中、低剂量组，对仔猪血清、回肠中IgG分泌量的增加作用明显；在曲枳散的药理学研究中发现，曲枳散对正常小鼠胃排空、肠推进具有促进作用，可提高小鼠血清中IgG含量，且在5g/kg的给药剂量下，促进作用最强。发表论文5篇，申请发明专利3件，授权实用新型专利3件。

防治仔畜腹泻中兽药复方口服液生产关键技术研究与应用

课题性质：公益性行业（农业）科研专项

项目编号：201303040-17　　**起止年限：**2013年1月至2017年12月

资助经费：75万元

主持人及职称：刘永明 研究员

参加人：崔东安　王胜义　王慧　黄美洲　妥鑫

执行情况：根据农业部兽药评审中心审评意见，完成醇沉工艺对苍朴口服液有效成分的影响试验，试验结果随着醇的浓度增高而盐酸小檗碱损失率降低，70%和80%醇沉浓度澄清度效果好，盐酸小檗碱损失率接近，从醇沉效果和经济成本考虑，最终选用70%的醇沉浓度；完成苍朴口服液有效成分转移率的测定试验，结果盐酸小檗碱平均工艺转移率为18.17%，厚朴酚及和厚朴酚平均工艺转移率为17.53%，二者批间转移率均稳定；完成苍朴口服液中苍术薄层色谱鉴别研究，结果供试品色谱中在苍术素对照品色谱和苍术对照药材色谱相应的位置上，显相同颜色的斑点，阴性对照液无相应的斑点；发表文章4篇，其中SCI文章1篇；获得新兽药证书1项；授权发明专利2件；“治疗犊牛腹泻病新药剂的研制与产业化”获得2016年甘肃省农牧渔业丰收奖一等奖；“黄白双花口服液和苍朴口服液的研制与产业化”获得2016年兰州市科技进步一等奖。

防治猪气喘病中兽药制剂生产关键技术研究与应用

课题性质：公益性行业（农业）科研专项

项目编号：201303040-18　　　　**起止年限**：2013年1月至2017年12月

资助经费：100万元

主持人及职称：郑继方 研究员

参加人：辛蕊华　王贵波　谢家声　罗永江　罗超应　李锦宇

执行情况：主要进行了紫菀不同极性段提取物对豚鼠离体气管平滑肌作用的研究、研究结果表明：紫菀75%乙醇提取物对豚鼠离体气管平滑肌静息张力具有双向作用，继而从此试验可看出紫菀石油醚提取物对豚鼠离体平滑肌具有舒张作用；紫菀不同极性段提取物对Ach、His和$CaCl_2$具有不同程度的明显的非竞争性拮抗作用，其抑制豚鼠离体气管平滑肌收缩机制可能与抑制豚鼠气管平滑肌M受体、H1受体和Ca^{2+}内流有关；紫菀石油醚和乙酸乙酯提取物对依内钙收缩和依外钙收缩都有显著抑制作用，正丁醇提取物和母液只对依外钙收缩有显著抑制作用，4个极性段部位均对综合收缩达到显著抑制作用。发表论文4篇，其中SCI文章2篇，授权发明专利1件；培养硕士研究生1名。

放牧牛羊营养均衡需要研究与示范

课题性质：公益性行业专项子课题

项目编号：201303062　　　　**起止年限**：2011年1月至2017年12月

资助经费：162万元

主持人及职称：朱新书 研究员

参加人：包鹏甲　王宏博

执行情况：主要开展了放牧牛羊营养均衡供给方案与补饲技术研究，通过研究分析青藏高原典型草地牧草各季节的营养不均衡性，研究制定了放牧牛羊“放牧+补饲”的营养均衡供给方案，以便满足放牧牛羊四季营养的均衡摄入。特别是通过藏绵羊羔羊和繁殖母羊的放牧+补饲试验，获得较好的生产效益，取得了在青藏高原放牧牛羊有效的补饲时间、补饲途径和补饲技术。秸秆与非常规饲料综合利用技术研究与示范研究，结果表明在放牧条件下，藏绵羊后备母羊补饲粗饲料0.2~0.4kg/d，补饲混合料0.15~0.25kg/d，基本可以满足高寒条件下藏绵羊的维持营养需要，各试验羊组间体重变化不显著（$P>0.05$）。建立放牧肉羊营养动态分析模型与营养决策支持系统研究，通过放牧草地牧草营养物质供给量与放牧绵羊营养物质摄入量研究比较，完成放牧肉羊营养动态分析模型建立。初步完成甘南典型天然草原牧草营养价值数据库，研究建立甘南放牧绵羊营养决策支持系统。培训了相关技术人员15人次。完成编著1部：出版专著1部；授权实用新型专利8个。

微生态制剂断奶安的研制

课题性质：公益性行业专项子课题

项目编号：201303038-4-1　　　　**起止年限**：2013年1月至2017年12月

资助经费：46万元

主持人及职称：蒲万霞 研究员

参加人：蒲万霞

执行情况：主要开展了断奶安对肠道结构及黏膜免疫功能影响的研究：采用 H. E. 染色、Unna-pappenheim 氏甲基绿派洛宁染色、Masson-Fontana 氏银染色法在光学显微镜下观察肠道结构及浆细胞、肠嗜银细胞的变化；通过透射电子显微镜样品观察和扫描电子显微镜样品观察研究了断奶安对肠道结构及黏膜免疫功能的影响。结果表明：断奶安能维持和改善断奶仔猪小肠黏膜上皮细胞的形态结构，以及小肠黏膜结构的完整性；促进肠相关淋巴组织的增生，从而维持正常的肠道黏膜机械和免疫学屏障功能，提高肠道黏膜免疫水平。培养研究生 1 名。

氟苯尼考复方注射剂的研制

课题性质：公益性行业专项子课题

项目编号：201303038-4-2　　**起止年限：**2013 年 1 月至 2017 年 12 月

资助经费：45 万元

主持人及职称：李剑勇 研究员

参加人：杨亚军　刘希望

执行情况：开展了氟苯尼考复方注射液残留检测方法的验证和其含量测定方法的耐用性研究，并根据新兽药申报相关要求补充完善了部分研究内容。新兽药的注册申报资料正在整理与完善中。

青蒿素衍生物注射剂的研制

课题性质：公益性行业专项子课题

项目编号：201303038-4-23　　**起止年限：**2013 年 1 月至 2017 年 12 月

资助经费：45 万元

主持人及职称：李冰 助理研究员

参加人：周绪正　魏小娟　牛建荣　李金善

执行情况：采用最佳制备工艺，进行了蒿甲醚注射液的中试研究，试制了三批中试制剂；采用高效液相色谱-质谱联用法建立了蒿甲醚注射液中蒿甲醚和代谢产物的含量测定方法，完成了蒿甲醚注射液在牛体内的药代动力学预试验，开展了蒿甲醚注射液的稳定性研究。发表 SCI 文章 1 篇，授权实用新型专利 6 件。

牛重大瘟病辩证施治关键技术研究与示范

课题性质：公益性行业专项子课题

项目编号：201403051-06　　**起止年限：**2014 年 1 月至 2018 年 12 月

资助经费：159 万元

主持人及职称：郑继方 研究员

参加人：罗永江　辛蕊华　王贵波　罗超应　李锦宇　谢家声

执行情况：开展了偶蹄康对小鼠的红细胞免疫实验，结果药物组的 C3bR 花环与 IC 花环显著高于空白组。开展了中性粒细胞吞噬金黄色葡萄球菌试验，结果显示偶蹄康对小鼠中性粒细胞吞噬率有明显提高作用，对中性粒细胞吞噬指数影响不明显，对非特异性免疫提升作用显著。开展了腹腔巨噬细胞吞噬鸡红细胞试验，偶蹄康可显著提高小鼠腹腔巨噬细胞的吞噬率，对吞噬指数影响不明显，说明其对小鼠非特异性免疫机能有一定的增强作用。开展了直接溶血空斑试验，用药组脾空斑形成细胞数量极显著高于对照组，在实验剂量范围内与剂量呈正相关。开展了药物对小白鼠淋巴细胞 E 花结的影响试验，与空白对照组相比，中剂量组和高剂量组的 E 花结形成率提升极显著，对 T 细胞免疫促进作用明显。依据中华人民共和国国家质量监督检验检疫总局、中国国家标准化管理委员会发布的 GB/T1.1-2009《标准工作导则第一部分：标准的结构与编写》要求，按照饲料添加剂的要求，进行了偶蹄康质量标准（草案）的制定，完成了所有技术要求，如感官指标、水分、加工质量指标、卫生指标、营养成分指标、以及包装、贮存等。完全符合饲料添加剂的要求，并正在进行新饲料添加剂申报中。发表论文 1 篇。

畜产品质量安全风险评估

课题性质：农产品质量安全监管（风险评估）项目

项目编号： **起止年限：**2015 年 1 月至 2017 年 12 月

资助经费：150.00 万元

主持人及职称：高雅琴 研究员

参加人：李维红 熊琳 杨晓玲 杜天庆 郭天芬 王宏博 梁丽娜

执行情况：对 33 家牛羊养殖场户进行了调研，并采集 33 个牛羊养殖场饲料、饮水、污水、粪便、毛发等共 131 份，采集兰州、张掖、靖远、定西、平凉、山东东营市、利津县、滨州市、济南市、内蒙古通辽市等市县 37 个市场的牛羊产品共 157 份，进行 β-受体激动剂、抗菌药物、喹诺酮类、泰乐菌素、头孢噻呋、β-内酰胺类、替米考星等验证分析。结果表明调研区域的 β-受体激动剂进入牛羊产品的渠道主要是以粉剂形式添加在牛羊浓缩料或预混料中，在牛羊运输过程中或屠宰场添加的可能性微乎其微。牛羊产品中“瘦肉精”检出比例呈上升趋势。2016 年在甘肃省、山东省、内蒙古通辽市 33 家养殖场现场调查发现，极个别牛羊养殖场中存在违法使用“瘦肉精”行为。在疑似使用“瘦肉精”的养殖场抽取肉样品、饲料样品 16 份，均有部分样品检出“瘦肉精”，相较 2015 年呈上升趋势。现场调查和样品验证评估表明，牛羊养殖户在经济利益驱动下，确实存在违法使用“瘦肉精”的现象，建议加大整治力度，严厉打击牛羊养殖环节非法使用“瘦肉精”的违法行为。对 33 家牛羊养殖场调研发现，抗生素普遍用于牛羊疫病防治，大多添加于饲料中。发表论文 3 篇，获得软件著作权 1 个，取得专利 29 件，完成调查报告各 2 份。

饲用高粱品质分析及肉牛安全高效利用技术研究与示范

课题性质：甘肃省科技重大专项

项目编号：2015GS05915-4 **起止年限：**2015 年 7 月至 2018 年 7 月

资助经费：125.00 万元

主持人及职称：王晓力 副研究员

参加人：王春梅 张茜 朱新强

项目执行情况：测定了不同饲用高粱不同生育时期多项指标，研究表明随着生长周期的延长，干物质积累，干物质含量增加、粗蛋白含量呈下降趋势，NDF、ADF 含量增加。对 13 个饲用高粱品种进行高粱种子耐盐、耐寒、耐旱萌发率试验，结果表明，PAC、BJ0603、甜弗吉尼亚等品种耐盐性很强，适合盐碱地种植；3180、大力、士海牛等耐寒性较好，适合低温区种植；PAC、大卡、F10 三个品种兼具耐盐、耐旱、耐寒性，是甜高粱多抗品种的首选。开展青贮饲用高粱饲喂肉牛效果研究，研究表明，75%青贮高粱组日增重最好，饲料转化效率最高；100%青贮玉米组日增重最低，饲料转化效率也是最低的；生物精料配合粗饲料饲喂效果优于普通精料；青贮饲用甜高粱的饲喂转化率高于青贮玉米。授权发明专利 1 件，实用新型专利 4 件，外观专利 2 件；发表论文 2 篇。

藏羊奶牛健康养殖与多联苗的研制及应用

课题性质：甘肃省科技支撑计划项目

项目编号： 144NKCA240　　**起止年限：** 2014 年 1 月至 2016 年 12 月

资助经费： 18.00 万元

主持人及职称： 李宏胜 研究员

参加人： 王宏博

执行情况：从甘肃、宁夏回族自治区（以下简称宁夏）和陕西部分奶牛场采集的临床型乳房炎和子宫内膜炎样品 443 份，进行了病原菌分离鉴定，明确了引起这些地区奶牛乳房炎和子宫内膜炎的主要病原菌区系分布。筛选出无乳链球菌、金黄色葡萄球菌、化脓隐秘杆菌和大肠杆菌 4 株制苗菌株，通过对不同抗原配比的多联苗小鼠免疫后抗体水平测定，确定了多联苗的最佳抗原配比。制备了不同佐剂的四种多联苗，通过小鼠免疫后抗体测定及人工抗感染试验，筛选出了最佳的免疫佐剂（双佐剂）。用制备的双佐剂多联苗在奶牛上进行临床免疫试验，结果表明，该多联苗免疫后 45 天抗体水平达到最高。该疫苗可降低奶牛乳房炎发病率 65.7%、子宫内膜炎发病率 51.6%。开展了藏羊毛用性能、生长发育规律、补饲育肥对藏羊生产性能及屠宰性能影响、欧拉型藏羊羔羊生长曲线和生长发育模型研究，结果表明甘南藏羊其毛纤维类型为粗羊毛，只能作为一般地毯毛用；甘南藏羊的初生重普遍较低，可能是导致甘南藏羊羔羊早期死亡的原因之一；在青藏高原藏羊羔羊的夏季补饲是必要的，不仅可以提高其育肥效果，而且对减轻青藏高原草原超载，促进牲畜的适时出栏具有一定的指导作用。授权发明专利 1 件，实用新型专利 16 件；发表文章 5 篇。举办藏羊养殖技术培训，培训农牧民 50 多人次，投放欧拉型藏羊种公羊 20 只，进行推广示范。

家畜主要疾病防治及健康养殖技术研究与应用

课题性质： 甘肃省科技支撑计划项目

项目编号： 1504NKCA052　　**起止年限：** 2015 年 1 月至 2017 年 12 月

资助经费： 30.00 万元

主持人及职称： 郭宪 副研究员

参加人： 严作廷　丁学智　王东升

执行情况：针对甘肃省牛、猪养殖过程中存在的主要问题，分别开展奶牛子宫内膜炎、猪病毒性腹泻等疾病防控及中兽药研制和牦牛繁殖、肉牛养殖废弃物利用技术的综合研究，开展主要疾病调查，组装集成奶牛子宫内膜炎综合防治技术，加快中兽药新药临床试验研究与中试生产，促进新兽药证书的申报和应用推广；组装集成牦牛繁殖生理、营养调控及早期断乳等技术，形成综合配套应用的牦牛高效繁殖技术；对集约化肉牛养殖场粪污进行综合治理和资源再利用，建立集约化肉牛养殖场为单元的生态农业产业体系，提升甘肃省牛、猪等家畜的健康养殖与食品安全生产。发表论文 8 篇，其中 SCI 文章 4 篇；授权专利 5 件，其中发明专利 1 件、实用新型专利 4 件。

牦牛瘤胃纤维降解相关微生物的宏转录组研究

课题性质： 甘肃省国际科技合作计划

项目编号： 1504NKCA053　　**起止年限：** 2015 年 1 月至 2017 年 12 月

资助经费： 15.00 万元

主持人及职称： 丁学智 副研究员

参加人： 郭　宪　包鹏甲

项目执行情况：研究了冷季饲喂不同能量饲料对牦牛生长性能、肉品质以及脂代谢的影响，同时对影响牦牛纤维降解的微生物进行了分离和测序。结果表明：不同能量饲料对 ACC、FASN、SCD、SREBP-1c 和 PPARα 的表达量有显著影响，对 LPL 表达量无显著影响。ACC、FASN 和 SCD 表达量高能组显著高于中能组和低能组，中能组显著高于低能组。SREBP-1c、PPARα 和 FABP4

表达量高能组显著高于低能组，与中能组差异不显著。国际合作方面，邀请以色列农业研究院思明·亨金（Zalmen Henkin）博士、耶尔·拉奥（Yael Laor）博士、艾瑞奥·谢莫纳（Ariel Shabtay）博士和美里·津德尔（Miri Zinder）博士一行来所进行访问交流，对牦牛纤维降解的瘤胃微生物进行了讨论。发表论文 2 篇，其中 SCI 1 篇。

丁香酚杀螨作用机理研究及衍生物的合成与优化

课题性质： 甘肃省青年科技基金

项目编号： 1506RJYA144　　**起止年限：** 2015 年 7 月至 2017 年 7 月

资助经费： 2.00 万元

主持人及职称： 尚小飞 助理研究员

参加人： 潘虎

项目执行情况：完成丁香酚的差异蛋白组学研究、转录组学和 MRM 验证研究工作，并获得一系列丁香酚衍生物，目前正在开展丁香酚活性筛选与评价，结合相关资料文献，初步阐明丁香酚杀螨作用机理研究。同时，通过收集、合成和结构修饰，获得 25 个丁香酚衍生物，目前正在进行活性筛选与评价。开展了丁香酚及其衍生物对蜂螨的毒性研究，实验结果显示，一些酚类化合物有良好的的杀螨活性，对蜂未呈现出较大毒性。

奶牛蹄叶炎发生发展过程的血液蛋白标志物筛选

课题性质： 甘肃省青年科技基金

项目编号： 1506RJYA145　　**起止年限：** 2015 年 7 月至 2017 年 7 月

资助经费： 2.00 万元

主持人及职称： 董书伟 助理研究员

参加人： 张世栋　王东升

项目执行情况：通过对比健康奶牛和蹄叶炎奶牛研究发现蹄叶炎患病奶牛血浆中内毒素和组织胺含量显著高于健康对照组牛，说明组织胺和内毒素含量升高可能是诱发奶牛蹄叶炎的重要因素。蹄叶炎奶牛血浆中 TC 升高，而 HDL-C 显著降低，说明奶牛蹄叶炎发病后脂质代谢发生紊乱。通过检测健康牛和蹄叶炎患病牛血浆中的 SOD，T-AOC，GSH-PX，MDA，NO 等抗氧化指标，发现蹄叶炎患病奶牛的抗氧化指标显著低于健康组奶牛。基于 iTRAQ 技术，在奶牛血浆中共鉴定到 880 种蛋白，经重复性分析显示，结果稳定可靠，可重复性高。与健康组奶牛相比，患病组奶牛血浆中共存在 94 个差异蛋白，其中 S1 期出现 35 个蛋白表达上调，18 个蛋白表达下调；S2 期有 36 个蛋白表达上调，1 个蛋白表达下调；S3 中出现 37 个蛋白表达上调，15 个蛋白表达下调。在蹄叶炎奶牛的不同发展过程中，共同上调表达的蛋白有 14 个，S1 和 S3 期共同下调的蛋白有 6 个。

抗炎中药体外高通量筛选技术的构建与应用

课题性质： 甘肃省青年科技基金

项目编号： 1506RJYA146　　**起止年限：** 2015 年 7 月至 2017 年 7 月

资助经费： 2.00 万元

主持人及职称： 张世栋 助理研究员

参加人： 王东升

项目执行情况：利用组织块培养法和酶消化法相结合的方法成功体外培养了牛子宫内膜细胞，并以差时没消化法纯化分离了子宫内膜上皮细胞。呈铺路石状的上皮细胞，其特异性的角蛋白表达呈阳性，细胞纯度较高，群体稳定，第二至八代的传代细胞基本保持着原代细胞的生物学特性。此外，以 LPS 作为致炎因子，研究了 LPS 对奶牛子宫内膜上皮细胞的活力和增殖影响，评价了奶牛子宫内膜上皮细胞的体外细胞炎症模型，结果表明，剂量为 5~10μg/mL 的 LPS 可诱发牛子宫内膜上皮细胞的炎症反应，并能在 48h 内保持稳定。总之，该项目研究初步建立了牛子宫内膜上皮细胞的体外培养体系，形成了完整的奶牛子宫内膜上皮细胞炎症模型建立的技术路线，为继续展开利用细胞模型进行抗炎中药体外筛选研究奠定了良好的基础。授权发明专利 1 件，实用新型专利 2 件。

牦牛氧利用和 ATP 合成通路中关键蛋白的筛选及鉴定

课题性质：甘肃省青年科技基金

项目编号：1506RJYA147　　　　**起止年限：**2015 年 7 月至 2017 年 7 月

资助经费：2.00 万元

主持人及职称：包鹏甲 助理研究员

参加人：褚敏　梁春年

项目执行情况：通过对采集的高海拔牦牛和低海拔地区的黄牛骨骼肌线粒体进行提取，获得骨骼肌线粒体蛋白，运用绝对和相对定量的同位素标记（isobaric tags for relative and absolute quantitation，iTRAQ）技术对线粒体蛋白质进行串联质谱分析，共鉴定到蛋白 574 个，按 1.2 倍差异进行差异蛋白筛选，共鉴定到差异表达蛋白 72 个，含未知蛋白 10 个，其中上调蛋白 41 个（>1.2，$P<0.05$），下调蛋白 31 个（<0.83，$P<0.05$），对候选差异蛋白进行聚类分析发现各组数据分组清晰，组间差异明显，进行基因本体（Gene Ontology，GO）分析发现，差异蛋白主要参与产生代谢和能量的前体、电子传递链、氧化还原反应和细胞呼吸作用等生物学过程，行使催化活性、氧化还原活性、金属离子结合、阳离子结合、底物特异性转运活性、转运活性及 NADH 脱氢酶活性等分子功能。代谢通路 KEGG 分析发现，差异表达蛋白主要参与代谢通路、氧化磷酸化通路、心肌收缩（肌肉收缩）、钙信号通路、黏附、核糖体、碳代谢及柠檬酸循环等代谢通路。对本研究关注的氧化磷酸化代谢通路（Oxidative phosphorylation）中的差异表达蛋白质进行单独的 KEGG 通路分析发现，32 个差异表达蛋白质主要作用于线粒体氧化还原呼吸链的呼吸链复合体 I、呼吸链复合体 III、呼吸链复合体 IV。差异表达蛋白中，除了 NDUFS4 以外，其余蛋白在牦牛线粒体蛋白中均显著高于黄牛，表明牦牛不仅在氧的获取和运输途径进行了适应性改变，在氧的利用方面也进行了非常重要的适应性进化，在氧利用的终端，对线粒体内膜上的呼吸链复合体 I、III、IV 也进行了表达量调节，为其适应高原低氧环境提供了物质保障。

阿司匹林丁香酚酯降血脂调控机理研究

课题性质：甘肃省青年科技基金

项目编号：1506RJYA148　　　　**起止年限：**2015 年 7 月至 2017 年 7 月

资助经费：2.00 万元

主持人及职称：杨亚军 助理研究员

参加人：刘希望

项目执行情况：完成大鼠高脂血症病理模型的复制；完成阿司匹林丁香酚酯降血脂作用研究，AEE 对高脂血症大鼠肠道菌群的影响；完成代谢组学研究方法的建立研究，成功复制了大鼠高脂血症病理模型；进一步确认了 AEE 对高脂血症的治疗和预防作用，发现高剂量的 AEE（54 mg/kg）能够显著改善高脂血症大鼠的所有血脂指标；发现 AEE 对高血脂大鼠内源性代谢物可产生显著影响；高血脂相关的生物标记物说明与 AEE 发挥作用相关的可能代谢通路；发现 AEE 对高血脂大鼠肠道菌群组成及结构的影响。参加学术交流 2 次；发表 SCI 论文 1 篇，培养博士研究生 1 名。

关键差异表达 miRNAs 在大通牦牛角组织分化中的作用机制研究

课题性质：甘肃省青年科技基金

项目编号：1506RJYA149　　**起止年限：**2015 年 7 月至 2017 年 7 月

资助经费：2.00 万元

主持人及职称：褚敏 助理研究员

参加人：包鹏甲

项目执行情况：牛角性状候选基因的表达，研究发现 RXFP2、FOXL2、TWIST1、TWIST2 和 ZEB2 是重要的角性状候选基因，RXFP2 和 TWIST2 在角基间和皮肤间转录量差异都不显著（$P>0.05$）；FOXL2 在有角牛角基的转录量显著高于无角牛（$P<0.05$），而在皮肤间差异不显著；TWIST1 却在无角牛角基的转录量显著高于有角牛，皮肤间的转录量差异不明显。ZEB2 在有角牛角基的转录量极显著低于无角牛（$P<0.01$），而在皮肤间同样差异不显著。候选基因调控区 microRNA 靶位点预测，研究发现 C1H21_ C19345T 和 SYNJ1_ T86884C 两个 SNP 位点分别位于基因 C1H21orf62 和 SYNJ1 的 3’-调控区，该区域是 microRNA 重要的靶位点。牦牛角形态发育及相关蛋白表达的研究，免疫组化研究发现候选基因 FOXL2 蛋白仅在有角角部表皮表达，在无角角部对应皮肤组织不表达；CDH1 蛋白在角部及无角角部对应皮肤中均表达，在无角角部表皮、毛囊的表达量高于有角角部皮肤；OLIG1 蛋白在有角、无角角部均表达。有角角部表皮强于无角表皮，在无角角部皮肤毛囊不表达。授权实用新型专利 2 件。

抗寒紫花苜蓿新品种的基因工程育种及应用

课题性质：甘肃省农业生物技术研究与应用开发

项目编号：GNSW-2014-18　　**起止年限：**2014 年 1 月至 2016 年 12 月

资助经费：10.00 万元

主持人及职称：贺洞杰 助理研究员

参加人：贺洞杰

执行情况：筛选拟南芥 AtCBF 家族，克隆全长基因和 CDS 功能区，获取质粒。采用 Gateway 技术构建 AtCBF3 真核和原核表达载体。包括 YFP 荧光载体。采用农杆菌侵染方法转导 AtCBF3 基因于中兰 2 号紫花苜蓿。筛选抗寒性具有明显提高的转基因植株。并采用 Real time PCR 对其在转录水平进行抗寒性分析。提取转基因植株的总 RNA，扩增其转导的 AtCBF3 基因，采用 Gateway 技术构建原核表达载体，诱导纯化相应蛋白，从翻译水平进行抗寒性分析。使用 confoncal 荧光显微镜测定转导基因在紫花苜蓿中的定位。授权发明专利 1 件，实用新型专利 2 件。

分子标记在多叶型紫花苜蓿研究中的应用

课题性质：甘肃省农业生物技术研究与应用开发

项目编号：GNSW-2014-19　　**起止年限：**2014 年 1 月至 2016 年 12 月

资助经费：10.00 万元

主持人及职称：杨红善 助理研究员

参加人：周学辉

执行情况：多叶率指标与紫花苜蓿产量和品质的相关性研究，研究以航天诱变多叶型紫花苜蓿、国外多叶型紫花苜蓿和未搭载原品种作比较，按照 0%~25%、25%~50%、50%~75%、75%~100% 4 个梯度试验，测定多叶率指标、产草量，统计分析多叶率对草产量和营养价值的贡献率。结果表明：品种多叶率为 73.6%多叶型紫花苜蓿比 42.1%、7.9%和 0%的干草产量分别高 7.34%、12.56%和 15.67%，粗蛋白质含量分别高 2.83%、5.83%和 11.22%。牧草种子航天搭载试验研究，课题组在兰州大洼山试验站创建了“牧草航天育种资源圃”，先后通过“神舟3号飞船”“神舟8号飞船”“神舟10号飞船”“天宫一号目标飞行器”和“实践十号返回式卫星”等5次搭载了6类牧草27份牧草材料，包括紫花苜蓿、燕麦、红三叶、猫尾草、黄花矶松和沙拐枣等。

甘肃省隐藏性耐甲氧西林金黄色葡萄球菌分子流行病学研究

课题性质：甘肃省农业生物技术研究与应用开发

项目编号：GNSW-2014-20　　**起止年限：**2014年1月至2016年12月

资助经费：10.00万元

主持人及职称：蒲万霞 研究员

参加人：蒲万霞

执行情况：对筛选出的OS-MRSA进行了分子流行病学研究，对其进行了*spa*分型、SCCmec分型和MLST分型，发现其OS-MRSA其*spa*型别以t267为主，SCCmec型别以SCCmec V为主，MLST分型全部为ST2692，这说明我国OS-MRSA菌株遗传背景以ST2692为主，地区间差异性不大。OS-MRSA本身为罕见菌株，其结果说明OS-MRSA分子结构基本相同，其遗传背景也大体相同。基于分子流行病学结果，甘肃地区的OS-MRSA均属于t267，SCCmec V型且*PVL*阴性，这表明这些菌株可能是一个单谱系。但是上海地区的OS-MRSA菌株其*spa*型别与SCCmec型别均有两种型别且*PVL*阴性，这表明它们具有遗传多样性。调查结果表明，该谱系的OS-MRSA可能导致人类和牛的相互感染，是值得重视且预防的。*PVL*是一个已知的致病因子，它与皮肤，软组织的感染有关，在所筛选出的OS-MRSA菌株中均未发现*PVL*基因，这表明该谱系的OS-MRSA菌株还未携带有该致病因子。对16株OS-MRSA菌株进行*mecC*基因的检测，均为*mecC*基因阴性，国内外还未发现*mecC*MRSA具有OS-MRSA菌株的特性。总体来说OS-MRSA菌株所具有的特性让它成为一种新的MRSA菌株。发表文章1篇。

藏羊低氧适应microRNA鉴定及相关靶点创新利用研究

课题性质：甘肃省农业生物技术研究与应用开发

项目编号：GNSW-2014-18　　**起止年限：**2014年1月至2016年12月

资助经费：10.00万元

主持人及职称：刘建斌 副研究员

参加人：岳耀敬

执行情况：完成藏羊高寒低氧相关miRNA鉴定和差异表达miRNA的生物信息学分析，揭示其代谢通路和潜在的功能，初步筛选出在HIF通路中可能发挥功能的miRNA。完成15个样品的microRNA测序，共获得187.90Gb Clean Data，各样品Clean Data均达到10Gb，Q30碱基百分比在85%及以上。分别将各样品的Clean Reads与指定的参考基因组进行序列比对，比对效率从80.02%到82.98%不等。基于比对结果，进行可变剪接预测分析、基因结构优化分析以及新基因的发掘，发掘新基因2 728个，其中1 153个得到功能注释。基于比对结果，进行基因表达量分析。根据基因在不同样品中的表达量，识别差异表达基因495个，并对其进行功能注释和富集分析。鉴定得到6 249个microRNA，差异表达microRNA共79个。发表SCI论文1篇，授权国家发明专利3项。

甘肃省全国牧草新品种区域试验研究

课题性质：甘肃省农牧厅项目

项目编号：　　**起止年限：**2013年1月至2017年12月

资助经费：15.00万元

主持人及职称：路远 副研究员

参加人：时永杰　田福平

执行情况：选择甘肃兰州（黄土高原半干旱区）、甘肃天水甘谷（黄土高原半湿润区）、甘肃张掖（河西走廊荒漠绿洲区）、甘肃民勤（河西走廊荒漠绿洲区）等4个试验点开展区域试验，通过区域试验，客观、公正、科学地评价陇中黄花矶松品种的适应性、观赏性、抗性及其利用价值，为国家观赏草品种审定提供依据。结果表明：黄花矶松具有抗旱、耐瘠、耐粗放管理的特点，其生育期为7月中旬初花，8月中旬盛花，绿色期为210天，观赏期为142天左右；其观赏性状从叶色、叶形、花色、花序美感及株形等几个方面综合评价为良；其表现出极强的抗逆性，其抗逆性强于二色补血草和耳叶补血草。申报发明专利1件。

丹参酮灌注液新兽药报批及工业化

课题性质：兰州市创新人才项目

项目编号：2014年RC-77　　　　**起止年限：**2015年1月至2017年12月

资助经费：30.00万元

主持人及职称：梁剑平 研究员

参加人：刘宇　郭文柱　王学红

执行情况：进行丹参酮处方筛选及工艺研究，最终选择乳房注入剂作为研究剂型，确定了丹参酮提取物为原料药，进行质量研究及药品标准的制订，进行稳定性研究，开展抗菌和抗炎试验，兔子滴眼试验，急性和亚慢性毒性试验，进行临床试验研究，研究结果表明，本品处方合理，生产工艺简捷易行，适合工业化生产，产品稳定、质量可控、安全有效。

防治仔猪腹泻纯中药“止泻散”的研制与应用

课题性质：兰州市创新人才项目

项目编号：2014年RC-74　　　　**起止年限：**2015年1月至2017年12月

资助经费：30.00万元

主持人及职称：潘虎 研究员

参加人：苗小楼　尚小飞

执行情况：进行了“止泻散”质量控制研究，对其成分地锦草、黄连、苍术、苦参、广藿香进行了薄层色谱鉴别的研究，得到地锦草、黄连、苍术、苦参、广藿香的薄层色谱图，以及地锦草中槲皮素和黄连中盐酸小檗碱的高效液相色谱图；开展长期稳定性试验研究，结果显示在常温避光条件下两年内该药稳定性良好，符合质量标准草案要求；开展毒理试验研究，止泻散急性毒性结果显示经口灌服没有发现小鼠死亡，说明该药有较高的安全性；完善了止泻散质量标准草案，并通过了甘肃省兽药药检所的检验，完成了止泻散兽药临床方案。

奶牛乳房炎灭活疫苗的研究与开发

课题类别：横向委托

项目编号：　　　　**起止年限：**2013年12月至2017年10月

资助经费：450万元

主持人及职称：李宏胜 研究员

参加人：杨峰　罗金印　李新圃

执行情况：从甘肃、内蒙古、河北、山东、安徽和河南等地部分奶牛场采集乳房炎奶样326份，进行了细菌分离和鉴定，分离病原菌418株，提取其DNA并扩增16S rDNA片段，进行了测序，分离出的病原菌主要有无乳链球菌、大肠杆菌、金黄色葡萄球菌、凝固酶隐性葡萄球菌、副乳房链球菌、停乳链球菌、乳房链球菌和变形杆菌等，进行了病原菌抗生素耐药性研究。开展了荚膜多糖蛋白结合疫苗的研究，确定了最佳的荚膜多糖提取工艺，进行了液体和琼脂培养基中分别加入0%、5%、10%乳清培养后对荚膜多糖含量的影响以及扫描电镜观察。用家兔制备了金黄色葡萄球菌分型血清，对金黄色葡萄球菌进行了血清型分型研究。测定出了制苗菌株金黄色葡萄球菌 J58株、无乳链球菌 M19 株、A20 株对小鼠的半数致死量（D50）。在小鼠上进行了疫苗免疫后抗体测定的研究（效力检测平行试验），确定了最佳的 ELISA 检测方法。在泌乳奶牛上开展了制苗菌株毒力复壮试验。开展了 125 株牛源无乳链球菌 PCR 分型研究，血清型与溶血性关联性研究，抗生素耐药性、毒力基因及致病基因研究。发表论文 12 篇，其中 SCI 论文 3 篇，获得实用新型专利12 件。

新兽药“常山碱”成果转让与服务

课题类别：横向合作

项目编号： **起止年限：**2015 年 1 月至 2018 年 12 月

资助经费：40 万元

主持人及职称：郭志廷 助理研究员

参加人：郭文柱 王学红

执行情况：根据任务书要求完成了常山碱的临床复合试验，研究结果表明：常山散在推荐剂量下对鸡体毒性很小，饲料转化率稍高于不给药对照组。与感染对照组比较，常山散各剂量组鸡盲肠和十二指肠肿胀明显减轻，血液性内容物明显减少，抗球虫指数分别为 132.8、162 和 167.9，均高于感染对照组；常山散按 0.1 和 0.2 g/kg 饲料给药抗球虫指数均高于妥曲珠利对照组（154.4）。结果提示，常山散抗球虫疗效好，有望成为新型抗球虫药物。常山散以 0.1g/kg 饲料拌料给药，连续给药 3~5 天，可有效治疗自然感染的鸡球虫病，治愈率为 85.2%，有效率为 94.7%。妥曲珠利对自然发病的病鸡治愈率为 79.0%，有效率为 92.5%。完成常山碱新药申报材料的撰写工作，并提交农业部审核。发表论文 5 篇，培养本科生 3 名，参加学术交流会 2 次。

青蒿提取物药理学实验和临床实验

课题类别：横向合作

项目编号： **起止年限：**2015 年 9 月至 2018 年 9 月

资助经费：20 万元

主持人及职称：郭文柱 助理研究员

参加人：王学红 刘宇

执行情况：开展青蒿提取物的剂型的制备，靶动物体内抗球虫药理学实验和急性毒性实验、长期毒性实验等毒理学实验的研究，评价其毒性和用药安全性问题，并通过临床预实验确定了其抗球虫病的剂型剂量和给药方式等。研究结果表明：给药小鼠未出现明显的中毒症状，自由活动，饮食饮水正常，最大给药剂量为 10 100mg/kg 体重仍然未出现死亡，因此可以判定青蒿提取物为无毒物质。给药后分别于 1 天、4 天和 7 天观察雌雄昆明小鼠体重变化，结果表明青蒿散对雌雄昆明小鼠体重均无显著影响。亚慢性试验各剂量组大鼠雌雄的体重与空白对照组间差异不显著，给药后 3 个剂量组的大鼠体重增加幅度与对照组间差异不显著，并对生理指标、血清学指标和身体组织无显著性影响。临床疗效预实验结果表明青蒿散具有一定的抗球虫效果，且青蒿散中剂量组的抗球虫效果最好，ACI 值达 140.2。

新兽药“土霉素季铵盐”的研究开发

课题类别：横向合作

项目编号： **起止年限：**2015年9月至2018年12月

资助经费：35万元

主持人及职称：郝宝成 助理研究员

参加人：梁剑平 王学红 刘宇

执行情况：完成了土霉素季铵盐药效学试验、急性毒性试验和亚慢性毒性试验，并按要求完成实验报告3份。土霉素季铵盐药效学试验研究结果表明：选取引起仔猪白痢、鸡白痢、细菌性肠炎、肺炎、猪气喘病的10种主要致病菌，采用琼脂稀释法，用土霉素季铵盐对其进行体外抗菌试验研究，抑菌试验结果表明，土霉素季铵盐对引起仔猪白痢、鸡白痢、细菌性肠炎、肺炎、猪气喘病等的主要几种致病菌均有抑制作用，并在一定的范围内随着土霉素季铵盐药物浓度的升高抑制作用也逐步增强，其中大肠杆菌对土霉素季铵盐有较强的耐药性。土霉素季铵盐急性毒性试验结果表明，存活小鼠在受试期间精神状况良好，无异常表现；对死亡小鼠和受试后处死存活小鼠及空白对照组小鼠解剖发现，脏器均无明显眼观病变。计算结果得出土霉素季铵盐对小鼠的半数致死量 LD_{50} 3 012.7mg/kg，LD_{50} 95%可信限2 662.5~3 476.6mg/kg，符合低毒物质分级标准。急性毒性试验结果显示土霉素季铵盐的毒性总体上很低，临床用药安全性高。土霉素季铵盐亚慢性毒性试验结果表明，各给药剂量组试验小鼠精神状况、大小便、饮食及饮水、体温情况等与空白对照组相比无异常改变；各剂量组小鼠的体重与空白对照组相比较差异不显著；各剂量组小鼠的脏器，心、肝、脾、肺、肾的组织切片在显微镜下观察并与空白对照组相比，无明显的结构差异。急性毒性试验结果，显示土霉素季铵盐毒性低，临床用药安全性高。发表论文1篇。

Startvac ©奶牛乳房炎疫苗临床有效性试验

课题类别：横向合作

项目编号： **起止年限：**2015年4月至2017年4月

资助经费：100万元

主持人及职称：李建喜 研究员

参加人：王学智 张凯 张景艳 王磊

执行情况：针对我国规模化奶牛场在乳房炎疾病管理与防治中存在的问题与实际需求，与西班牙海博莱生物大药厂合作，开展了适合于我国不同养殖水平奶牛场的乳房炎“减抗”综合防控技术研究。引进并建立了奶牛乳房炎病原菌高通量检测技术2项，应用其检测奶牛乳房炎样本2 200头，其中金黄色葡萄球菌阳性检出率为3.5%；大肠杆菌阳性检出率为3.95%。引进了奶牛乳房炎三联疫苗Startvac，分别在甘肃、陕西3个奶牛场进行了临床有效性和安全性试验研究。结果表明，Startvac疫苗可有效预防大肠杆菌、金黄色葡萄球菌及凝固酶阴性葡萄球菌感染引起的乳房炎，其中对大肠杆菌保护率为78.17%，无不良反应，在产后130天内抗体滴度显著高于阴性对照组。引进了西班牙加泰罗尼亚地区奶牛乳房炎防控管理技术，建立了传染性奶牛乳房炎防控管理技术规程（SOP），组织培训相关技术人员100余人次，通过现场示范提高了奶牛场控制乳房炎感染的执行力。本项目实施期间，相关技术辐射推广规模达20 000余头份，对我国奶牛健康养殖、乳品质改善、养殖企业（户）增收等提供了技术支撑和产品保障，可产生明显的社会效益和经济效益。发表论文3篇，获得实用新型专利3件；建立示范基地2家，推广应用奶牛1 000余头。

茶树纯露消毒剂的研究开发

课题类别：横向合作

项目编号： **起止年限：** 2016年5月至2019年12月

资助经费： 40万元

主持人及职称： 刘宇 助理研究员

参加人： 梁剑平　王学红

执行情况：进行了茶树纯露对大肠杆菌、白色念珠菌、金黄色葡萄球菌、绿脓杆菌、链球菌以及黑曲霉菌的抑菌效果研究，研究结果表明：茶树纯露原液对白色念珠菌抑菌活性不显著；对大肠杆菌、绿脓杆菌及黑曲霉菌基本无抑菌活性；对链球菌作用2min，5min，10min，20min的杀灭对数值分别为1.21，1.26，1.02，1.15；茶树纯露原液对金黄色葡萄球菌表现出显著的杀菌活性，作用2min，5min，10min，20min时的杀灭对数值分别为0.21，0.84，4.13，>5。作用20min后的平均抑菌率高达100%。培养硕士研究生1名；发表SCI论文1篇，授权发明专利1件。

抗旱耐寒苜蓿育种与种繁技术研究和示范

课题类别： 横向合作

项目编号： **起止年限：** 2015年1月至2016年1月

资助经费： 50万元

主持人及职称： 李锦华 副研究员

参加人： 朱新强

执行情况：西藏苜蓿引种工作：完成140余份苜蓿种质的常规鉴定。其中第一期引种试验进行了5年，选出了德福、甘农1号、新疆大叶和特氏等饲草高产的苜蓿品种。继续开展山南38个苜蓿种质的种子生产性能测定，选出了抗寒混选系和抗旱混选系2个种子高产的苜蓿种质。在山南开展了苜蓿繁种技术示范，同时进行了干燥剂喷施试验。西藏苜蓿育种工作的研究内容与研究所“寒生、旱生灌草新品种选育”创新团队接轨，研究内容包括育种材料的繁种、杂花苜蓿育种系（黄杂1号）的育种价值评定、新品系区域试验等。完成区域试验中的新品系的苜蓿育种材料种植和当年测定工作，包括2个种子高产的种质（抗寒混选系和抗旱混选系）、4个来源不同的饲草高产的品系（9号混选系、D混选系、三元杂交系、二元杂交系）。区域试验点分别在山南扎囊县、日喀则艾玛岗、拉萨达孜。2016年完成了种植和当年测定工作，此外，在兰州大洼山增加一个区域试验点。首次在兰州开展了西藏野生牧草异地繁种研究工作，完成西藏搜集的19种野生牧草种子发芽率测定和育苗工作。

奶牛疾病创新工程

课题类别： 中国农业科学院科技创新工程

项目编号： CAAS-ASTIP-2014-LIHPS　**起止年限：** 2016年1月至2016年12月

资助经费： 159万元

主持人及职称： 杨志强 研究员

参加人： 刘永明　严作廷　李宏胜　王东升　王胜义　罗金印　李新圃　张世栋　杨峰　董书伟

执行情况：奶牛子宫内膜炎高效防治药物“丹翘灌注液”的长期稳定性试验。奶牛不发情高效防治药物“藿芪灌注液”的新兽药评审通过了质量标准复核，进入最终评审阶段。开展了防治奶牛乳房炎中药制剂的筛选试验，进行了奶牛乳房炎流行病学调查及乳房炎荚膜多糖蛋白结合疫苗的研究。筛选出有效防治奶牛胎衣不下的中兽药制剂“归芎益母散”，建立制剂中主要药物的显微鉴别和薄层色谱鉴别方法，确立了生产工艺，进行中试扩大试验研究。研究了马香苓口服液的毒性、工艺、鉴别和指纹图谱。开展了促进奶牛产后子宫复旧中兽药的筛选和作用机制研究。调查了引起犊牛腹泻的主要病原菌，进行了病原菌与血液生化指标的相关性分析。调查了我国牛羊主要养殖区的牛羊营养代谢病发病情况，研究了高浓度 Mn 对大鼠肠道蛋白表达的影响。开展了奶牛蹄叶炎致病机制相关蛋白组学研究，进行了奶牛子宫内膜炎相关蛋白表达及其中药抗炎机制的研究，开展了奶牛胎衣不下的代谢组学研究。发表论文 34 篇，其中 SCI 论文 7 篇；出版著作 2 部。获得专利 26 项，其中发明专利 4 项。验收课题 4 项；研制出疫苗 1 种、新兽药制剂 1 种。培训基层兽医及畜牧人员 80 人次。培养研究生 1 名。

牦牛资源与育种创新工程

课题类别：中国农业科学院科技创新工程

项目编号：CAAS-ASTIP-2014-LIHPS　　**起止年限：**2016 年 1 月至 2016 年 12 月

资助经费：206 万元

主持人及职称：阎萍 研究员

参加人：梁春年　郭宪　包鹏甲　裴杰　丁学智　王宏博

执行情况：牦牛新品种选育，新建档案表 600 余份，无角牦牛群体数量已达到 3 280头，其中 1~3 岁公牛 654 头，成年公牛 161 头，1~3 岁母牛 610 头，成年母牛 1855 头。新增无角牦牛 765 头，其中公牛犊 375 头，母牛犊 390 头，并对犊牛的初生体重、体尺进行了系统测定。进行牦牛角性状的遗传解析研究，通过遗传变异和群体遗传学分析、关联分析和候选区域基因注释与特征描述，进一步明确了有角牦牛和无角牦牛的遗传规律；进行了无角形状候选变异研究，发现 C1H21orf62 基因和无角形状有关。进行了牦牛无角性状的蛋白质组学研究，发现 83 个差异蛋白显著富集于 16 个通路，下调蛋白主要参与细胞过程、信号转导和人类疾病；上调蛋白主要参与代谢活动和免疫相关活动。进行了牦牛角形态发育及相关蛋白表达的研究，免疫组化研究发现 FOXL2 蛋白和 CDH1 蛋白与角形态发育相关。进行了无角牦牛不同发育时期背最长肌差异蛋白质组学分析，36 月龄与 6 月龄相比发现 3 个蛋白上调，6 个蛋白下调；进行了基于 2-DE 技术的牦牛卵泡液差异蛋白质组学研究，通过对比分析牦牛成熟卵泡液与未成熟卵泡液蛋白质电泳图谱，共发现了 12 个差异表达蛋白质，其中 10 个蛋白质表达上调，2 个蛋白质表达下调；进行了牦牛 mtDNA 序列测定及分析研究，通过对牦牛线粒体全基因组测序，发现帕里牦牛线粒体基因组长 16，324bp，包含 13 个蛋白编码基因、22 个 tRNAs、2 个 rRNAs 及 1 个 D-loop。进行了无角牦牛 LPL 基因的克隆和表达模式研究，结果表明，无角牦牛 LPL 基因含有一个长度为 1437bp 的开放性阅读框，编码 478 个氨基酸；进行了 Mir-383 在 C2C12 细胞分化过程中的功能研究，结果表明，MyoD 表达量在 C2C12 细胞分化中逐渐上升，第 3 天最高，然后逐渐下降；进行了牦牛毛色调控基因的表达定量和黑色素细胞组织学分析，所有检测样本中 ASIP 基因在 DHB 中表达含量较其它样本高；MITF 基因在 DH 和 THH 高表达，TB 和 THB 低表达；MC1R 基因在 THH、DHH 和 THB 高表达，TB 中表达含量低；TYR 基因表量在 DHH 和 THH 相对较高，研究结果显示，4 种基因对牦牛不同被毛颜色起到一定的调控作用。进行牦牛精子冷冻损伤机制的研究。进行了牦牛精子冷冻前后酶活力变化测定、牦牛精液总 RNA 提取方法的优化和冷冻前后牦牛精液蛋白质组学研究，研究显示，精子超低温冷冻保存后受精能力明显下降，影响人工授精的受胎率。开展高寒低氧适应性等领域相关基础性研究，通过采集牦牛和低海拔黄牛骨骼肌，对其线粒体蛋白质组进行相对和绝对定量的同位素标记分析，共鉴定到唯一肽段（Unique Peptide）5 604条，各通道标记标签皆有定量信息的蛋白质 594 个，以差异倍数>1.2（上调）或<0.83（下调），且 P value<0.05 为筛选条件，共筛选到候选差异表达蛋白 72 个，其中上调蛋白 41 个，下调蛋白 31 个，未知蛋白 10 个，对氧化磷酸化代谢通路（Oxidative phosphorylation）中的差异表达蛋白质进行单独的 KEGG 通路分析发现，32 个差异表达蛋白质主要作用于线粒体氧化还原呼吸链的呼吸链复合体 I、呼吸链复合体 III、呼吸链复合体 IV。

围绕动物源食品质量安全，开展非法定药物检测与风险评估工作；制定毛绒、毛皮检测技术标准与检测技术服务。共发表论文 22 篇，其中 SCI 论文 11 篇，出版著作 4 部，授权专利 60 件，创收 42.082 万元，获得全国农牧渔业丰收奖二等奖 1 项。派出 1 人到英国皇家兽医学院进行为期半年的交流与合作，派出 3 人次进行短期学术交流。

兽用化学药物创新工程

课题类别：中国农业科学院科技创新工程

项目编号：CAAS-ASTIP-2014-LIHPS　　**起止年限：**2016 年 1 月至 2016 年 12 月

资助经费：112 万元

主持人及职称：李剑勇 研究员

参加人：杨亚军　刘希望　李世宏　孔晓军　秦哲

执行情况：阿司匹林丁香酚酯（AEE）降血脂调控机理研究，实验结果表明 AEE 治疗组与模型组在代谢轮廓上存在明显差异，筛选出 22 差异代谢物作为高血脂相关生物标记物，通路分析表明 AEE 作用机制可能与三羧酸循环、磷脂代谢、甘油磷脂代谢及部分氨基酸代谢相关。阿司匹林丁香酚酯（AEE）的质量标准研究结果显示，AEE 的标准品含量达 99.5%以上，RSD 小于 0.2%。制备了不同晶型的 AEE 标准品，通过 X 射线粉末衍射（XRPD）和差示扫描量热分析（DSC）法对其进行了表征。稳定性研究显示 AEE 晶型 B 在高温、高湿及强光条件下放置 10 天，其熔点未见显著变化，说明其稳定性较好，适用于工业生产和相关药物制剂的制备。开展了 AEE 标准品和原料药的 HPLC 含量测定方法的建立，建立了杂质水杨酸，乙酰水杨酸，丁香酚的含量测定方法；建立了 AEE 标准品和原料药中残留溶剂的气相色谱 GC 检测法。开展了复方氟苯尼考注射液在犊牛、仔猪体内的药代动力学研究，结果表明氟苯尼考在猪体内药代动力学模型符合一级吸收一室开放模型，吸收缓慢、消除缓慢、达峰时间较长，维持有效血药浓度时间长；氟尼辛葡甲胺吸收速度快、达峰时间短、半衰期较长、消除较慢。根据残留消除试验结果，氟苯尼考在猪休药期分别为 11 天，氟尼辛葡甲胺的休药期为 11 天，因此建议本制剂的休药期为 11 天。开展了靶动物安全性实验、人工感染治疗试验，以及临床收集病例的治疗实验；实验结果显示，中高剂量的新型复方制剂，对人工感染病理有很好的治疗效果，优于对照的单方制剂。开展了非甾体抗炎药物双氯芬酸钠注射剂的靶动物安全性研究、药代动力学研究就生物等效性研究。试验结果显示，该注射剂无明显的刺激性、对靶动物牛无明显的毒副作用。药代初步研究结果显示该注射剂肌注达峰时间约为 2.5h，达峰浓度约为 12ug/mL。完成了银翘蓝芩口服液的临床感染试验、靶动物安全研究及临床扩大试验。结果显示，该产品 0.5mL/只・天饮水给药，连续给药 7 天，可有效治疗鸡传染性支气管炎；对雏鸡呼吸道症状为主的 IB 自然感染病例有较好治疗效果，优于对照药物双黄连口服液；按推荐剂量混饮给药，对靶动物鸡是安全的。开展查尔酮-噻唑杂交分子的合成及其抑菌活性研究，根据结构拼合原理，合成了不同位置取代的查尔酮-噻唑酰胺杂交分子 12 个，合成的化合物结构通过了核磁共振氢谱、碳谱及高分辨质谱确证，考察了目标产物的厌氧菌艰难梭菌的体外抑菌活性。试验结果显示，部分目标化合物对艰难梭菌有明显的抑制作用，其 MIC 值介于 1~4ug/mL 之间，与对照药物硝唑尼特相当。开展了基于分子印迹-液质联用技术筛选中药抗病毒有效成分的方法学研究，成功制备了还有模板分子的分子印迹聚合物，其结构通过红外、元素分析、扫描电镜等予确证。出版著作 1 部；发表论文 7 篇，其中 SCI 论文 3 篇；授权国家发明专利 2 件，实用新型发明专利 6 件；培养博士研究生 1 名（留学生），硕士研究生 2 名，团队引进药物分析检测成员 1 名；3 人赴南非夸祖鲁纳塔尔大学进行学术交流访问。

兽用天然药物创新工程

课题类别：中国农业科学院科技创新工程

项目编号：CAAS-ASTIP-2014-LIHPS　　　　**起止年限：**2016年1月至2016年12月

资助经费：113万元

主持人及职称：梁剑平 研究员

参加人：尚若峰　蒲万霞　王学红　刘宇　郭志廷　郭文柱　郝宝成　王玲

执行情况：完成截短侧耳素衍生物以小鼠为动物模型的体内抑菌试验及急性毒性实验研究，研究结果表明截短侧耳素衍生物和泰秒菌素均存在剂量—效果依赖关系，具有相似的杀菌曲线和杀菌模式，且这两种化合物在小鼠体内的抑菌作用显著高于对照药物泰秒菌素；两种化合物均为低毒物质，对各组死亡小鼠和观察期满存活的小鼠进行剖检并观察其病理变化，发现急性中毒死亡小鼠的小肠有残留药物未吸收，其他脏器无明显的病理变化。完成对苦豆草总碱灌注液进行靶动物安全性试验、临床药效试验及扩大临床试验，试验动物选由西北农林科技大学动物医院提供患有乳房炎的奶牛40头，观察其对奶牛乳房炎的治疗效果，结果显示，“苦豆草总碱灌注液”治疗奶牛乳房炎疗效确切，且治疗效果优于双丁注射液。完成“断奶安”对仔猪肠道微生物发酵动力学的影响，研究结果表明断奶安可以提高不同日龄回肠、盲肠、结肠内容物中挥发性脂肪酸含量。断奶安组、酵母组各肠段内容物氨态氮含量始终低于对照组，且断奶安可以显著降低试验动物肠道氨态氮的含量。完成了新兽药“土霉素季铵盐”的亚慢性毒性及微生物敏感性试验，研究结果表明土霉素季铵盐的毒性总体上很低，临床用药安全性高；对常见菌具有良好的抑菌作用，对大多数G+和G-菌有效，为广谱类抗菌药物；在给与兔子眼黏膜刺激性试验时眼刺激性综合平均值基本在0~4之间，属于无刺激性。完成了藏药草乌水煎剂体外杀灭羊虱蝇的药效学试验、皮肤毒性、刺激性及过敏性试验，研究结果表明2%和4%的浓度的草乌煎煮液体外杀灭的效果最佳；2%和10%两个浓度的草乌蒸煮液外用时无皮肤急性毒性反应，对家兔皮肤无明显刺激性，过敏现象，属于临床安全药物。对白花杜鹃生物活性成分的进行了提取及GC/MS检测分析研究，开花期白花杜鹃中所含的主要化学成分，共检测分离出24种含量较高的化合物；经与质谱谱图数据库比对，初步鉴定主要为烷烃及其含氧衍生物、烯和醇、酯等化合物，其中包含角鲨烯等活性成分。发表文章10篇；授权发明专利10件，实用新型专利8件；培养研究生7名；获得甘肃省技术发明三等奖1项。

兽药创新与安全评价创新工程

课题类别：中国农业科学院科技创新工程

项目编号：CAAS-ASTIP-2015-LIHPS　　　　**起止年限：**2016年1月至2016年12月

资助经费：152万元

主持人及职称：张继瑜 研究员

参加人：周绪正　潘虎　程富胜　魏小娟　李冰　尚小飞　苗晓楼

执行情况：细菌耐药性机理研究和新药筛选：探索了新合成的噁唑烷酮化合物的体外抗菌活性，目前已完成MIC测定。建立了动物感染模型，筛选出具有抗弓形虫效果的水杨酰苯胺类药物氯硝柳胺，进行了细胞毒试验、体内抗感虫试验、体外抗虫试验等药效学试验，分别在体内、体外评价了氯硝柳胺的抗弓形虫效果。承担国家科技基础性工作：通过收集传统中兽医药古籍、著作，对传统方剂进行整理与归纳，收集经方及民间验方；完成收集40余种中兽药药材成品及生长期生物照片，并分别进行归类与信息整理与整编；针对收集的针灸技术、诊断及治疗技术、药物炮制及加工技术、药物栽培技术、中药种质的保护及利用技术等进行整理与归类；整理编撰《中兽医传统加工技术》。兽用抗寄生虫原料药和制剂的研制研究：开展了五氯柳胺原料要和混悬液制剂稳定性研究；对通过粪便虫卵检测辅助ELISA检测确定的阳性牛，开展了临床药效实验；建立了五氯柳胺混悬剂的高效液相色谱与质谱联用的分析方法；开展了蒿甲醚注射液稳定性研究和建立了药代动力学血样检测方法。新型奶牛隐性乳房炎药物制剂、防治仔猪腹泻纯中药制剂止泻散和止泻口服液制剂已通过甘肃省兽药与饲料监察所质量复核，正在申请临床实验批件，并开展部分药品毒理及药理学实验；已完成蓝花侧金盏杀螨前后螨虫有关酶系活性的变化及差异蛋白组学研究。完成了雪山杜鹃和雪层杜鹃提取物的杀螨活性和增加免疫活性研究，并通过稳定剪切流动和动态粘弹性试验探讨雪山杜鹃多糖（RABP）溶液的流变性质。分离了 135 株志贺菌，并对各菌的生化特性（API20E），血清型及其亚型进行了鉴定（日本生科血清）；完成了 135 株志贺菌分离株临床常见的 32 种抗生素的敏感性检测（药敏纸片法）。选择来自完成甘肃、内蒙古、山东 3 个省区牛羊肉、粪、尿、饲料及饮水 288 份样品进行头孢噻呋、环丙沙星、恩诺沙星、沙拉沙星、达氟沙星、二氟沙星、培氟沙星、氧氟沙星、诺氟沙星、洛美沙星、阿奇霉素、克林霉素、克拉霉素、泰乐菌素、替米考星、阿维菌素、多拉菌素等 17 种药物 4 896个样品的检测。结果如下：对抽取的 231 份疑似样品进行了抗菌药物残留验证检测。建立实验室粪抗原检测方法（ELISA、PCR）可迅速（感染 7 天内）、准确的判定终末宿主（犬）的感染情况，并能准确判定感染绦虫的种类，为本病的流行病学调查、科学防控及药物防治效果考察等提供科学依据。取得国家新兽药证书 3 个，其中国家二类新兽药 2 个，国家三类新兽药 1 个；授权国家发明专利 2 件，实用新型专利 9 件；发表论文 20 篇，其中 SCI 收录 3 篇；获得软件著作权 1 项；培养博士后 1 人，硕士研究生 1 名；获 2016 年兰州市技术进步二等奖 1 项。成果转让 3 项，转让金额 75. 8 万元。

中兽医与临床创新工程

课题类别：中国农业科学院科技创新工程

项目编号：CAAS-ASTIP-2015-LIHPS　　**起止年限：**2016 年 1 月至 2016 年 12 月

资助经费：135 万元

主持人及职称：李建喜 研究员

参加人：郑继方　罗超应　罗永江　王旭荣　张景艳　张凯　王磊　辛蕊华　王贵波

执行情况：完成了新制剂对试验动物的心血管系统、呼吸系统和中枢神经系统影响研究，并对靶动物安全性试验进行考察，对该制剂的安全性进行评估。优化了宫衣净酊的生产工艺，完成了宫衣净酊的影响因素试验、加速试验和长期稳定性试验。完成了针刺镇痛对犬脑内 Jun 蛋白表达的影响研究，通过对蛋白表达与痛阈值相关性的分析，初步阐明动物针刺镇痛的作用机制。确定的预防牛口蹄疫综合防控措施及辨证施治标准进行临床现地应用，并对有效具有免疫增强作用的制剂进行了临床考察。将奶牛乳房炎和子宫内膜炎等主要普通病的防控技术进行集成并在兰州试验站、西安试验站、宁夏试验站进行示范推广；完成了该药的新兽药的扩大临床试验和新兽药申报材料。完成了奶牛胎衣不下中兽药“宫衣净酊”的质量标准优化。开展了防治奶牛子宫内膜炎植物精油的研究与应用。开展了本研究领域奶牛产业技术国内外研究进展、省部级科技项目、从业人员、仪器设备、国外研发机构数据调查；奶牛乳房炎病原菌数据采集，建立了网络版奶牛体系疾病控制数据共享平台数据库。优化建立了卵泡颗粒细胞的体外分离、培养及鉴定的方法，开展了奶牛乳腺细胞的原代培养和鉴定工作。完成了奶牛乳房炎疫苗的田间评价试验。出版著作 5 部，发表论文 28 篇，其中 SCI 文章 3 篇；培养研究生 3 名，培养博士后 1 名；制定地方行业标准 2 项；获得甘肃省科技进步二等奖 1 项；8 人赴泰国、爱尔兰、日本、俄罗斯、英国等参加国际学术交流。转化科技成果 4 项，转化经费 62 万元。

细毛羊资源与育种创新工程

课题类别：中国农业科学院科技创新工程

项目编号：CAAS-ASTIP-2015-LIHPS　　**起止年限**：2016 年 1 月至 2016 年 12 月

资助经费：202 万元

主持人及职称：杨博辉 研究员

参加人：孙晓萍　冯瑞林　郭健　刘建斌　岳耀敬　郭婷婷　袁超

执行情况：高山美利奴羊发展提高、品种整体结构建立及扩繁推广，培育高山美利奴羊超细品系、无角品系和多胎品系；在甘肃、青海、新疆维吾尔自治区（以下简称新疆）、内蒙古、吉林等省区推广高山美利奴羊种羊 8000 只、改良细毛羊 100 万只；建成羊增产增效牧区“放牧+补饲—草原肥羔全产业链绿色增产增效技术集成模式”和农区“种、养、加、销一体化生态循环—绿色肉羊全产业链增产增效技术集成模式；对高山美利奴羊次级毛囊形态发生诱导期转录组差异表达分析，用 EdgeR 进行差异基因分析，其中 67 个上调，125 个下调；在参与毛囊形态的 Wnt、Shh、Notch、BMP 等信号通路中仅 Wnt2 和 FGF20 差异表达，但 PPAR 通路中 7 个基因均在绵羊次级毛囊形态发生基板期显著下调，推测在绵羊次级毛囊形成发生过程中可能通过降低 PPAR 抑制初级毛囊周围皮脂腺的形成，来促进绵羊次级毛囊的形态发生；为研究 XLOC005698 lncRNA 在绵羊次级毛囊形态发生中对 oar-miR-3955-5p 的调控机制，已完成 XLOC005698、oar-miR-3955-5p 靶点效率效率检测；不同脂尾型绵羊尾部脂肪富集的蛋白质组学研究分析，对不同尾型幼年羊生长早期尾脂中蛋白磷酸化修饰分析，在五种尾型绵羊尾部脂肪组织中鉴定到 1493 个磷酸化位点分布在 804 个磷酸化蛋白，其主要参与翻译、基因表达、蛋白代谢、细胞形态和细胞骨架、蛋白降解、细胞凋亡及蛋白修饰，说明脂肪组织发育需要以上途径来参与细胞代谢分化和脂肪沉积等重要生物学功能；高山美利奴羊肌肉发育和次级毛囊形态发生诱导期差异表达 LncRNA 靶基因的预测与鉴定，对细毛羊毛囊形态发生诱导期皮肤组织 RNA-seq 测序数据中的 non-mRNA 序列应用 CNCI，PhyloCSF，Pfam 进行 LncRNA 预测，共获得 884 个 LncRNA。应用 EdgeR 共筛选出 15 个 LncRNA 在细毛羊毛囊形态发生诱导期差异表达，13 个 LncRNA 存在潜在 cis 或 trans 靶基因。通过 GO、KEGG 富集分析，将 13 个差异 LncRNA 的靶基因富集到 TNF 等 12 个信号通路中。说明 LncRNA 在细毛羊毛囊形态发生过程中发挥着重要的作用；促性腺激素抑制激素-C3d DNA 疫苗的构建及免疫作用，免疫后，促卵泡素（FSH）、促黄体素（LH）平均含量均高于对照组（$P<0.05$）。表明 GnIH-INH 融合基因疫苗不仅可促进 FSH 分泌，而且可显著提高藏羊在非繁殖季节的 LH 水平，为非繁殖季节开展多胎免疫工作奠定了基础；构建细毛羊联合育种网络平台建设，该平台包括全国细毛羊数据采集系统、表型数据库、遗传评估中心、育种信息平台、联合育种技术服务等内容，收集综合试验站种羊表型、系谱和核酸信息，有计划地在绒毛用羊核心育种场开展 EBV 或 gEBV 值评估研究；利用 mtDNA 分析青藏高原藏羊遗传资源及 mRNA、lncRNA 联合解析藏羊肺脏和肺脏组织高寒低氧适应性遗传机制和分子调控机理。审定国家标准 1 项；授权发明专利 10 件，实用新型专利 14 件；发表学术论文 13 篇，其中 SCI 论文 4 篇；培养研究生 5 名；1 人赴国际家畜研究所开展国际合作研究；建立试验基地 5 个，设示范点 3 个，合作社 2 个，带动 5 个乡镇 50 余示范户；培训岗位人才 16 人次，共计 1 231人次。

寒生、旱生灌草新品种选育创新团队

课题类别：中国农业科学院科技创新工程

项目编号：CAAS-ASTIP-2015-LIHPS　　**起止年限**：2016 年 1 月至 2016 年 12 月

资助经费：195 万元

主持人及职称：田福平 副研究员

参加人：时永杰　李锦华　王晓力　路远　张茜　周学辉　王春梅　胡宇　贺洞杰　朱新强

执行情况：寒生、旱生优质灌草资源发掘与种质创新研究，收集优质灌草种质资源 650 份。其中采集青藏高原、甘肃河西等地区植物分子材料 200 份；收集野生资源 100 份，高粱 100 份，苜蓿

50份，燕麦50份，箭舌豌豆30份，山黧豆20份，黑麦草20份，毛苕子20份，沙拐枣10份、草木樨10份，早熟禾10份，其他优质灌草资源30份。其中，评价与鉴定资源80余份。并对优异灌草资源的农艺性状及抗逆性等进行评价，筛选出了在干旱区具有很好的利用价值的育种材料5个，为下一步新品种选育提供了优异的种子资源。在全国共开展22个试验（站）点，进行寒生、旱生优异灌草资源评价、引种驯化及优异基因资源的筛选，并根据黄花矶松国家区域试验任务要求，在甘谷、兰州、张掖、民勤四地进行黄花矶松及对照种二色补血草、耳叶补血草的品比试验。航天诱变牧草新品系选育。通过田间表型变异选择及农艺性状指标观测记载，最后共选择出88份变异单株材料，其中紫花苜蓿53份、燕麦15份、红三叶20份。完成了航苜2号紫花苜蓿新品系的选育研究，在“航苜1号”基础上，通过单株选择、混合选择法，使复叶多叶率由42.1%提高到50%以上，多叶性状以掌状5叶提高为羽状7叶为主，进一步提高草产量和营养含量，已经完成了该新品系选育研究，正在庆阳、兰州、陇西和岷县等四个地区开展了品比试验和区域试验。确定燕麦新品系1个，确定红三叶株系1个、确定红三叶品系1个，为优质品种选育奠定了良好的基础。高寒牧区优质饲草新品系选育，在青藏高原开展抗寒豆科牧草的筛选及育种研究，在甘肃甘南进行了箭舌豌豆和毛苕子的引种评价试验；在西藏几下开展了苜蓿抗寒育种，根据山南39个苜蓿品种（种质）5年的种子生产性能测定，选出了2个种子高产的新品系，育种目标为选育适于西藏种子本土化生产的苜蓿新品种；根据拉萨83个苜蓿品种（种质）5年的常规鉴定结果，选出了4个饲草高产的新品系，育种目标为选育适于西藏栽培的饲草高产的新品种。培育优质寒生、旱生灌草植物新品系9个；出版专著2部，发表论文17篇，其中SCI论文4篇；授权发明专利8件，实用新型专利26件；培养研究生1名；科技成果转化3项，转让金额35万元。

三、结题科研项目情况

牦牛卵泡发育过程中卵泡液差异蛋白质组学研究

课题类别：国家自然科学基金青年基金

项目编号：31301976　　　　**起止年限：**2014年1月至2016年12月

资助经费：23.00万元

主持人及职称：郭宪 副研究员

参加人：裴杰　王宏博

摘要：牦牛是青藏高原高寒牧区的特有牛种，繁殖有明显的季节性。在证实繁殖季节与非繁殖季节牦牛卵母细胞体外发育潜能不同的基础上，利用蛋白质组学手段研究牦牛卵泡发育过程中卵泡液中蛋白质的变化，建立高丰度的双向电泳图谱，探析不同繁殖季节、不同卵泡大小卵泡液组分差异，通过比较蛋白质组学筛查卵泡发育及卵母细胞成熟相关蛋白，对蛋白进行比对及功能分析，揭示牦牛卵泡发育机理及卵泡液对卵母细胞成熟的调控机制。项目开展了6个方面的研究，包括牦牛卵泡液与血浆差异蛋白质双向电泳方法的建立与优化、基于双向电泳（2-DE）技术的牦牛卵泡液（繁殖季节）差异蛋白质组学研究、基于同位素标记相对与绝对定量（iTRAQ）技术的牦牛卵泡液（繁殖季节与非繁殖季节）差异蛋白质组学研究、牦牛卵母细胞及体外受精胚胎早期发育基因差异表达的研究、牦牛线粒体基因组测序分析、牦牛PRDM16基因克隆及生物信息学与差异表达分析等，研究建立了牦牛卵泡液蛋白质组学研究技术体系，构建了卵泡液差异蛋白质数据库，获得了牦牛卵泡发育及卵母细胞成熟过程中的相关功能蛋白，从蛋白质水平了解了牦牛季节性繁殖规律，为提高牦牛繁殖效率、完善牦牛卵母细胞体外培养和胚胎体外生产体系提供了技术参考与理论依据。发表论文15篇，其中SCI收录8篇、中文核心7篇；授权专利6件，其中发明专利3件、实用新型专利3件。

藏药蓝花侧金盏有效部位杀螨作用机理研究

课题类别：国家自然科学基金青年基金

项目编号：31302136　　**起止年限：**2014年1月至2016年12月

资助经费：23.00万元

主持人及职称：尚小飞 助理研究员

参加人：苗小楼　潘虎　王东升　董书伟　王旭荣

摘要：确定蓝花侧金盏乙酸乙酯提取物为杀螨有效部位，利用差异蛋白质组学 Lable-free 研究方法，寻找和评价药物处理前后及不同时期螨虫的差异蛋白和其生物功能；结合转录组学研究，确定主要差异蛋白及其关联代谢通路。蓝花侧金盏对螨虫主要代谢酶影响实验，结果表明蓝花侧金盏能够抑制螨虫主要酶系的生物活性，且药物处理时间越长抑制作用就越显著。实验结果表明当用药物处理螨虫后，影响螨虫的乙酰胆碱酯酶、ATP 酶及氧化代谢途径，最终导致死亡。同时，开展蓝花侧金盏化学成分分析与动物螨病的发病机理研究，为阐明药物在蛋白水平的杀螨作用机理，杀螨药物的研制及作用靶点的筛选奠定基础。发表 SCI 论文5篇，出版著作1部。

基于蛋白质组学和血液流变学研究奶牛蹄叶炎的发病机制

课题类别：国家自然科学基金

项目编号：31302156　　**起止年限：**2014年1月至2016年12月

资助经费：20.00万元

主持人及职称：董书伟 助理研究员

参加人：张世栋　王东升　王慧　尚小飞　严作廷

摘要：研究发现蹄叶炎患病奶牛血浆中内毒素和组胺含量显著高于健康对照组牛，说明组织胺和内毒素含量升高可能是诱发奶牛蹄叶炎的重要因素；蹄叶炎奶牛血浆中 TC 升高，而 HDL-C 显著降低，表明奶牛蹄叶炎发病后脂质代谢发生紊乱。通过检测健康牛和蹄叶炎患病牛的血浆中的 SOD，T-AOC，GSH-PX，MDA，NO 等抗氧化指标，发现蹄叶炎患病奶牛的抗氧化指标显著低于健康组奶牛；血液流变学检测发现，蹄叶炎患病组奶牛血浆黏度高于健康组奶牛，低切变率（10/s）的全血黏度也高于健康组。表明奶牛患蹄叶炎后，血浆黏度明显升高，引起全血黏度的升高，在 S1 期，红细胞聚集指数方面，患病奶牛显著高于健康牛，而在红细胞变形指数方面，患病奶牛显著低于健康牛，急性蹄叶炎发病时，红细胞聚集指数升高，则在低切变率下的全血黏度会增加；基于 iTRAQ 技术，在奶牛血浆中共鉴定到880种蛋白，经重复性分析显示，结果稳定可靠，可重复性高。与健康组奶牛相比，患病组奶牛血浆中共存在94个差异蛋白，其中 S1 期出现35个蛋白表达上调，18个蛋白表达下调；S2 期有36个蛋白表达上调，1个蛋白表达下调；S3 中出现37个蛋白表达上调，15个蛋白表达下调。在蹄叶炎奶牛的不同发展过程中，共同上调表达的蛋白有14个，S1 和 S3 期共同下调的蛋白有6个；通过生物信息学分析发现，S1 期和对照组 C 奶牛血浆中差异蛋白在 GO 分子功能方面主要富集在蛋白结合、核苷酸结合活性，焦磷酸酶活性和水解酶活性。Pathway 富集分析显示，差异蛋白主要涉及吞噬体、补体和黏合素降解通路、碳水化合物代谢和吸收、磷酸甘油代谢途径、钙元素重吸收的内分泌调控通路、钙离子信号通路、三羧酸循环和 MAPK 信号转导等通路，该结果为深入理解奶牛蹄叶炎的发生发展机制提供了理论依据。

甘肃甘南草原牧区生产生态生活保障技术集成与示范

课题类别：国家科技支撑计划课题

项目编号：2012BAD13B05　　**起止年限：**2012年1月至2016年12月

资助经费：909.00万元

主持人及职称：阎萍 研究员

参加人：丁学智　王宏博　梁春年　郭宪

摘要：课题针对甘肃甘南草原牧区畜牧业发展和农牧民增收亟需解决的重大问题，以生态环境保护、畜牧业增产、农牧民增收协调发展为原则，牢固树立发展生态畜牧业的理念、走可持续发展之路。通过5年的示范推广，全面建立了甘南牦牛繁育技术体系，投放大通牦牛及甘南牦牛种公牛56头，在示范区建立了基础母牛1 000头的牦牛繁育基地2个；通过“划破+补播+施肥”的集成恢复措施，建立了有害生物防治优化技术和天然草地改良与高效利用综合技术体系试验示范区各1个；在“生活”保障技术方面，共发放推广61套太阳能户用发电系统、148台生物质节能炉具、260套便携式照明设备、为牧户送去了温暖和光明；建立牛羊包虫病的检测方法及规范；建成信息服务站，开通了8M电信网络，部署了覆盖全村的Ad Hoc无线移动网络。课题带动核心区及周边辐射区5年出栏牦牛7万余头，示范区内牦牛生产性能提高了21.4%，适龄母羊比例达到62.1%，育肥羔羊当年出栏率达63.0%；试验示范区害鼠密度减少81.2%，毒害草生物量比例下降了33.3%，人工草地增产32.6%；投放牛羊及犬驱虫药物100 000头次，推送手机短信1.51万条，发布藏、汉双语各类信息资源1.03万条。培训基层技术推广人员及牧民达3 000余人次。试验示范区及周边辐射区的草牧业生产、草原生态和牧民生活水平均得到了显著提升或改善。课题组紧密结合当地生产生态生活中存在的突出问题，采取边研究、边实施、边示范、边推广的技术路线，达到了预期的目标和效果，形成了一大批科技含量高、可推广性强的单项技术、综合集成创新技术和创新型模式。探索建立甘肃牧区生产-生态-生活保障技术体系优化模式，为牧区经济发展、生态环境保护和和谐社会提供技术支撑和保证。获得授权专利37件，其中发明专利10件，实用新型专利27件；获得软件著作权2项；获得省部级奖励4项；出版著作5部；发表论文59篇，其中SCI论文9篇。以现场示范、技术讲座、示范户观摩、发放科普资料等多种形式开展技术培训达31场次，累计培训3 200余人，发放科普资料16 600册。并通过技术推广和科技培训为牧区生态畜牧业培养技术骨干100余名。培养硕士、博士共计30余人。

甘肃甘南草原牧区牦牛选育改良及健康养殖集成与示范

课题类别：国家科技支撑计划子课题

项目编号：　　　　　　　　　　**起止年限：**2012年1月至2016年12月

资助经费：200.00万元

主持人及职称：梁春年 副研究员

参加人：褚敏　裴杰

摘要：成果以牦牛选育和提质增效为目标，通过产、学、研联合，建立了以本品种选育、杂交改良、营养调控、分子标记辅助选择技术、功能基因挖掘等为主要内容的牦牛种质资源创新利用与开发综合配套技术体系，该技术已成为牦牛主产区科技含量高、经济效益显著、牧民实惠多、发展潜力大的畜牧业适用技术。建立甘南牦牛核心群5群1 058头，选育群30群4 846头，扩繁群66群9 756头，推广甘南牦牛种牛9 100头，建立了甘南牦牛三级繁育技术体系。利用大通牦牛种牛及其细管冻精改良甘南当地牦牛，建立了甘南牦牛AI繁育技术体系，推广大通牦牛种牛2 405头。改良犊牛比当地犊牛生长速度快，各项产肉指标均提高10%以上，产毛绒量提高11.04%。通过对牦牛肉用性状、生长发育相关的候选基因辅助遗传标记研究，使选种技术实现由表型选择向基因型选择的跨越，已获得具有自主知识产权的12个牦牛基因序列GenBank登记号。应用实时荧光定量PCR及western-blotting技术，对牦牛和犏牛Dmrt7基因分析，检测牦牛和犏牛睾丸Dmrt7基因mRNA及其蛋白的表达水平，探讨其与犏牛雄性不育的关系，为揭示犏牛雄性不育的分子机理提供理论依据。制定农业行业标准2项，组装集成牦牛提质增效关键技术1套，建成甘南牦牛本品种选育基地

2个，繁育甘南牦牛3.14万头，养殖示范基地3个，累计改良牦牛39.77万头。成果应用近三年来，新增总产值2.089亿元，新增利润1.073亿元，产生了良好的社会效益和生态效益。建立良种繁育基地2个，组建基础母牛核心群5群1 075头，生产良种种牛3 500头。建立牦牛改良示范基地4个，生产性能显著提高，产肉性能提高5%以上。通过遗传改良和高效牧养技术有机结合，实施营养平衡调控，示范带动育肥牦牛5.24万头。组装集成了牦牛适时出栏、补饲、暖棚培育、错峰出栏、牧区饲草料种植、粗饲料加工调制、驱虫防疫等技术，培训农技人员和牧民带头人3 800余人，综合提高牦牛牧养水平，新增经济效益26 891.67万元。获得授权专利22件，其中发明专利5件，实用新型专利17件。获得软件著作权1项。获得省部级奖励2项。出版著作3部；发表论文17篇，其中SCI论文6篇，国内期刊11篇。开展技术培训15场（次），培训新型牧民500余人，发放科普资料600册，培养技术骨干100余名，培养研究生5人。

甘肃南部草原牧区人畜共患病防治技术优化研究

课题类别：国家科技支撑计划子课题

项目编号：　　**起止年限：**2012年1月至2016年12月

资助经费：60.00万元

主持人及职称：张继瑜 研究员

参加人：周绪正　刘希望　牛建荣　李冰　李金善　魏小娟

摘要：建立动物包虫病综合防控技术规范1个，并成为农业部2012—2015年度主推100项轻简化技术之一；举办培训班10次，培训农牧民超过1 000人次，在示范点甘南州碌曲县尕秀村投放防治牛羊包虫病药“阿苯达唑”及防治犬绦虫病“吡喹酮”等驱虫药物60 000头次，制作包虫病防治宣传画及综合防治手册（汉语、藏语），采用饱和盐水漂浮法虫卵镜检、ELISA检测、PCR检测方法分别于2012年10月、2013年6月、2015年8月、2015年8月和10月、2016年5月和10月2017年3月尕秀村三个行政村家牧犬用药前粪检初检及复检，建立了牛羊包虫病及犬绦虫病粪样ELISA（双抗夹心法）检测方法；采取月月驱虫，连续用药12个月后，粪便复检结果：虫卵镜检、ELISA检测、PCR检测多头绦虫及细粒棘球蚴绦虫感染率均为0，防治效果显著；获甘肃省科技进步一等奖1项；获兰州市技术发明一等奖1项。发表论文10篇，出版著作2部，取得国家发明专利2件，培养研究生2名。

奶牛健康养殖重要疾病防控关键技术研究

课题类别：国家科技支撑计划课题

项目编号：2012BAD12B03　　**起止年限：**2012年1月至2016年12月

资助经费：728.00万元

主持人及职称：严作廷 研究员

参加人：刘永明　李宏胜　潘虎　苗小楼　齐志明　王胜义　王东升　王旭荣　杨峰　罗金印

摘要：根据农业部兽药评审中心意见，复核中药制剂藿芪灌注液补充材料，进入终审阶段；根据农业部兽药评审中心“关于苍朴口服液技术审评意见的函”，完成全部补充试验，质量复核等内容。对治疗奶牛子宫内膜炎的药物丹翘灌注液进行了工艺优化和24个月的长期稳定性试验。开展了防治奶牛子宫内膜炎中药抗炎机制和促进奶牛产后子宫复旧中兽药的研究；制备丹翘灌注液500瓶，在甘肃荷斯坦奶牛繁育示范中心奶牛场、吴忠市小西牛养殖有限公司等奶牛场进行了临床试验。从甘肃、内蒙古、河北、山东、安徽和河南等地部分奶牛场采集乳房炎奶样326份，进行了细菌分离和鉴定，分离病原菌418株；开展了81株牛源无乳链球菌PCR分型研究，血清型与溶血性关联性研究，抗生素耐药性、毒力基因及致病基因研究。出版著作1部；发表文章25篇，其中SCI

文章5篇，授权实用新型专利23件；获得新兽药证书1项；“治疗犊牛腹泻病新药剂的研制与产业化”获得2016年甘肃省农牧渔业丰收奖一等奖；“黄白双花口服液和苍朴口服液的研制与产业化”获得2016年兰州市科技进步一等奖。

奶牛不孕症防治药物研究与开发

课题类别：国家科技支撑计划子课题

项目编号：2012BAD12B03-1　　　　　**起止年限**：2012年1月至2016年12月

资助经费：115.00万元

主持人及职称：严作廷 研究员

参加人：王东升　苗小楼　潘虎　张世栋　尚小飞　陈炅然

摘要：研制出治疗奶牛不发情和治疗奶牛子宫内膜炎的中药制剂各1个。治疗奶牛不发情的药物研究主要开展了藿芪灌注液的药学、药理学和临床试验研究，药学研究主要进行了组方依据、处方筛选、剂量筛选、剂型和规格、工艺优化、中试生产、质量标准和稳定性试验研究。药理学和毒理学研究主要进行了藿芪灌注液对雌性小鼠性器官发育及激素水平的影响、对雌性大鼠肾阳虚模型卵巢功能的影响、急性毒性试验、最大给药量试验、长期毒性试验和局部刺激性试验研究。临床研究主要开展了藿芪灌注液对奶牛的安全性试验、临床试验和临床应用扩大试验。新兽药申报通过技术评审和质量符合。治疗奶牛子宫内膜炎中药制剂的研制主要进行了处方筛选、抑菌试验、局部刺激性试验、加速和长期稳定性试验、制剂工艺优化、安全性评价、质量标准制订、抗炎镇痛药理实验及临床试验。预防奶牛子宫内膜炎中药的研究主要开展了产复康质量标准的制订、加速稳定性试验和临床试验。申报新兽药证书1个，发表论文32篇，出版著作2部，授权专利29件，其中发明专利4件；培养研究生2名。

奶牛乳房炎多联苗产业化开发研究

课题类别：国家科技支撑计划子课题

项目编号：2012BAD12B03-3　　　　　**起止年限**：2012年1月至2016年12月

资助经费：50.00万元

主持人及职称：李宏胜 研究员

参加人：李新圃　杨峰　罗金印　王旭荣

摘要：从甘肃、内蒙古、宁夏、山西、陕西、河南、河北、山东、安徽和黑龙江等地部分奶牛场采集乳房炎奶样876份，进行了细菌分离和鉴定，对分离鉴定出的部分菌株（无乳链球菌、金黄色葡萄球菌、大肠杆菌等）进行了冻干保存，进一步补充了制苗菌种库。同时对部分菌株进行了抗生素耐药性检测。对53株金黄色葡萄球菌和112株无乳链球菌进行了基因分型、血清型分型和毒力基因的研究，明确了牛源金黄色葡萄球菌和无乳链球菌主要血清型及毒力基因。应用电镜技术探明了奶牛乳房炎金黄色葡萄球菌在不含乳清及含5%、10%乳清的肉汤培养基及琼脂平板培养基中培养后，出现荚膜的情况，探明了金黄色葡萄球菌在乳清培养基中培养产生荚膜的最佳条件。对制苗菌株金葡和无乳进行了新生鼠和小白鼠人工感染致死试验，检测了菌株的毒力及免疫原性，确定了菌株保存时间及小白鼠人工感染半数致死量。进行小白鼠免疫抗体水平与泌乳牛攻毒保护效果之间的平行相关性研究，建立了用小鼠进行疫苗效力检测的方法。实验室制备奶牛乳房炎多联苗3批，进行了靶动物安全性试验及家兔疫苗注射后不同时间，注射部位病理观察。开展了奶牛乳房炎多联苗免疫持续期试验，保存期验，完善了制苗规程及质量标准，与天津瑞普生物技术有限公司签订了合作研究乳房炎疫苗的合同。通过农业行业标准1项，授权发明专利1件，实用新型专利11件，发表论文30篇，其中SCI文章4篇，培养研究生2名。

防治犊牛腹泻中兽药制剂的研制

课题类别：国家科技支撑计划子课题

项目编号：2012BAD12B03-4　　**起止年限**：2012 年 1 月至 2016 年 12 月

资助经费：50.00 万元

主持人及职称：刘永明 研究员

参加人：王慧　王胜义　荔霞　董书伟

摘要：针对犊牛虚寒型腹泻病的病因、病理，在传统中兽医理论指导下，结合现代中药药理研究和临床用药研究，研制的治疗犊牛虚寒型腹泻病的纯中药口服液-苍朴口服液，获得农业部新兽药证书。其药效学研究表明，苍朴口服液能显著抑制碳末在小肠内的推动，能明显减少番泻叶引起的小鼠腹泻次数，说明其有涩肠止泻作用；能明显抑制二甲苯引起的小鼠耳廓肿胀，并能提高小鼠的疼痛阈值，表明其有抗炎镇痛效果。在免疫试验方面，苍朴口服液能显著提高脾虚小鼠的腹腔巨噬细胞吞噬率，表明其能提高机体的免疫力。急性毒性试验判定苍朴口服液实际无毒。亚慢性毒性试验表明，苍朴口服液不影响大鼠的采食、活动、饮水，不会引起大鼠的发病和死亡，对大鼠的增重及饲料消耗无影响；对大鼠的血液生理指标和血液生化指标无影响，通过测量脏器系数和病理切片检测，药物不会给大鼠的实质器官带来损害。由此表明苍朴口服液安全范围大，毒性很小，临床使用安全可靠。应用薄层色谱法对苍朴口服液进行定性鉴别，应用高效液相色谱法对苍朴口服液中盐酸小檗碱、厚朴酚及和厚朴酚进行含量测定，从而保证控制苍朴口服液的质量。苍朴口服液治疗犊牛虚寒型腹泻病的临床疗效观察试验。苍朴口服液高、中、低剂量组的治愈率分别为 80.0%、80.0%和 46.67%，对照药物为 46.67%。在兰州、青海、宁夏、西安地区的 5 个奶牛养殖场进行苍朴口服液的临床应用扩大试验，共收治患虚寒型腹泻病的病牛 207 头，治愈 174 头，治愈率为 84.06%，总有效头数为 193 头，总有效率为 93.24%，治疗期间未发现犊牛有任何不良反应。获得新兽药证书 1 个，授权发明专利 1 件，发表论文 13 篇，甘肃省农牧渔业丰收奖一等奖 1 项；获得 2016 年兰州市科技进步一等奖 1 项；培养研究生 3 名。

甘南高寒草原牧区“生产生态生活”保障技术及适应性管理研究

课题类别：国家科技支撑计划子课题

项目编号：2012BAD13B07　　**起止年限**：2012 年 1 月至 2016 年 12 月

资助经费：25.00 万元

主持人及职称：时永杰 研究员

参加人：张小甫　田福平　胡宇　李润林　宋青

摘要：根据任务书要求，主要进行了甘南高寒草原生态保育技术研究和优良牧草资源鉴定评价及筛选利用研究，通过 5 年的项目实施，搜集和整理了试验区草地基础资料、背景资料；完成了项目区人工措施改良退化草地的补播与围栏试验，开展了病虫、鼠害治理技术的应用；开展了玛曲荒漠现状调查、沙化草地植被恢复与重建模式的研究；进行了玛曲草原生态系统调查与研究，完成草地样方 50 多个；建成围栏封育草场 2 000亩，补播退化草地 750 亩，施肥草地 350 亩；搜集野生牧草资源 20 份，完成了中期检查，选育野生栽培品种 1 个，育成品种 1 个，筛选优异育种资源 7 份；发表论文 10 篇。申报专利 23 件，培养研究生 2 名。

夏河社区草畜高效转化技术

课题性质：公益性行业（农业）科研专项

项目编号：201203008-1　　**起止年限**：2012 年 1 月至 2016 年 12 月

资助经费：200.00 万元

主持人及职称： 阎萍 研究员

参加人： 包鹏甲　吴晓云　梁春年　郭宪　王宏博

摘要： 在桑科乡组建的藏羊核心选育群中开展藏羊本品种选育技术研究，建立了欧拉型藏羊选育核心群羊选择标准，制定了欧拉型藏羊选育措施和选育程序，制定了欧拉型藏羊的鉴定项目和建立了种羊选择方法。引进大通牦牛新品种，在夏河社区项目示范点积极开展牦牛杂交改良技术培训。推广示范甘南牦牛生长与营养调控配套技术、营养平衡和供给模式技术，推广适用于高寒牧区牦牛使用的营养舔砖和补饲料配方，从营养上解决牦牛生产性能低下的现状。取得了生产技术 2 项。进行牦牛藏羊良种良养、育种、繁殖、饲料生产、疾病预防、草原管理及市场信息利用等方面的培训 5 场次，现场发放各种科普资料 200 余份，培训人员达 240 人次，培养了学术带头人 1 人和技术骨干 2 名，培养硕士研究生 3 名。制定了标准化生产技术规范 6 套，制定并颁布农业行业标准《甘南牦牛》1 项。发表论文 8 篇，申报专利 8 件，获授权 7 件，其中发明专利 2 件；出版实用技术 4 部。建成甘南牦牛本品种选育基地 1 个，组建甘南牦牛选育核心群，核心群牦牛数量达 500 头。建成盘羊与欧拉羊杂交改良基地 1 个，盘羊与欧拉羊杂交数量达 200 余只。组建欧拉羊本品种选育基地 1 个，组建欧拉藏羊选育核心群，数量达 2 500只。

无抗藏兽药应用和疾病综合防控

课题性质： 公益性行业（农业）科研专项

项目编号： 201203008-2　　　　**起止年限：** 2012 年 1 月至 2016 年 12 月

资助经费： 182.00 万元

主持人及职称： 李建喜 副研究员

参加人： 张凯　张康　张景艳　王旭荣　王磊　孟嘉仁

摘要： 开展了藏区牛羊疾病及防控现状调查研究，发现影响 8 个社区主要畜种牦牛和藏羊的主要疾病共 6 大类 72 种，其中传染病 16 种、寄生虫病 25 种、呼吸道疾病 8 种、消化道疾病 11 种、产科疾病 7 种、营养代谢病 5 种；社区兽医从业人员技术水平普遍较低，缺乏相应的诊断技术和设备，对疾病不能做出快速准确诊断，严重制约着藏区牛羊疾病的防控与技术实施。集成组装的 7 项 20 个技术。制订和汇编疾病防治技术规程 9 个。对 8 个社区的藏药资源现状做了初步调查，完成了 8 个社区辐射带藏草药种类调查，共计 2 870种；收集和整理了 8 个社区民间验方 190 个；出版著作 1 部；建成了中国藏兽医药数据系统数据库 4 个模块，收集数据 210 条，搭建了 1 个共享数据平台。开展了藏中草药复方配伍及其防病技术研究。先后进行 5 种藏中草药复方配伍研究，建成了生产示范车间 1 个，配置了中药粉碎机 1 台、中药制丸机 1 台、切药机 1 台、中药水提设备 1 套、离心机 1 台。收集藏传中兽药配方 16 个。编写著作 2 部，授权专利 13 件，发表论文 12 篇，其中 SCI 论文 7 篇。

墨竹工卡社区天然草地保护与合理利用技术研究与示范

课题性质： 公益性行业（农业）科研专项

项目编号： 201203006　　　　**起止年限：** 2012 年 1 月至 2016 年 12 月

资助经费： 243.00 万元

主持人及职称： 时永杰 研究员

参加人： 路远　李润林　田福平　胡宇　王晓力　张小甫　宋青　荔霞　李伟

摘要： 改良天然草地 2 780 亩，建立冬季补饲围封草地 30 亩，重建和补播退化草地 30 亩，完成社区天然草地植物群落调查样方 120 个，采集土壤样品 230 份，筛选出垂穗披碱草、披碱草、冷地早熟禾、老芒麦等优质牧草用于改良天然草地，选育牧草新品种“中兰 2 号紫花苜蓿”，并获甘肃省牧草品种审定委员会审定通过，提交墨竹工卡天然草地、植物、土壤及放牧管理数据库数据1份；完成墨竹工卡斯布社区天然草地健康状况调查报告1份，形成墨竹工卡斯布社区草地生态系统健康评价指标体系和方法，形成墨竹工卡斯布社区毒杂草控制技术和草地放牧管理模式各1套，形成墨竹工卡草地社区化管理模式2套，形成墨竹工卡社区草原垃圾的管理办法1个，培训牧民600人次，出版著作1部，发表论文11篇，申报发明专利1件，实用新型专利13件。

工业副产品的优化利用技术研究与示范

课题性质： 公益性行业（农业）科研专项

项目编号： 20120304204　　**起止年限：** 2012年1月至2016年12月

资助经费： 260万元

主持人及职称： 王晓力 副研究员

参加人： 朱新强　王春梅　张茜

摘要： 完成了对西北地区工农业糟渣类副产品品质评价、营养成分数据库的构建以及高值化饲用料的开发研究。完成了西北地区苜蓿、玉米、高粱等牧草资源的品质分析，重点分析了啤酒糟、白酒糟、醋糟、苹果渣、土豆渣和豆腐渣等副产物的营养价值，建立了常规与非常规饲草资源的营养成分数据库。在此基础上，利用微生态制剂进行了高值化饲料的开发工作，进一步对糟渣类副产物与其他饲草进行合理的配比，研究其最佳成型饲料加工技术，形成多项饲料配方。采用动物实验，评价了复合饲料在肉牛和肉羊体内的消化吸收性能、屠宰性能以及血液生理生化性能等，较为系统的评价了糟渣类复合饲料资源的品质和可利用性。发表论文35篇，其中SCI论文3篇，EI论文2篇。制定并颁布地方标准1项，获得厅局级和省部级奖项3项，授权了国家发明专利5件，实用新型专利18件；主编著作6部。建立3个示范基地，培训企业技术骨干和农牧民300人次，合作建成糟渣成型饲料生产线1条。

抗病毒中兽药“贯叶金丝桃散”中试生产及其推广应用研究

课题性质： 农业科技成果转化资金计划

项目编号： 2014GB2G100139　　**起止年限：** 2014年8月至2016年7月

资助经费： 60.00万元

主持人及职称： 梁剑平 研究员

参加人： 郝宝成　郭志廷　刘宇　尚若锋　王学红　郭文柱　杨珍

摘要： 完成了贯叶金丝桃散预防和治疗人工感染鸡传染性法氏囊病的临床试验，结果表明贯叶金丝桃散5~10g/kg饲料混饲给药5天可以有效预防鸡传染性法氏囊病毒引起的死亡，其成活率显著高于扶正解毒散和黄芪多糖粉组。同时发现测试药物以10g/kg饲料预防可以显著降低法氏囊、胸腺指数，对重要靶器官的病理损伤。完成了贯叶金丝桃散的临床推广应用研究。贯叶金丝桃散以10g/kg饲料的推荐剂量混饲给药，可以有效预防自然感染鸡法氏囊病，效果显著优于扶正解毒散。完成了贯叶金丝桃散新兽药申报书撰写工作。发表论文1篇，申报发明专利2件。

羊毛纤维卷曲性能试验方法

课题性质： 农业行业标准

项目编号：　　**起止年限：** 2016年1月至2016年12月

资助经费： 8.00万元

主持人及职称： 高雅琴 研究员

参加人： 李维红　杜天庆

摘要：完成羊毛纤维卷曲性能方面的国内外相关资料检索、分析、汇总，并赴兰州理工大学、常州第二纺织机械厂等相关单位进行了现场调研测定。从内蒙古、甘肃等地的4家羊场分别采集了不同品种、不同细度的羊毛样品12份，将采集来的样品及标准毛条的卷曲性能分别进行了实验检测，获得有效数据200余个。在农业部动物毛皮及制品质量监督检验测试中心实验室进行了不同类型羊毛及不同仪器之间的大量对比试验，进行了仪器选型、确定了主要参数，完成了标准起草及征求意见稿。

藏羊奶牛健康养殖与多联苗的研制及应用

课题性质：甘肃省科技支撑计划项目

项目编号：144NKCA240　　**起止年限**：2014年1月至2016年12月

资助经费：18.00万元

主持人及职称：李宏胜 研究员

参加人：王宏博

摘要：在甘南玛曲县测定了欧拉型、甘加型、乔科型3个类型藏羊产毛性能，并对其毛纤维类型进行了测定。结果表明，欧拉型、甘加型、乔科型3个类型藏羊的毛用性能基本相似。开展了藏羊羔羊生长曲线和生长发育模型的研究。在甘南玛曲县进行了从出生到4月龄欧拉羊羔羊的生长发育模型的研究，结果表明，Gompertz、Richards、logistic 3种模型的拟合度都比较高，都能较好的拟合欧拉型藏羊羔羊体长、体高和体重的生长过程，且欧拉型藏羊早期生长过程中体重、体尺的变化符合生物自然生长规律，而Richards曲线模型是拟合欧拉型藏羊羔羊体重早期生长的最优模型。开展了无乳链球菌、金黄色葡萄球菌、化脓隐秘杆菌和大肠杆菌发酵培养工艺研究，制备了1 000余头份双佐剂多联苗。用制备的双佐剂多联苗在奶牛上进行了临床免疫试验，结果表明，该多联苗免疫后45d抗体水平达到最高。该疫苗可降低奶牛乳房炎发病率65.7%、子宫内膜炎发病率51.6%。授权发明专利2件，实用新型专利16件；出版著作2部；发表论文13篇；培养研究生2人。

牛羊肉中4种雌激素残留检测技术的研究

课题性质：甘肃省自然科学基金

项目编号：145RJZA150　　**起止年限**：2014年1月至2016年12月

资助经费：3.00万元

主持人及职称：李维红 副研究员

参加人：高雅琴　杜天庆

摘要：采集甘肃省的兰州市、白银市、临夏市、张掖市和甘南州等地的多个县级地区农贸市场、超市等市场流通的牛羊肉样品300余份，对牛羊不同部位肌肉和内脏进行了雌性激素类药物（雌二醇、己烯雌酚、戊酸雌二醇和苯甲酸雌二醇）残留的监测，为农业部畜禽产品风险评估提供了第一手资料，也为甘肃省牛羊肉的雌激素安全提供了保障。完成了牛羊肉中雌二醇残留量的测定方法、牛羊肉中己烯雌酚残留量的测定方法、牛羊肉中戊酸雌二醇残留量的测定方法和牛羊肉中苯甲酸雌二醇残留量的测定方法的标准草案。发表文章2篇，授权实用新型专利5件。

青藏高原藏羊EPAS1基因低氧适应性遗传机理研究

课题性质：甘肃省自然科学基金

项目编号：145RJZA061　　**起止年限**：2014年1月至2016年12月

资助经费：3.00万元

主持人及职称：刘建斌 副研究员

参加人：杨博辉　岳耀敬

摘要：以青藏高原高海拔藏羊（霍巴藏羊、阿旺藏羊、祁连白藏羊、甘加藏羊）群体和低海拔湖羊群体为研究对象，利用分子生物学技术，克隆藏羊 EPAS1 基因并进行序列测定，推测其编码蛋白质的二、三级结构和一些理化性质；运用混合 DNA 池测序技术结合 PCR-SSCP 及 PCR-RFLP 技术，分析了藏羊 EPAS1 基因特异性 SNPs 的遗传变异，以检验候选基因在藏羊长期的进化过程中受到的选择作用；同时分析了藏羊和低海拔湖羊 EPAS1 基因的 mRNA 在不同组织中的相对表达量；研究获得了 3 个特异性的 SNP，对 3 个 SNP 位点进行 PCR-SSCP 分型后发现有 5 种基因型，分别为 AA、AB、AC、BC、CD。生活在中海拔 3620~3851m 地区的霍巴藏羊群体和阿旺藏羊群体的 CD 基因型频率显著低于生活在高海拔 4452~4468m 的霍巴藏羊群体和阿旺藏羊群体（$P<0.05$），而其他各基因型频率在各藏羊群体中无显著差异（$P>0.05$）。通过比较高海拔藏羊（霍巴藏羊、阿旺藏羊）群体、中海拔藏羊（祁连白藏羊、甘加藏羊）群体和低海拔（对照组）湖羊群体各基因型的生理生化和肺组织指标，发现 CD 基因型中与氧交换和呼吸有关的生理生化和肺组织指标存在极显著差异（$P<0.01$），推测 CD 基因型的藏羊可能更适应高原低氧环境。4 个藏羊群体中的 3 个 SNP 位点均处于高度连锁状态，且高海拔藏羊（霍巴藏羊、阿旺藏羊）群体的 HapD 单倍型频率显著高于中海拔藏羊（祁连白藏羊、甘加藏羊）群体和低海拔（对照组）湖羊群体（$P<0.05$），因此，EPAS1 基因可以作为藏羊适应高原低氧环境的分子信标。

N-乙酰半胱氨酸对奶牛乳房炎无乳链球菌红霉素敏感性的调节作用

课题性质：甘肃省青年科技基金

项目编号：145RJYA311　　**起止年限：**2014 年 1 月至 2016 年 12 月

资助经费：2.00 万元

主持人及职称：杨峰 助理研究员

参加人：李宏胜

摘要：通过纸片扩散法从本课题组常年来保存的菌种中筛选了对青霉素耐药和敏感的金黄色葡萄球菌菌株各两株，采用 Etest 试条法测定 NAC 对金黄色葡萄球菌青霉素最低抑菌浓度的影响，同时采用 RT-PCR 法和酶标法分别检测了 NAC 对金黄色葡萄球菌青霉素耐药基因表达的影响及对不同金黄色葡萄球菌生物被膜形成的影响。结果显示，在培养基中加入 10mL 的 NAC 会显著降低青霉素对金黄色葡萄球菌的最低抑菌浓度；NAC 对青霉素耐药基因 blaZ 的表达没有影响，而对菌株生物被膜的形成有较大的影响，但作用结果不同，NAC 机制了有些菌株生物被膜的形成，同时也强化了一些菌株生物被膜的形成能力。研究结果表明，NAC 是金黄色葡萄球菌青霉素的一个重要调节因子，同时也是该菌种生物被膜形成的调节因子，但两者之间并无关联。发表论文 2 篇，其中 SCI 论文 1 篇。

黄花矶松抗逆基因的筛选及功能的初步研究

课题性质：甘肃省青年科技基金

项目编号：145RJYA310　　**起止年限：**2014 年 1 月至 2016 年 12 月

资助经费：2.00 万元

主持人及职称：贺洞杰 助理研究员

参加人：朱新强　路远

摘要：通过对耐盐碱、低温和干旱植物黄花矶松抗逆基因进行筛选，对其抗逆基因的表达调控进行分析，获取部分抗逆基因的全长序列，并对其进行克隆，通过转染技术在拟南芥、烟草、苜蓿等植株中进行表达。为后续深入研究其抗逆基因功能、抗逆信号通路奠定基础，为改良作物的抗胁迫性提供前提保障。研究表明筛选黄花矶松中与寒旱盐胁迫相关的抗逆基因，建立相关基因的cDNA文库。并对其所参与的信号通路进行初步预测。为进一步研究黄花矶松抗逆基因所参与的信号通路奠定了基础。从转录和翻译水平对抗逆基因在胁迫中表达调节趋势进行分析。并对抗寒相关的差异基因进行筛选，选择了在低温胁迫下具有较大差异表达量的COR家族作为目的基因群。分析得到抗寒基因COR家族在转录和翻译水平响应胁迫的表达调节趋势。克隆部分COR家族基因，在烟草和苜蓿植物中进行亚细胞定位和功能鉴定，为优良抗逆植株的培育奠定了基础。授权实用新型专利10件。

紫花苜蓿航天诱变材料遗传变异研究

课题性质：甘肃省青年科技基金

项目编号：145RJYA273　　**起止年限：**2014年1月至2016年12月

资助经费：2.00万元

主持人及职称：杨红善 助理研究员

参加人：周学辉

摘要：多叶苜蓿SRAP分子标记检测。航苜1号紫花苜蓿新品种，搭载后第一代（SP_1）与搭载前（CK）相比基因组DNA扩增出不同的差异带，在DNA水平上产生了变异，并且在SP_2、SP_3、SP_4代中稳定遗传。多叶型紫花苜蓿RNA转录组测序试验。试验完成6个样品的转录组测序，共获得38.89Gb Clean Data，各样品Clean Data均达到6.29Gb，Q30碱基百分比在91.16%及以上。差异功能基因筛选，对照组与试验组相比共计筛选出239个差异基因，146个上调基因和93个下调基因，对照组与试验组相比，对照组基因表达量为0，而试验组有表达量的基因共有28个。通过多叶率与草产量和营养价值的相关性研究发现，多叶率为73.6%的多叶型紫花苜蓿比多叶率为42.1%、7.9%和0%的干草产量分别高7.34%、12.56%和15.67%，粗蛋白质含量分别高2.83%、5.83%和11.22%。通过单株选择、混合选择法，使复叶多叶率由42.1%提高到50%以上，多叶性状由以掌状5叶提高为羽状7叶为主，进一步提高草产量和营养价值，完成了新品系选育研究。在我国发射的神舟十一号飞船上搭载了紫花苜蓿试管苗，通过营养补充、生长节律分析记录和适应性观察等练苗过程，将试管苗成功移栽于种植土壤，目前生长状态良好，标志着此次太空试管苗搭载试验取得成功，课题组先后在黑龙江、内蒙古及甘肃的陇东、陇中、河西等10个地区开展牧草航天育种试验，已成功培育出航苜1号紫花苜蓿新品种1个和航苜2号紫花苜蓿、航燕1号燕麦、航岷1号红三叶等牧草新品系3个。

针刺镇痛对犬脑内Jun蛋白表达的影响研究

课题性质：甘肃省青年科技基金

项目编号：145RJYA267　　**起止年限：**2014年1月至2016年12月

资助经费：2.00万元

主持人及职称：王贵波 助理研究员

参加人：李锦宇　罗超应

摘要：取犬的“百会”“寰枢”“百会”“天门”与“足三里”“阳陵”三组组穴，采用SB71-2麻醉治疗兽用综合电疗机进行电刺激。以DL-ZⅡ直流感应电疗机测定犬的左肷部中部痛阈值，以痛阈变化率表示麻醉对痛阈变化的影响。实验结果表明，电针“百会”“寰枢”后犬的痛阈值升高最为明显，同时对血细胞值的影响不显著，对血气相关检测指标的影响也呈现不显著差异，针刺“百会”“寰枢”组穴可有效引起白介素1β、白介素2和白介素8的含量升高。以上结果表明，电针的“百会”“寰枢”组穴对犬较好的镇痛效果而对犬机体的生理和血细胞指标影响不显著，是一种适合于配合药物麻醉的有效的辅助手法。采用36Hz的电针频率先诱导刺激犬的“百汇”和“寰枢”组穴5min，电针55min后停针，通过测定犬的痛阈值以确定镇痛效果。灌流固定1～1.5h后，断头取脑。进行石蜡切片，并采取SABC的方法进行免疫组织化学染色，在显微镜下对犬脑中枢的主要镇痛核团如中缝大核（RMg）、室旁核（PVN）、中脑导水管周围灰质（PAG）、巨细胞网状核（Gi）、蓝斑（LC）、下丘脑弓状核（ARC）等进行观察，从而确定Jun蛋白在众核团中的分布和表达情况，并与对照组相比。试验结果显示，36Hz电针刺激犬“百汇”和“寰枢”组穴，除ARC和VMH外，PVN、PAG、LC、Gi、RMg均参与了针刺镇痛的作用。发表论文6篇，其中SCI论文1篇；授权实用新型专利3件；出版视频材料1部；收集全国各类动物的针灸穴位图谱十余册幅；培养研究生1名。

抗寒紫花苜蓿新品种的基因工程育种及应用

课题性质：甘肃省农业生物技术研究与应用开发

项目编号：GNSW-2014-18　　**起止年限：**2014年1月至2016年12月

资助经费：10.00万元

主持人及职称：贺洞杰 助理研究员

参加人：胡宇　朱新强

摘要：对模式植物拟南芥AtCOR进行分析，筛选出具有良好抗寒性的CBF家族，并向紫花苜蓿中进行转导，探索适合AtCBF家族向紫花苜蓿中进行转导的转基因方法，最终选择农杆菌侵染法对子叶愈伤组织进行侵染，效果理想。目的基因AtCBF家族偶联GFP融合蛋白的真核表达载体在紫花苜蓿中进行表达，对目的基因进行亚细胞定位和组织定位，发现目的基因定位在细胞膜上，通过调节细胞膜的膜结构控制细胞活性，抵御冷胁迫，含有目的基因CBF家族真核表达载体在紫花苜蓿中进行表达，筛选出了抗寒性良好的新植株。发表文章2篇，授权实用新型专利2件。

分子标记在多叶型紫花苜蓿研究中的应用

课题性质：甘肃省农业生物技术研究与应用开发

项目编号：GNSW-2014-19　　**起止年限：**2014年1月至2016年12月

资助经费：10.00万元

主持人及职称：杨红善 助理研究员

参加人：周学辉

摘要：形成航苜1号新品种。该品种的基本特性是优质、丰产，表现为多叶率高、产草量高和营养含量高，干草产量、粗蛋白质含量和18种氨基酸总量分别比对照组高12.8%、5.79%和1.57%，多叶率达41.5%，适宜于黄土高原半干旱区、半湿润区，河西走廊绿洲区及北方类似地区推广种植。以航苜1号紫花苜蓿为试验组，三得利紫花苜蓿为对照组，重复3次，开展6个样品的RNA转录组测序试验。试验完成6个样品的转录组测序，共获得38.89Gb Clean Data，各样品Clean Data均达到6.29Gb。进行基于Unigene库的基因结构分析，其中SSR分析共获得7 432个SSR标记。同时还进行了CDS预测和SNP分析。差异功能基因筛选，将FDR<0.01且差异倍数FC（Fold Change）≥2作为筛选标准，对照组与试验组相比共计筛选出239个差异基因，146个上调基因和93个下调基因。对照组与试验组相比，对照组基因表达量为0，而试验组有表达量的基因共有28个。航苜1号多叶性状遗传特性研究发现，复叶多叶率为0%～25%、25%～50%、50%～75%、75%～100%4个梯度和对照比较，结果表明：品种多叶率为73.6%的多叶型紫花苜蓿比多叶率为42.1%、7.9%和0%的干草产量分别高7.34%、12.56%和15.67%，粗蛋白质含量分别高2.83%、5.83%和11.22%。在兰州建立了该资源圃，入圃种植的有先后通过“神舟3号飞船”“神

舟 8 号飞船”“神舟 10 号飞船”“天宫一号目标飞行器”“实践十号返回式卫星”和“神舟 11 号飞船”等 6 次搭载了 8 类牧草 33 份牧草种子材料，包括紫花苜蓿、燕麦、红三叶、猫尾草、中间偃麦草、羊草和沙拐枣等，搭载牧草类型和数量居国内第一。获得草品种证书 1 项；出版著作 1 部；发表论文 4 篇；受理发明专利 1 项，授权实用新型专利 4 项。

甘肃省隐藏性耐甲氧西林金黄色葡萄球菌分子流行病学研究

课题性质：甘肃省农业生物技术研究与应用开发

项目编号：GNSW-2014-20　　**起止年限**：2014 年 1 月至 2016 年 12 月

资助经费：10.00 万元

主持人及职称：蒲万霞 研究员

参加人：蒲万霞

摘要：从陕西草滩一场、草滩二场奶牛场、甘肃定西天辰奶牛场、兰州城关奶牛场、甘肃秦王川奶牛场、景泰奶牛场等 6 个牛场采集牛奶及工人手拭子、器械样品 1 250份；实验室分离出葡萄球菌 125 株；对所分离的葡萄球菌（OS-MRSA）进行了药物诱导实验；采用 SCCmec 基因分型、MLST 分型、spa 分型、PVL 毒力检测和 mecC 基因检测研究，对上海和甘肃地区 OS-MRSA 菌株进行了分子流行病学研究。研究结果表明：葡萄球菌（OS-MRSA）其 *spa* 型别以 t267 为主，SCCmec 型别以 SCCmec V 为主，MLST 分型全部为 ST2692，这说明我国 OS-MRSA 菌株遗传背景以 ST2692 为主，地区间差异性不大。OS-MRSA 本身为罕见菌株，其结果说明 OS-MRSA 分子结构基本相同，其遗传背景也大体相同。基于分子流行病学结果，甘肃地区的 OS-MRSA 均属于 t267，SCCmec V 型且 *PVL* 阴性，这表明这些菌株可能是一个单谱系。但是上海地区的 OS-MRSA 菌株其 *spa* 型别与 SCCmec 型别均有两种型别且 *PVL* 阴性，这表明它们具有遗传多样性。经过调查结果表明，该谱系的 OS-MRSA 可能导致人类和牛的相互感染，是值得重视且预防的。*PVL* 是在一个已知的致病因子，它与皮肤，软组织的感染有关，在所筛选出的 OS-MRSA 菌株中均未发现 *PVL* 基因，这表明该谱系的 OS-MRSA 菌株还未携带有该致病因子。对 16 株 OS-MRSA 菌株进行 *mecC* 基因的检测，均为 *mecC* 基因阴性，国内外还未发现 *mecC*MRSA 具有 OS-MRSA 菌株的特性。

藏羊低氧适应 microRNA 鉴定及相关靶点创新利用研究

课题性质：甘肃省农业生物技术研究与应用开发

项目编号：GNSW-2014-21　　**起止年限**：2014 年 1 月至 2016 年 12 月

资助经费：10.00 万元

主持人及职称：刘建斌 副研究员

参加人：杨博辉　岳耀敬　袁超

摘要：测定了藏羊高寒低氧适应相关的 microRNA 序列，筛选鉴定新的候选 microRNA，确定藏羊高寒低氧适应过程中表达的 microRNA；并将 microRNA 是否参与缺氧环境下藏羊不同组织的保护作用，同时 microRNA 的保护作用是否与其靶基因有关进行了探索。研究表明：以高海拔霍巴藏羊（海拔 4 468m）群体、阿旺藏羊（海拔 4 452m）群体，中海拔祁连白藏羊（海拔 3 620m）群体、甘加藏羊（海拔 3 851m）群体，低海拔湖羊（海拔-67m）群体为研究对象，对不同海拔梯度和同一海拔梯度藏羊群体体重体尺、血液生理指标、血液生化指标、组织代谢指标和肺组织指标进行测定，提出藏羊对高海拔低氧的适应并不是从增加血红蛋白浓度上来实现的，可能是提高了血红蛋白输送氧气的能力和效率；在低氧环境中，肺脏组织通过增加肺泡个数而增大肺泡面积，组织水平的适应是机体对低氧适应的重要环节，机体能够最大限度地摄取和利用有限的氧，完成正常的生理功能，是低氧生理性适应机制。利用鉴定出的 31 个藏羊 microRNA 序列，在藏羊基因组中的保守

3’UTR区域预测得到120个靶基因，包括230个靶位点。GO分类结果表明，靶基因几乎参与了全部的生物学过程，参与功能最多的是结合活性。完成藏羊高寒低氧相关miRNA鉴定和差异表达miRNA的生物信息学分析，初步筛选出在HIF通路中可能发挥功能的miRNA。研究结果表明：完成15个样品的microRNA测序，共获得187.90Gb Clean Data，各样品Clean Data均达到10Gb，Q30碱基百分比在85%及以上。分别将各样品的Clean Reads与指定的参考基因组进行序列比对，比对效率从80.02%到82.98%不等。基于比对结果，进行可变剪接预测分析、基因结构优化分析以及新基因的发掘，发掘新基因2 728个，其中1 153个得到功能注释。基于比对结果，进行基因表达量分析。根据基因在不同样品中的表达量，识别差异表达基因495个，并对其进行功能注释和富集分析。鉴定得到6 249个microRNA，差异表达microRNA共79个。发表SCI论文1篇，授权国家发明专利3件。

藏系绵羊社区高效养殖关键技术集成与示范

课题性质：甘肃省农业生物技术研究与应用开发

项目编号：GNSW-2014-38　　　　**起止年限：**2014年1月至2016年12月

资助经费：10.00万元

主持人及职称：王宏博 副研究员

参加人：刘建斌　丁学智

摘要：调研了甘南玛曲县部分社区藏羊养殖情况和玛曲藏羊生产类群，调研发现甘南玛曲县主要藏羊品种为欧拉羊和乔科羊，其中欧拉羊现存栏约18万只。欧拉羊是典型的肉皮兼用型羊种，毛以绒毛为主，被毛较短，死毛多，产毛量低，体格高大粗壮，头稍狭长，多数具有肉髯。公羊前胸着生黄褐色“胸毛”而母羊不明显；乔科羊中心产区为玛曲县曼日玛乡、齐哈玛乡、采日玛乡、阿万仓乡，属肉、皮、毛兼用型，现存栏24.7万只。乔科是以两型毛为主，毛辫长具波形浅弯，死毛含量高，体格较大，被毛粗长，覆盖度中等。头、颈、四肢杂色，以黄褐色较多，黑花亦属常见。调研了甘南玛曲县部分草场草地资源现状，并进行了草地产草量的测定等。调研发现甘南玛曲天然草场85.87万hm^2，可利用草场83万hm^2，占草场面积的95%以上。根据中国植被区划，玛曲县草场植被属川西、藏东高原灌丛草甸区。牧草种类以禾本科、莎草科、蔷薇科等分布为主。开展了藏羊羔羊当年育肥模式的研究，研究发现“放牧+补饲”育肥当年羔羊能够产生显著的经济效益，是增加牧民收入的有效手段，因此通过当年育肥可保证当年羔羊出栏。进行藏羊冷季育肥的研究，研究表明，在冷季进行藏羊的育肥，也是增加牧民增加收入的重要手段。开展了藏羊发育规律和肉用性能开展系统研究，建立生长曲线和生长发育模型，客观评定藏羊的生长速度和肉用性能，为不同类型藏羊选育和饲养管理提供理论依据。开展了牧民养殖技术的培训20人次。发表论文2篇，编写著作2部，授权实用新型专利8件。

“金英散”研制与示范应用

课题性质：甘肃省农业科技创新项目

项目编号：GNCX-2014-39　　　　**起止年限：**2014年1月至2016年12月

资助经费：10.00万元

主持人及职称：苗小楼 副研究员

参加人：陈化琦　尚小飞

摘要：在中国农业科学院中兽医研究所药厂GMP车间用正交设计法或均匀设计法优化该药生产工艺，研究该药符合兽药GMP规范要求的生产工艺，提高产品质量，降低能耗，简化操作程序，解决规模化生产中的技术难题为规模化生产打下基础。开展金英散的质量控制研究并考察该药在高温、高湿、强光下的稳定性实验，确定该药贮存条件和有效期。金英散长期稳定性试验结果显示在两年内该药按照质量标准草案检测，鉴别符合质量标准草案，含量符合质量标准草案，结果显示在常温避光条件下两年内该药稳定性良好。开展“金英散”药理试验和毒理学试验。金英散体外抗奶牛常见致病菌试验结果显示对金黄色葡萄球菌、链球菌、大肠杆菌、棒状杆菌具有中等抗菌活性。急性毒性结果显示经口灌服金英散没有发现小鼠死亡，说明该药有较高的安全性。完成农业部新兽药申报资料准备和申报工作，申报农业部新兽药证书。建立“金英散”应用示范场，开展规模推广试验。在甘肃白银平川区、陕西华阴奶牛场和宁夏吴忠奶牛场推广“金英散”应用示范场，应用金英散防治奶牛 2 000余例，受到用户好评。

新兽药“益蒲灌注液”的产业化和应用推广

课题性质：兰州市科技计划

项目编号：2014-2-26　　**起止年限：**2014 年 1 月至 2016 年 12 月

资助经费：10.00 万元

主持人及职称：苗小楼 副研究员

参加人：潘虎

摘要：生产“益蒲灌注液”200 万 mL，经检测符合质量标准，在甘肃、青海、宁夏等地牛场推广使用。建立中试生产线 1 条，培养了灌注剂生产操作人员和技术检测人员 5 名，操作人员学会了煎煮、醇沉、灭菌、灌装等操作技术，检验人员学会使用 TLC 鉴别该药的有效成分及使用 HPLC 检测有效成分含量，为以后该类制剂的中试提供了中试平台。在甘肃、青海、宁夏推广地区奶牛场收治患奶牛子宫内膜炎病牛 2 000头，治愈率在 85%以上，3 个情期受胎率在 95%以上，受到养殖户的好评和欢迎。在白银平川区建立奶牛子宫内膜炎防治技术示范点 1 个，并在现场举办奶牛子宫内膜炎综合防治措施培训班 1 期，培训学员 50 人。获得获得兰州市科技进步二等奖 1 项。

猪肺炎药物新制剂（肺康）合作开发

课题性质：横向合作

项目编号：　　**起止年限：**2013 年 3 月至 2016 年 3 月

资助经费：50.00 万元

主持人及职称：李剑勇 研究员

参加人：杨亚军　刘希望

结题：以复合溶媒为溶剂，制备了性状稳定、工艺简单的复方氟苯尼考注射液，为淡黄色的均一澄明液体，相对比重为 1.223，氟苯尼考的含量为 300mg/mL。复方注射液对小鼠注射给药途径的 LD_{50}为 1 888.73mg/kg，为低毒；无皮肤刺激性，有轻微的肌肉刺激反应；无热原反应。制定了制剂的质量标准（草案）。完成了复方注射液的中试生产（5 批，200L/批），优化了生产工艺。复方氟苯尼考注射液对强光照射、高温和高湿度等影响因素稳定；加速试验条件下，性状和质量稳定。氟苯尼考对猪、牛肺炎常见病原菌的抑菌活性良好，氟尼辛葡甲胺对其体外活性没有影响。开展了复方氟苯尼考注射液在犊牛、仔猪体内的药代动力学研究，结果表明氟苯尼考在猪体内药代动力学模型符合一级吸收一室开放模型，吸收缓慢、消除缓慢、达峰时间较长，维持有效血药浓度时间长；氟尼辛葡甲胺吸收速度快、达峰时间短、半衰期较长、消除较慢。根据残留消除试验结果，建议本制剂的休药期为 11 天。开展了靶动物安全性实验、人工感染治疗试验，以及临床收集病例的治疗实验；实验结果显示，中高剂量的新型复方制剂，对人工感染病理有很好的治疗效果，优于对照的单方制剂。新兽药注册资料正在整理当中。申请国家发明专利 2 件，授权 1 件，发表论文 3 篇，会议论文 3 篇，培养研究生 2 名，参加学术讨论会 2 次。

“催情促孕灌注液”中药制剂的研制与开发

课题性质：横向合作

项目编号： **起止年限：**2013 年 1 月至 2016 年 12 月

资助经费：40.00 万元

主持人及职称：严作廷 研究员

参加人：苗小楼 王东升 董书伟 张世栋

摘要：完成了治疗奶牛卵巢静止和持久黄体的中药制剂“催情助孕液”的毒理学和药理学试验，建立了质量标准草案；取得甘肃省兽医局临床试验批文，委托西北民族大学生命科学与工程学院开展临床扩大试验；在北京中农劲腾生物技术有限公司进行了中试生产，完成了新药申报材料并上报农业部；根据农业部兽药评审中心的意见，补充了“藿芪灌注液”成份淫羊藿、丹参和红花的薄层鉴别资料，开展黄芪甲苷、淫羊藿苷含量测定方法学研究，提供了药物 24 个月长期稳定性试验以及临床试验资料，完成了质量复核，进入最后技术评审。发表论文 6 篇。

藏兽药研发与示范

课题类别：横向合作

项目编号： **起止年限：**2016 年 1 月至 2016 年 12 月

资助经费：20 万元

主持人及职称：梁剑平 研究员

参加人：王学红 刘宇

摘要：完成了藏药草乌和瑞香狼毒水煎剂体外杀灭羊虱蝇的药效学试验研究；完成了藏药草乌水煎剂对家兔皮肤毒性试验研究；完成了藏药草乌水煎剂对家兔皮肤刺激性和过敏性试验研究；完成了白花杜鹃生物活性成分的提取及 GC/MS 检测；建立了藏药草乌水煎剂的制备方法，并完善了其制备工艺参数；利用超临界 CO_2 萃取法进行了红花杜鹃叶生物活性成分提取，并对其活性成分进行 GC/MS 检测。发表文章 2 篇。

四、科研成果、专利、论文、著作

（一）获奖成果

高山美利奴羊新品种培育及应用

获奖名称和等级：甘肃省科技进步一等奖、中国农业科学院科技奖杰出科技创新奖

主要完成单位：中国农业科学院兰州畜牧与兽药研究所、甘肃省绵羊繁育技术推广站、肃南裕固族自治县皇城绵羊育种场、金昌市绵羊繁育技术推广站、肃南县裕固族自治县高山细毛羊专业合作社、肃南裕固族自治县农牧业委员会、天祝藏族自治县畜牧技术推广站

主要完成人：杨博辉 郭 健 李范文 孙晓萍 王天翔 牛春娥 李桂英 岳耀敬 李文辉 王学炳 张万龙 冯瑞林 张 军 安玉锋 梁育林

任务来源：国家计划，部委计划

起止时间：1996 年 1 月至 2016 年 12 月

内容简介：成功育成首例适应 2 400~4 070m 高山寒旱生态区的羊毛纤维直径 19.1~21.5μm 的美利奴羊新品种——高山美利奴羊。填补了该生态区细毛羊育种的空白，实现了澳洲美利奴羊的国产化，丰富了我国羊品种资源结构，是我国高山细毛羊培育的重大突破，也标志着甘肃省首个国家级畜禽新品种的诞生。突破了高山美利奴羊育种关键技术，建立了开放式核心群联合育种及三级繁

育推广为一体的先进育种体系；研制了精准生产性能测定设备，开发出 BLUP 遗传评估系统，育种值估计准确率达到 75%；建立了遗传稳定性分子评价技术；解析了毛囊形成发育分子调控机制，筛选出与羊毛细度性状关联的 SNP 标记，为分子辅助育种提供技术支撑；发明了多胎疫苗、胚胎性别鉴定和多胎基因快速检测试剂盒，建立了快速扩繁技术体系，繁殖率均提高 20%。创建了“十统一”优质细羊毛全产业链标准化生产技术模式。组建了高山美利奴羊科技培训与推广体系，羊毛价格屡创国毛历史新高，最高价格 58.00 元/kg，超过同期同类型澳毛价格，成为国毛价格的风向标。获《高山美利奴羊》国家畜禽新品种证书 1 项、省部级奖 2 项、发明专利 7 件、实用新型专利 15 件，主编著作 5 部，博硕士论文 14 篇，发表论文 34 篇，其中 SCI 12 篇。新品种为推动细毛羊产业水平提升提供了优秀种质资源。育种关键技术创新为推动生态差异化先进羊新品种培育和实现澳洲美利奴羊国产化提供了重要理论基础、技术支撑和成功范例。“十统一”优质细羊毛全产业链标准化生产技术模式为推动羊业乃至畜牧业全产业链建设提供了成功借鉴。累计培育种羊 81 457只，推广种公羊 8 118 只，改良细毛羊 173.54 万只；新增产值 30 522.50万元，新增利润 7 630.62万元；单位规模新增纯收益 4.01 万元/只，科研投资年均纯收益率达到 14.87 元/只。

“益蒲灌注液”的研制与推广应用

获奖名称和等级：甘肃省科技进步三等奖

主要完成单位：中国农业科学院兰州畜牧与兽药研究所、河北远征药业有限公司

主要完成人：苗小楼　尚小飞　王　瑜　潘　虎　李　芸　贾国宾　魏丽娟　陈化琦　汪晓斌　张成虎

任务来源：部委计划

起止时间：2007 年 1 月至 2015 年 12 月

内容简介：依据传统中兽医理论，结合现代中药药理与临床研究资料及传统用药经验，确定处方组成、用法用量和剂型；进行该药急性毒性、最大耐受量、长期毒性、常见致病菌体外抑菌、抗炎、局部刺激性等药理试验及人工致兔子宫内膜炎模型治疗试验；考察光、温度、湿度对该制剂的影响及加速稳定性和长期稳定性试验；采用 TLC 鉴别处方中的药材、HPLC 测定益母草有效成分等方法制订了质量标准；应用正交试验研究生产工艺参数和优化生产工艺，中试结果表明参数合理、工艺简便。临床验证和扩大应用试验证明，“益蒲灌注液”对奶牛子宫内膜炎有很好的疗效，治愈率可达 85%，3 个情期受胎率高于同类治疗药物。应用“益蒲灌注液”治疗奶牛子宫内膜炎，没有休药期，鲜奶中无残留。应用子宫灌注治疗奶牛子宫内膜炎，改变了传统中兽药的用药方式，丰富了中兽药的治疗技术。于 2013 年取得新兽药注册证书。项目执行期间取得 1 项发明专利。在甘肃、河北、青海、内蒙古等地奶牛养殖场进行“益蒲灌注液”治疗奶牛子宫内膜炎的推广应用，共收治患子宫内膜炎奶牛 3.39 万头，治愈 2.88 万余头，治愈率达到 85%，总有效率达到 93%以上，隐性子宫内膜炎的治愈率为 100%，3 个情期内的受胎率达到 93%以上。同时开展奶牛子宫内膜炎综合防治措施和奶牛主要疾病防治技术的推广应用，使奶牛子宫内膜炎的发病率降低了 8.9%，奶牛乳房炎降低了 12%，奶产量明显增加，已获得经济效益 21 838.61万元，经济效益明显。2014 年“益蒲灌注液”新兽药注册证书转让兽药生产企业，同年取得兽药生产批准文号，2015 年生产企业新增销售额 720.12 万元，新增利税 309.65 万元。现已在全国大面积推广应用。

甘南牦牛选育改良及高效牧养技术集成示范

获奖名称和等级：全国农牧渔业丰收奖二等奖

主要完成单位：中国农业科学院兰州畜牧与兽药研究所、合作市畜牧工作站、夏河县畜牧工作站、玛曲县阿孜畜牧科技示范园区、碌曲县李恰如种畜场、玛曲县草原站

主要完成人：阎　萍　梁春年　郭　宪　石生光　丁学智　姬万虎　包鹏甲　李瑞武
王宏博　褚　敏　克先才让　杨　振　喻传林　刘振恒　杨小丽　拉毛索南
庞生久　姚晓红　夏　燕　拉毛杰布　王　宏　赵　雪　杨林平　苏旭斌
王润丽

任务来源：国家计划，部委计划

起止时间：2011 年 1 月至 2015 年 12 月

内容简介：建立了由育种核心群、扩繁群、商品生产群 3 部分组成的甘南牦牛繁育技术体系，使良种甘南牦牛制种供种效能显著提高。建立良种繁育基地 2 个，组建基础母牛核心群 5 群 1 075 头，生产良种种牛 3 500头。建立牦牛改良示范基地 4 个，改良牦牛 44.09 万头，生产性能显著提高，产肉性能提高 5%以上。通过遗传改良和高效牧养技术有机结合，实施营养平衡调控，示范带动育肥牦牛 5.24 万头。组装集成了牦牛适时出栏、补饲、暖棚培育、错峰出栏、牧区饲草料种植、粗饲料加工调制、驱虫防疫等技术，边研究边示范，边集成边推广，培训农技人员和牧民带头人 3 800余人，综合提高牦牛牧养水平，增加生产效能，新增经济效益 26 891.67万元。制定农业行业标准 2 项，甘肃省地方标准 1 项，出版专著 2 部，授权发明专利 3 件，授权实用新型专利 22 件。成果对促进甘南牦牛业的发展及生产性能的提高，改善当地少数民族人们的生活水平，繁荣民族地区经济，稳定边疆具有重要现实意义，其经济、社会、生态效益显著。

青藏地区奶牛专用营养舔砖及其制备方法

获奖名称和等级：甘肃省专利奖二等奖

主要完成单位：中国农业科学院兰州畜牧与兽药研究所

主要完成人：刘永明、齐志明、王胜义、刘世祥、潘虎、荔霞

任务来源：省级项目

内容简介：本研究在详细检测青藏高原地区土壤、水、饲草料和奶牛血液中微量元素含量变化的基础上，依据该地区土壤、水、饲草料中微量元素含量值，确定了添加元素的基础值，经奶牛饲喂试验不断调整配方和元素比例，规范技术要求，制定质量标准，研制出针对青藏地区奶牛专用的微量元素营养舔砖。奶牛通过舔食舔砖中的硒、铜，锰、锌、碘、钴等补充机体所需要的微量元素，更好地调节体内的矿物元素含量比，实现体内各微量元素平衡，既避免了多余元素的添加，又可防止因盲目过量添加造成对环境的污染。本技术基本缓解了该地区奶牛机体微量元素极度缺乏的状况，有效地预防和降低因微量元素缺乏引起的相关疾病的发生率，提高奶牛生产性能和抵抗疾病的能力。将研究—生产—推广于一体，形成配比科学、程序简便的生产规程和合理可行的生产工艺，建立产品生产车间及生产线，于 2012 年 3 月通过农业部组织的专家验收，并取得农业部添加剂预混合饲料生产许可证；制定了奶牛微量元素舔砖企业标准，规范了技术内容，取得甘肃省饲料工业办公室添加剂预混合饲料产品批准文号；已生产舔砖 459 570kg，在 9 省区 26 个奶牛场应用奶牛 76 370头。已产生显著的效果。

黄白双花口服液和苍朴口服液的研制与产业化

获奖名称和等级：兰州市科技进步一等奖

主要完成单位：中国农业科学院兰州畜牧与兽药研究所、中国农业科学院农产品加工研究所、郑州百瑞动物药业有限公司、成都中牧生物药业有限公司

主要完成人：王胜义　王　慧　刘治岐　崔东安　荔　霞　董书伟　刘永明　齐志明
郭玉凡　卢　超

任务来源：部委计划

起止时间： 2006 年 1 月至 2012 年 12 月

内容简介： 本项目依据中兽医辩证施治理论和中药现代研究新成果，通过药效学、药理毒理学、药物分析学和临床治疗学等试验，针对犊牛湿热型、虚寒型腹泻，科学组方，并采用现代生产工艺技术、选择最佳生产工艺参数替代传统生产工艺，研制出新兽药“黄白双花口服液”，使湿热型腹泻治愈率达 85.00%，有效率为 96.00%；研制出新兽药“苍朴口服液”，使虚寒型腹泻治愈率达 84.06%，有效率为 93.24%。是目前兽医临床上具有高效、低毒、低残留、低耐药性、适应性广、质量可控性强的现代纯中药制剂。已取得国家三类新兽药证书 2 个；申报发明专利 2 项，其中授权 1 项；发表论文 13 篇。“黄白双花口服液” 和 “苍朴口服液” 均已实现成果转让，“黄白双花口服液” 转让河南百瑞药业公司，“苍朴口服液” 转让成都中牧生物药业有限公司，两公司分别已建立生产线并投入批量生产。共推广应用 17.533 万头（次）犊牛。实现经济效益 26 671.24万元。在未来继续推广的 5 年时间里还将累计为社会带来至少 30 000万元的经济效益，在经济效益计算年限内合计产生经济效益 56 671.24万元。“黄白双花口服液” 和 “苍朴口服液” 是研究所自主研发的治疗犊牛腹泻病的纯中药口服制剂，安全、高效、环保，高效、低毒、低残留、低耐药性、适应性广，可有效降低或减少抗菌药物的使用量，提高犊牛生产性能和成活率，减少犊牛死亡，临床应用可行，市场前景广阔，对促进我国兽药生产和畜牧业发展具有十分重要的意义，而且对于公共卫生和食品安全具有重要意义。

优质肉用绵羊提质增效关键技术研究与示范

获奖名称和等级： 甘肃省农牧渔业丰收一等奖

主要完成单位： 中国农业科学院兰州畜牧与兽药研究所、白银市畜牧兽医局、靖远县畜牧兽医局、白银市白银区兽医局、靖远县九牧源生态农牧发展有限公司

主要完成人： 孙晓萍　岳耀敬　刘建斌　韦凤祥　李福田　郭　健　刘振宝　马耀春　蔺秀瑞　王娣娣　李福耕　冯瑞林　张翠珍　岳武雄　张仲琨

任务来源： 部委计划，省级项目

起止时间： 2011 年 1 月至 2013 年 12 月

内容简介： 该成果通过母羊发情调控技术、高频繁殖技术、非繁殖季节发情产羔技术和繁殖免疫多胎等技术的联合应用，实现了母羊全年均衡繁殖，两年三产的繁殖目标，年产羔率达 180%以上；建立了优质种公羊人工授精技术配种站，在该成果核心区及其周边地区大力开展人工授精、鲜精大倍稀释试验与示范，推广了优质种公羊高效生产配置技术的联合应用；推广示范绵羊双胎免疫苗 4.30 万头份，平均提高双羔率 20%以上，年产羔率提高 37.50%以上。以引进优质肉羊品种无角陶赛特羊和波德代羊为父本，以滩羊和小尾寒羊为母本，在白银地区为主的农区系统开展了二元、三元经济杂交组合试验，3 月龄羔羊体重可达 27.85kg，比当地同龄羊体重提高了 32.96%，筛选出了适应本地区的优质肉用绵羊提质增效最佳杂交组合，并经过横交固定，培育出了甘肃肉用绵羊多胎品系，新品系聚合了小尾寒羊多胎、滩羊耐粗饲、肉品质好、无角陶赛特羊和波德代羊生长发育快与饲料报酬高等目标性状。集成了肉用绵羊及其杂交后代增重中草药饲料添加剂研制技术、高效饲养管理技术、现代医药保健和疫病、寄生虫防治技术、营养均衡供应技术等，制订了标准规模化生产技术规范和操作规程 7 套。研发并推广应用了适宜该地区的半舍饲、舍饲条件下的优化日粮配方 6 个，不同生产阶段肥育用颗粒饲料配方 4 个；举办农民实用繁殖与饲养技术培训班，培训基层技术人员和养殖户 1 000余人次，发放技术资料 5 000余份。成果已累计改良地方绵羊 58.70 万只，出栏肉羊 44.41 万只，出售种羊鲜精 900mL，推广课题组自主研制的绵羊双羔素 4.30 万头份，实现新增产值 25 414.08万元，新增纯收益 3 057.61万元；授权国家发明专利 2 件，实用新型专利 11 件，发表论文 17 篇。

治疗犊牛腹泻病新兽药的创制与产业化

获奖名称和等级：甘肃省农牧渔业丰收一等奖

主要完成单位：中国农业科学院兰州畜牧与兽药研究所

主要完成人：王胜义　王　慧　崔东安　刘永明　齐志明　董书伟　杨逢刚　朱新荣
康亮亮　省新荣　董建斌　谈国仓　刘显白　杨林祥　韦　鹏

任务来源：部委计划

起止时间：2006 年 1 月至 2012 年 12 月

内容简介：本项目依据中兽医辩证施治理论和中药现代研究新成果，通过药效学、药理毒理学、药物分析学和临床治疗学等试验，针对犊牛湿热型、虚寒型腹泻，科学组方，并采用现代生产工艺技术、选择最佳生产工艺参数替代传统生产工艺，研制出新兽药“黄白双花口服液”，使湿热型腹泻治愈率达 85.00%，有效率为 96.00%；研制出新兽药“苍朴口服液”，使虚寒型腹泻治愈率达 84.06%，有效率为 93.24%。是目前兽医临床上具有高效、低毒、低残留、低耐药性、适应性广、质量可控性强的现代纯中药制剂。已取得国家三类新兽药证书 2 个；申报发明专利 2 项，其中授权 1 项；发表论文 8 篇。“黄白双花口服液”和“苍朴口服液”均已实现成果转让，“黄白双花口服液”转让河南百瑞药业公司，“苍朴口服液转”让成都中牧生物药业有限公司，两公司分别已建立生产线并投入批量生产。共推广应用 17.533 万头（次）犊牛。经中国农业科学院农业经济与发展研究所测算，实现经济效益 26 671.24万元。在未来继续推广的 5 年时间里还将累计为社会带来 30 000万元的经济效益，在经济效益计算年限内合计产生经济效益 56 671.24万元。“黄白双花口服液”和“苍朴口服液”是中国农业科学院兰州畜牧与兽药研究所自主研发的治疗犊牛腹泻病的纯中药口服制剂，安全、高效、环保，高效、低毒、低残留、低耐药性、适应性广，可有效降低或减少抗菌药物的使用量，提高犊牛生产性能和成活率，减少犊牛死亡，临床应用可行，市场前景广阔，对促进我国兽药生产和畜牧业发展具有十分重要的意义，而且对于公共卫生和食品安全具有重要意义。

（二）新兽药证书

赛拉菌素、赛拉菌素滴剂

新兽药注册证书号：（2016）新兽药证字 2 号、（2016）新兽药证字 3 号

注册分类：二类

研制单位：中国农业科学院兰州畜牧与兽药研究所

发证日期：2016 年 1 月 8 日

发证机关：中华人民共和国农业部

主要完成人：郑继方　谢家声　辛蕊华　罗永江　李锦宇　罗超应　王贵波

简介：赛拉菌素属于新型阿维菌素类抗寄生虫药，对动物体内和体外寄生虫有很强的杀灭活性。其可促进寄生虫突触前神经元释放抑制性神经递质 g-氨基丁酸（GABA），打开 GABA 及谷氨酸控制的氯离子通道，增强神经膜对氯离子的通透性，从而阻断神经信号的传递，使虫体发生快速、致死性和非痉挛性的神经性肌肉麻痹。赛拉菌素是目前国内最新的广谱抗寄生虫药。

“十二五”以来，兰州畜牧与兽药研究所与浙江海正药业有限公司、东北农业大学合作，共同完成了该产品的研制开发，塞拉菌素原料药近年来出口到国际市场，产生了显著的经济效益。

板黄口服液

新兽药注册证书号：（2016）新兽药证字 14 号

注册分类：三类

研制单位：中国农业科学院兰州畜牧与兽药研究所

发证日期：2015 年 2 月 4 日

发证机关：中华人民共和国农业部

主要完成人：刘永明　王胜义　王　慧　齐志明　刘世祥　王海军　刘治歧　赵四喜　荔　霞　陈化琦　金录胜　张　宏

简介：“板黄口服液（菌毒清）”是中国农业科学院兰州畜牧与兽药研究利用现代先进工艺，以板兰根、黄连、金银花、黄芩、等为原料研制开发的新型中草药口服制剂，主要用于畜禽类呼吸道感染性疾病的预防和治疗。该产品组方新颖，生产成本低，收益高，生产工艺先进、质量可控，并具有高效、安全、低毒、临床使用方便和无残留的优点。该产品适合规模化生产，在临床上大力推广应用，必将产生巨大的经济效益和社会效益，具有广阔的市场潜力。

（三）发明专利

专利名称：一种电泳凝胶转移及染色脱色装置

专利号：ZL201410197306. 0

发明人：郭婷婷　郭　健　牛春娥　岳耀敬　杨博辉　刘建斌　冯瑞林　孙晓萍

授权公告日：2016 年 9 月 7 日

摘要：本发明公开一种在电泳操作过程中用于对电泳凝胶进行转移或染色或脱色处理的工具。本发明的装置由染色脱色槽、转移铲和齿状挡板 3 个部位构成，其中：染色脱色槽为其内可放置转移铲的容器；转移铲为一铲状物，其铲面靠近手柄的边缘处分别设置有孔洞；齿状挡板为的上部为一类似板状的结构，在类似板状的结构的下面设置有可插入转移铲上的孔洞内并将齿状挡板临时固定于转移铲上的插齿。使用本发明既可节省染色液和脱色液等试剂，也可以起到方便转移凝胶胶片，避免胶片破裂或滑落的不足，而且可以避免实验人员直接接触有毒胶片，保证实验室操作人员安全。

专利名称：一种牦牛精子体外获能的方法

专利号：ZL201310134124. 4

发明人：郭　宪　丁学智　阎　萍　梁春年　王宏博

授权公告日：2016 年 5 月 11 日

摘要：本发明公开了一种牦牛精子体外获能的方法，主要包括：牦牛冷冻精液解冻方法、精子体外获能液及获能方法、精子体外受精液及获能效果评估方法。并提供了牦牛精子体外获能的具体条件，确保牦牛精子体外获能的质量和效率。本发明技术与方法全面，操作方便，测定结果准确，可完全用于牦牛精子体外获能或胚胎体外生产，能够有效提高牦牛的繁殖效率。

专利名称：一种从开花期向日葵花盘中提取分离绿原酸的方法

专利号：ZL201310696957. X

发明人：郝宝成　梁剑平　刘　宇　王学红　郭文柱　尚若锋　郭志廷　华兰英

授权公告日：2016 年 2 月 10 日

摘要：本发明提供一种从开花期向日葵花盘中提取分离绿原酸的方法，将开花期向日葵花盘进行预处理，得到向日葵花盘粉末；将向日葵花盘粉末超声处理，过滤，得到滤液；将滤渣进行索氏提取，得粗提液；将滤液和粗提液合并，进行后处理，得到含有绿原酸的提取物。本发明提取的对象是开花期的向日葵，跟其他所有向日葵中的生长时段不同，开花期的向日葵花盘中所含有效成分含量（绿原酸含量）较成熟后高。本发明采用改良的索氏提取法提取绿原酸，相对于索氏提取法能更充分地对绿原酸进行提取。经测定，应用本发明的方法得到的提取物中绿原酸含量为 51.8%。

专利名称：利用超临界 CO_2 提取开花期向日葵花盘中总黄酮的提取方法

专利号： ZL201510055248.2

发明人： 郝宝成　刘　宇　梁剑平　高旭东　王学红　陶　蕾　郭文柱　尚若锋　杨　珍

授权公告日： 2016 年 7 月 6 日

摘要： 本发明公开了一种利用超临界 CO_2 提取开花期向日葵花盘中总黄酮的提取方法，采用 CO_2 流体为萃取剂提取总黄酮。本发明以开花期向日葵花盘为提取原料，利用超临界 CO_2 萃取方法进行总黄酮的提取分离，其操作简便、方法简单、提取效率高等特点。超临界 CO_2 提取是用无毒、无残留的 CO_2 代替水或有机溶剂作提取溶剂，不仅可以在接近室温的条件下萃取，而且可以实现高选择性提取和分离从而获得高质量的产品。并且超临界 CO_2 提取不会产生三废，对环境保护极为有利，提取材料 CO_2 价廉易得，可循环使用，生产成本较低。

专利名称：检测鸽Ⅰ型副粘病毒的胶体金免疫层析试纸条及制备方法

专利号： ZL201410219718.X

发明人： 贺洞杰　时永杰　杨　明　张　茜　贺奋义　郭慧琳　朱新强　张登基
曾玉峰　周　磊

授权公告日： 2016 年 4 月 6 日

摘要： 本发明涉及一种检测鸽Ⅰ型副黏病毒的胶体金免疫层析试纸条，它包括 PVC 胶板、硝酸纤维素膜、胶体金结合垫、样品垫和吸水垫；所述 PVC 胶板的一端黏附有所述样品垫，其另一端黏附有所述吸水垫，其中部依次黏附有所述胶体金结合垫、所述硝酸纤维素膜；所述胶体金结合垫的一端与所述样品垫相黏附，其另一端与所述硝酸纤维素膜相黏附，该硝酸纤维素膜与所述吸水垫相黏附；所述胶体金结合垫包被了带有抗鸽Ⅰ型副黏病毒 F 蛋白单克隆抗体的胶体金标记蛋白；所述硝酸纤维素膜上沿样品流动方向依次设有检测线、质控线。本发明可快速、简便、准确、无需任何仪器设备就能检测鸽新城疫。

专利名称：一种防治高血脂症药物口服片剂及其制备工艺

专利号： ZL201310043089.5

发明人： 李剑勇　刘希望　杨亚军　张继瑜　周绪正　李　冰　牛建荣　魏小娟

授权公告日： 2016 年 1 月 6 日

摘要： 本发明公开了一种防治高血脂症药物口服片剂及其制备工艺。该口服片剂由 1 重量份阿司匹林丁香酚酯作为原料药，以 0.1~0.15 重量份崩解剂、0.06~0.1 重量份表面活性剂、0.5~0.6 重量份黏合剂和 0.03 重量份润滑剂作为辅料压片制成阿司匹林丁香酚酯口服片剂，每片重（0.265±0.005）g。该制剂可迅速崩解溶出，具有和分散均匀的优点其各方面理化性质符合 2010 版中国药典规定，服用方便；药理学实验表明该口服片剂可防治高血脂症疾病。

专利名称：一种药用化合物阿司匹林丁香酚酯的制备方法

专利号： ZL201310176925.7

发明人： 李剑勇　刘希望　杨亚军　张继瑜

授权公告日： 2015 年 4 月 20 日

摘要： 本发明公开了一种药用化合物阿司匹林丁香酚酯的制备方法。本发明采用相转移催化剂四丁基溴化铵催化成酯反应，得到白色结晶固体即为阿司匹林丁香酚酯。本发明通过化学反应，降低阿司匹林和丁香酚的刺激性、易氧化性和不稳定性，同时未改变发挥临床作用的结构部位，在体内经酶作用下释放出阿司匹林和丁香酚两种原药协同发挥作用，具有更好的药理作用。该制备方法产率高，后处理简单，是一种绿色环保的阿司匹林丁香酚酯的制备方法。

专利名称：一种牦牛屠宰保定装置

专利号：ZL201410066039. 3

发明人：梁春年 丁学智 阎 萍 郭 宪 褚 敏 王宏博 包鹏甲

授权公告日：2016 年 5 月 25 日

摘要：本发明公开一种牦牛屠宰保定的简易设施，由一个固定于地面上的门型构件、设置于门形构件的支撑横杠上的动滑轮组、固定于地面的一个定滑轮和固定于地面上的位于门形构件外一个固定桩、以及绳索构成，其中门形构件上的两个垂直柱距地面约 30cm 处各设置有一个环卡，门形构件的支撑横杠上的动滑轮组设置位置距一个垂直柱的距离约为支撑横杠长度的三分之一，定滑轮设置位置大致在动滑轮组的垂直投影位置。本发明的装置取材方便，分离结构简单，实用性强，有效减少了牦牛屠宰前保定需要的辅助人员，同时可以避免牦牛抓捕保定过程中对人员的伤害危险，且省时省力，易于推广使用。

专利名称：一种凹凸棒复合氯消毒剂及其制备方法

专利号：ZL201410275746. 3

发明人：梁剑平 郭文柱 曹发魁 陶 蕾 赵凤舞 尚若锋 王学红 贾 忠 郝宝成 刘 宇 郭志廷

授权公告日：2016 年 3 月 2 日

摘要：本发明公开了一种凹凸棒复合氯消毒剂，由凹凸棒石与氯络合物组成，其中，凹凸棒石作为缓释吸附剂，氯络合物吸附于比表面。本发明提供的凹凸棒复合氯消毒剂不仅具有一般消毒剂的特点，还具有效吸附异味等功效可用于，环境、器械及水果等消毒，也可带畜效毒。可用于动物食品、饲料及饮用泔水消毒时，不影响被消毒物的营养价值，无刺激性，安全可靠。并且无任何毒副作用，对环境不造成任何污染，绿色环保。根据对本发明产品的检测结果，本品对病毒细菌等病原微生物均具有显著的杀灭作用。本品溶液可 100%杀灭病原微生物。

专利名称：一种中药灌注液及其制备方法和应用

专利号：ZL201410019573. 9

发明人：梁剑平 尚若锋 王学红 陶 蕾 刘 宇 郝宝成 赵凤舞

授权公告日：2016 年 1 月 20 日

摘要：本发明公开了一种中药灌注液，由按照重量份计的以下物质组成：金丝桃素提取物 1~10 份，酸枣仁提取物 1~10 份，苦豆子提取物 1~10 份，丙二醇 3~5 份，吐温 80 1~2 份，纯水 50~100 份；并提供了其制备方法和应用。本发明的有益效果为：本发明提供的一种中药灌注液，具有以下优点：采用金丝桃素提取物、酸枣仁提取物及苦豆子提取物作为有效成分，具有很好的清热解毒、抗菌消炎及抗病毒的作用，治疗奶牛乳腺炎效果极好，采用纯中药制剂，不含任何化药成分，有利于奶制品安全；通过胶体磨制备得到的胶体溶液，性质稳定且质量可控，有利于工业化生产；作为一种有效治疗奶牛乳腺炎的中药药物，其效果确切，无残留及毒副作用，并在泌乳期可用，是抗生素良好的替代品。

专利名称：一种钩吻生物碱的包合物及其制备方法和应用

专利号：ZL201410241619. 1

发明人：梁剑平 郭文柱 郝宝成 王学红 陶蕾 刘 宇 赵凤舞 尚若锋 郭志廷 贾 忠

授权公告日：2016 年 3 月 23 日

摘要：本发明公开一种钩吻生物碱的包合物，所述包合物的主体分子为 β-环糊精，客体分子为钩吻生物碱。本发明的钩吻生物碱包合物能显著降低钩吻生物碱的毒性，作为鸡饲料添加剂，可明显提高肉鸡的日增重及采食量，并提高饲料转化率；同时还能提高饲料氮的利用率，增加氮沉积；促进肌细胞的肥大性增生，增强肌肉的生物蛋白合成能力。

专利名称：一种靶向鹿蹄草素复合物及其制备方法和应用

专利号：ZL201410127906. X

发明人：梁剑平 陶 蕾 尚若锋 赵凤舞 王学红 贾 忠 郝宝成 刘 宇 郭文柱 郭志廷；

授权公告日：2016 年 8 月 17 日

摘要：本发明提供一种靶向鹿蹄草素复合物的制备方法，是将鹿蹄草素与兔抗大肠杆菌混合，再加入聚乳酸 PLA，混合后于 4~6℃放置 24~40h 后，弃去上清液，将沉淀冷冻干燥后得到的。本发明还提供该靶向鹿蹄草素复合物在制备针对大肠埃希菌的靶向药物中的应用。本发明通过将鹿蹄草素与大肠埃希菌血清抗体偶联，制备出专一针对大肠埃希菌的兽用靶向鹿蹄草素复合物，由大肠埃希菌血清抗体寻找和捕捉大肠埃希菌，由鹿蹄草素抑制和杀灭大肠埃希菌，使其对大肠埃希菌进行“精确打击”，以此增强鹿蹄草素的抗菌作用。

专利名称：头孢噻呋羟丙基-β-环糊精包合物及其制备方法

专利号：ZL201410008732. 5

发明人：梁剑平 陶蕾 赵凤舞 王学红 尚若锋 贾忠 郝宝成

授权公告日：2016 年 8 月 17 日

摘要：本发明公开了一种头孢噻呋与羟丙基 β 环糊精的固体包合物的制备方法，将头孢噻呋和羟丙基 β 环糊精以 1：（1~3）的摩尔比作为反应原料，在 2050℃下加入反应原料总重量 5 倍量的水并研磨 25h，然后真空干燥 12h，过滤，得白色粉末，即可。本发明包合物的形成能够有效保护化合物免于氧化或水解等反应，同时也增加药物的水溶性，增强稳定性，降低毒副作用，控制药物释放提高生物利用率。本发明制备的头孢噻呋 βCD 包合物可以提高头孢噻呋原料药的溶解度和生物利用率。制备出的包合物在光照，高温，湿度条件下可以显著提高原料药的抗氧化能力，这为头孢噻呋新剂型的开发提供一种非常有效的手段。

专利名称：葛根素衍生物的制备方法

专利号：ZL201410152287. X

发明人：梁剑平 陶 蕾 尚若锋 赵凤舞 王学红 贾 忠 郝宝成 刘 宇 郭文柱 郭志廷

授权公告日：2016 年 6 月 29 日

摘要：本发明公开一种葛根素衍生物的制备方法，所述葛根素衍生物的结构式为：或者为，所述葛根素衍生物通过葛根素与 $CH_2(R)_2$反应得到，其中 R 为叔胺基团，该制备方法的特点在于反应是在盐酸催化下进行。与现有技术相比，本发明发现该类反应采用盐酸催化后，能显著提高葛根素衍生产物的收率。

专利名称：甘肃肉用绵羊多胎品系的培育方法

专利号：ZL201310335518.6

发明人：刘建斌　孙晓萍　郭　健　王　凡　张万龙　冯瑞林　岳耀敬　郎　侠
杨博辉　郭婷婷　曾玉峰　王宏博

授权公告日：2016年1月13日

摘要：本发明公开了一种甘肃肉用绵羊多胎品系的培育方法，由作为父本的无角道赛特和波德代分别与作为母本且携带突变重合基因型（BB）的小尾寒羊进行杂交，经过杂交和横交固定，得到甘肃肉用绵羊多胎品系。本培育方法选育的甘肃肉用绵羊多胎品系具有产羔率高、产肉性能好、生长发育快、体格高大和适应性强等优点，适合甘肃河西走廊半农半牧区舍饲和圈养育肥，符合甘肃养羊业发展趋势。

专利名称：无角高山美利奴羊品系的培育方法

专利号：ZL201310342994.0

发明人：刘建斌　孙晓萍　郭　健　王　凡　岳耀敬　李范文　张万龙　杨博辉
郎　侠　冯瑞林　王天翔　王喜军　郭婷婷　曾玉峰　王宏博　王丽娟

授权公告日：2016年1月20日

摘要：本发明公开了一种高山美利奴羊无角品系的培育方法，以无角澳洲美利奴羊细毛型种公羊和无角甘肃高山细毛羊种母羊组建基础群，经过杂交和横交固定，得到高山美利奴羊无角品系。本培育方法选育的高山美利奴羊无角新品系具有体格高大、羊毛品质优、生长发育快、饲料报酬高等优点，适合甘肃河西走廊半农半牧区和祁连山高寒牧区放牧、圈养和舍饲育肥，降低母羊饲养成本，提高细毛羊的养殖经济效益，加速细毛羊产业化进程。

专利名称：高山美利奴羊断奶羔羊用全价颗粒饲料

专利号：ZL201310400981.4

发明人：刘建斌　孙晓萍　郭　健　王　凡　张万龙　杨博辉　岳耀敬　郎　侠
冯瑞林　曾玉峰　郭婷婷　王宏博

授权公告日：2016年6月29日

摘要：本发明公开了一种高山美利奴羊育肥断奶羔羊全价颗粒料，该颗粒料的组成原料为：玉米、向日葵仁粕、燕麦青干草、大豆粉、苜蓿草粉、玉米秸、麦麸、小麦秸、甜菜渣、糖蜜、石灰石粉、食盐、微量元素添加剂、健胃酸，同时提供了该专用育肥全价颗粒料的制备方法。本发明的技术方案具有营养价值高、育肥效果显著、针对性强、实用度高、成本廉价、见效快、综合经济效益明显等特点，适用于饲料技术领域。

专利名称：一种治疗猪腹泻病的中药组方

专利号：ZL2014100334727

发明人：刘永明　齐志明　夏鑫超　李胜坤　王胜义　王　慧　刘治岐

授权公告日：2016年1月20日

摘要：本发明公开一种治疗猪腹泻病的中药组方，该中药组方包括：马蹄香130~170重量份，野麻草110~130重量份，地锦草90~110重量份，苍术20~40重量份，黄连20~40重量份，厚朴10~30重量份，茯苓10~20重量份，陈皮8~12重量份，肉豆蔻8~12重量份，山楂10~20重量份。本发明的中药组方对猪腹泻病特别是轮状病毒性腹泻病具有显著的治疗效果，治愈率89%以上，总有效率为93%以上，安全无毒副作用，避免了现有治疗时使用抗生素的问题。

专利名称：一种治疗羔羊痢疾的中药组合物及其制备方法

专利号：ZL201410323912.2

发明人：刘永明　王胜义　王　慧　刘治岐　李胜坤　齐志明　范　强

授权公告日：2016年6月8日

摘要：本发明公开了一种治疗羔羊痢疾的中药组合物，由以下中药原料制成：地锦草，黄连，苍术，青皮，茯苓，乌梅，焦山楂，并提供了其制备方法和其在制备治疗羔羊痢疾病药物中的应用。本发明的有益效果为：本发明提供的治疗羔羊痢疾的中药组合物，是从中兽医整体观念出发，依据中兽医辩证论治理论，结合羔羊痢疾流行病学特点，结合现代中药研究的最新成果，确定了羔羊痢疾病的证型、治疗法则以及处方用药，筛选出了以地锦草、黄连、乌梅为主药的复方中药制剂，具有清热燥湿、理气健脾、涩肠止泻的功效，在甘肃省肃南县、武山县等地对确诊为痢疾病的羔羊进行了治疗试验，取得了显著的疗效，在一定程度上替代传统应用的抗生素类药物。

专利名称：黄花补血草总鞣质的提取方法

专利号：ZL201410149687.5

发明人：刘　宇　梁剑平　尚若峰　郝宝成　王学红　程富胜　华兰英

授权公告日：2016年8月31日

摘要：本发明公开了黄花补血草总鞣质的提取方法，是以丙酮溶液为溶剂，经超声提取的方式处理后，再经过滤、浓缩除去丙酮，以乙酸乙酯萃取后再次浓缩得到总鞣质。本发明的有益效果为：本发明提供的黄花补血草总鞣质的提取方法，工艺条件简单、安全，成本低、易于工业化生产，其有效成分含量和得率高，产率达到0.7%以上，为黄花补血草中总鞣质的开发利用提供了依据，拓展了鞣质产品的原料资源。

专利名称：黄花矶松的覆膜种植方法

专利号：ZL201410175564.9

发明人：路　远　常银柱　周学辉　杨红善　田福平　张　茜　胡　宇

授权公告日：2015年12月9日

摘要：本发明提供一种黄花矶松的覆膜种植方法，其特征在于，播种前进行深耕处理，精细整地，人工或机械做垄底宽为20cm，垄顶宽为30cm，垄高为10cm的垄，垄底附一层厚度为2~3cm的混合基质（河砂：蛭石：田园土=1：1：2，重量比），将经过前处理的黄花矶松种子均匀地撒播在基质上，然后上面覆盖一层厚度为0.5~1.0cm的过筛土，然后镇压，然后采用宽度为75cm的地膜覆盖，使镇压后的土层与膜之间保持5~7cm的空隙；播种前如果土壤太干，可适量灌溉，在子叶出土后5~10天，除去覆膜，拔掉杂草；待真叶长出3~6片后，松土锄草，行常规大田管理。本发明的黄花矶松栽培技术，可以有效、显著的提高黄花矶松出苗率及成活率。

专利名称：一种用于防治鸡肺热咳喘的中药组合物

专利号：ZL201410197154.4

发明人：罗永江　梁　歌　郑继方　李金良　王贵波　谢家声　罗超应　李锦宇

授权公告日：2016年1月20日

摘要：本发明公开一种用于防治鸡肺热咳喘的中药组合物，该中药组合物主要包括大黄、番泻叶和唐松草。本发明以大黄、番泻叶、唐松草为主药，大黄泻热通肠、凉血解毒，番泻叶泻热导滞，唐松草清热燥湿、泻火解毒，三者使肺热从大肠下泄，起“釜底抽薪”的作用。在组方中还可以山豆根、马兜铃为辅药，山豆根苦寒、清咽利喉；马兜铃清肺降气、止咳平喘；甘西鼠尾草活血祛瘀为佐药；使以甘草补中益气，缓急止痛，调和诸药。本发明的中药组合物对鸡肺热咳喘具有良好的预防效果，且治愈率98%以上。

专利名称：一种羊标记用色料

专利号：ZL201410136193.3

发明人：牛春娥　杨博辉　郭　健　郭婷婷　岳耀敬　郭天芬　冯瑞林　刘建斌

授权公告日：2016年5月25日

摘要：本发明公开了一种羊标记用色料，由如下组分的重量比配制：羊毛脂10%~28%，醋酸15%~28%，松香甘油酯0.6%~1.2%，膨润土0.8%~1.5%，环保型酸性染料0.6%~1.5%，改性纳米氧化锌0.6%~1.8%。本发明有较好耐日晒、耐雨水冲刷、耐摩擦、不易扩散、不损伤毛绒纤维、无毒、无害等优点，且加工方便、使用安全，具有较好的推广应用前景。

专利名称：一种毛、绒手排长度试验板

专利号：ZL201410111274.8

发明人：牛春娥　郭　健　郭天芬　郭婷婷　杨博辉　冯瑞林

授权公告日：2016年8月17日

摘要：本发明公开一种纺织行业或畜牧行业使用的用于确定或测量纤维长度，尤其是动物毛绒纤维长度的试验板。本发明用黑色或白色透明高分子材料制成，其表面打磨为毛面，试验板的边缘设置有刻度为毫米的标尺刻度，标尺刻度内部形成坐标网格。本发明具有轻便、耐用、不变形，并容易清洁，便于对不同颜色的动物毛绒纤维进行测试。

专利名称：一种皮肤组织切片用石蜡包埋盒

专利号：ZL201410319554.8

发明人：牛春娥　杨博辉　郭婷婷　岳耀敬　郭　健　郭天芬　冯瑞林　熊　琳　梁春年

授权公告日：2016年6月1日

摘要：本发明涉及一种实验室使用的用于进行皮肤组织切片的辅助用具，确切讲是一种用于皮肤组织切片的样块进行包埋处理的皮肤组织切片石蜡的包埋盒。其特征在于由包埋盒、盒盖、放置于包埋盒内且可取出的固定架底框、分别固定于固定架底框上的固定针和由固定夹左钢丝和固定夹右钢丝构成固定夹组成。本发明结构简单，使用方便。可防止皮肤样块遇热石蜡收缩，保证皮肤样块在石蜡中的位置和状态，省略了蜡块修整环节，提高切片的工作效率和准确性。

专利名称：牛GAPDH基因转录水平荧光定量PCR检测试剂盒

专利号：ZL201310201673.9

发明人：裴　杰　阎　萍　郭　宪　包鹏甲　梁春年　褚　敏　冯瑞林

授权公告日：2016年1月20日

摘要：本发明公开了一种牛GAPDH基因转录水平荧光定量PCR检测试剂盒，试剂盒中各组成成分如下：2×SYBR Green MIX；引物混合液：引物18μmol/L、引物28μmol/L；标准GAPDH基因模板；超纯水：纯度超过18.25MΩ. CM。本发明实现了方便快捷的检测GAPDH基因转录水平的目的。本发明在检测基因转录水平方面具有灵敏度高、稳定性好、实验成本低的优点。

专利名称：具有噻二唑骨架的截短侧耳素类衍生物及其制备方法、应用

专利号：ZL201310245894.6

发明人：梁剑平　尚若锋　郭文柱　刘　宇　郝宝成　王学红　郭志廷　华兰英　蒲秀英　幸志君

授权公告日：2016年5月4日

摘要：本发明公开了一种具有噻二唑骨架的截短侧耳素类衍生物及其制备方法，包括如下步骤：步骤一、22-O-（4-甲苯磺酰基）氧乙酰基姆体林的合成；步骤二、14-O-（碘乙酰基）姆体林的合成；步骤三、14-O-［（2-氨基-1，3，4，-噻二唑-5基）巯乙酰基］姆体林的合成；步骤四、终产物的合成。该类化合物合成方法原料易得、价格低廉，操作简单，产物容易分离、纯化，收率高，总收率在32%~40%。

专利名称：一种治疗牦牛犊牛腹泻的藏药组合物及其制备方法

专利号：ZL201410028836.2

发明人：尚小飞　潘　虎　王学智　苗小楼　王东升　王　瑜

授权公告日：2016年2月24日

摘要：本发明公开了一种治疗牦牛犊牛腹泻的藏药组合物，其原料组分如下：按重量份计，卷丝苦苣苔375~420份、黄柏320~350份、石榴皮145~160份、山柰100份。该药物组合物具有临床疗效明显、副作用低、无残留、成本低廉、使用方便等特点，对于牦牛犊牛腹泻具有良好的治疗效果。同时，由于采用了中药组合物的形式，在治疗该病中，可有效降低或减少抗生素、化学合成药物在治疗牦牛犊牛腹泻中的使用量，消除药物残留对食品安全和公共卫生的威胁，符合提供安全、无污染动物源食品和人类健康的社会需求。

专利名称：一种绵羊山羊甾体激素抗原双胎苗生产工艺

专利号：ZL201310207034.2

发明人：孙晓萍　刘建斌　杨博辉　白　雪　岳耀敬　冯瑞林

授权公告日：2015年11月25日

摘要：本发明公开了一种绵羊山羊甾体激素抗原双胎苗生产工艺，包括以下步骤：盐酸羧甲基羟胺的合成，睾酮抗原的合成，加入佐剂。使用本发明的技术方案可以明显的提高羊的产羔率，一般提高在30%以内，平均提高20%左右。它是通过免疫效应来启动母羊体内内在的繁殖潜能诱导产双胎，与自然状态下的妊娠和产羔的正常繁殖生理机能相协调，对母羊以后的生产性能不会造成不良影响。生产中应用简便易行，不需专业技术人员，不需特殊的设备器械，农牧民技术员只需注射器就可完成操作。

专利名称：羊用复式循环药浴池

专利号：ZL201410445031.8

发明人：孙晓萍　刘建斌　张万龙　郭婷婷　杨博辉　岳耀敬　冯瑞林

授权公告日：2016年9月7日

摘要：本发明公开了羊用复式循环药浴池，包括位于中部、由上到下依次用水管连接的蓄水池、上药浴池、下药浴池和第一沉淀池，以及位于左侧的休息区和位于右侧的待药浴圈，在第一沉淀池内设置水泵，水泵通过管道与蓄水池连接。本发明羊用复式循环药浴池，实现了山区中羊群的药浴，省时省力，节约水源、药液，提高了工作效率，减少了药液污染草场和周围环境，可在较短时间内完成周围羊只的全部药浴。

专利名称：一种便携式可旋转绵羊毛分级台

专利号： ZL201310335476.6

发明人： 孙晓萍　张万龙　刘建斌　杨博辉　陈永华　岳耀敬

授权公告日： 2016年9月28日

摘要： 本发明公开了一种便携式可旋转绵羊毛分级台，该分级台包括台面、托盘和支架。台面下设有托盘，台面和托盘用螺栓连接，托盘下设有支架，托盘通过轴连接支架。本发明提供的便携式可旋转绵羊毛分级台，可将剪下的套毛放在分级台上，人站在一侧，通过自己的经验、眼力，挑出不好的腹毛、边角、杂次毛，余下的好毛按等级、类型打包、出售，优毛优价。分级台高1.2m，可旋转，这样可减少人来回走动、弯腰等的体力消耗。通过对细毛羊生产区使用后发现，这种平时可拆卸，使用时可旋转，可一人或多人站在台边操作的分级台，方便实用、省时省力、经济实惠。

专利名称：一种快速测定苜蓿品种抗旱性和筛选抗旱苜蓿品种的方法

专利号： ZL201310180373.7

发明人： 田福平　陈子萱　路　远　胡　宇　张小甫

授权公告日： 2015年12月23日

摘要： 本发明提供一种快速测定苜蓿品种抗旱性的方法，所述方法是通过测定苜蓿在各个不同生长时期的叶片温度来测定苜蓿品种的抗旱性的。其中，叶片温度低的苜蓿品种抗旱能力强，叶片温度高的苜蓿品种抗旱能力弱。本发明还提供筛选抗旱苜蓿品种的方法。通过该方法可以快速地测定苜蓿品种的抗旱性，且该方法所得结果较为可靠，工作量少、重复性好、误差小、简单易行，能大批量进行。

专利名称：测定须根系植物地上部离子回运的方法及其专用设备

专利号： ZL201410066489.2

发明人： 王春梅　王晓力　张　茜　王旭荣　朱新强　周学辉

授权公告日： 2015年12月23日

摘要： 本发明公开了一种测定须根系植物地上部离子回运的方法及其专用设备，植物的萌发及培养；不同份的根系吸收不同的离子组合处理液，并设置对照和重复；分别测定地上部、根系、处理液中各离子的浓度和含量；计算分析离子经由根系吸收向地上部转运后再回运到根以及向环境外排的情况。专用设备主要包括苗盘、多个根盒、固定口及托盘，固定口位于苗盘顶部中心处，托盘为中空的且顶端开口，托盘的底部均布设置有与根盒个数对应的插槽，多个根盒对应插接在插槽内，所述苗盘扣接在托盘上。本发明提供的方法和专用设备能够解决根系在同一个根盒培养时不能测定的离子运输分布情况的问题，结构简单，便于操作。

专利名称：一种早熟禾草坪建植中种子的快速萌发方法及其专用装置

专利号： ZL201410774602.2

发明人： 王春梅　王晓力　杨　逵　田福平　周学辉　张　茜　杨　晓　朱新强

授权公告日： 2016年8月31日

摘要： 本发明公开了一种早熟禾草坪建植中种子的快速萌发方法，包括以下步骤：将早熟禾种子去杂，经变温处理后平铺于种子松皮专用装置中进行种皮松皮；将松皮后种子置于浓度为50~300mg/L的赤霉素溶液中4℃浸泡6~24小时；将浸泡后种子滤出后，晾干表面水分，且种子本身为吸涨状态，含水量为90%~98%，加入防虫剂进行正常播种和后期管理，并提供了其专用装置。本发明的有益效果为：早熟禾种子经过简单易操作的变温处理、浸泡和松皮，可快速的破除种子休眠并使其在3~5天内萌发率达到80%以上，且出苗整齐，增强了幼苗与杂草的竞争力，减少了管理难度，草皮后期长势更好，大大节省了早熟禾草坪建植的时间。

专利名称：一种促进奶牛产后子宫复旧的中药组合物及其制备方法

专利号：ZL201310368588.1

发明人：王　磊　李建喜　崔东安　杨志强　王旭荣　张景艳　张　凯　秦　哲　王学智　孟嘉仁

授权公告日：2015年10月28日

摘要：本发明提供了一种促进奶牛产后子宫复旧的中药组合物，能有效促进奶牛子宫复旧，该中药组合物中原料药的重量配比为：当归20~50份、川芎15~45份、桃仁15~40份、干姜10~35份、刘寄奴18~45份、白芍15~50份、香附15~45份、山楂30~65份、神曲45~90份、生麦芽25~65份。本发明中药组合物在产后2h内施予产犊母牛可调节产后母牛多虚多瘀的病理生理状况，提高其自身防御力，有效预防产后胎衣不下，恶露不行，同时促进产后恶露排尽，净化子宫内环境，促进子宫复旧，恢复其正常生理功能，从而提高奶牛的生产性能。

专利名称：一种以土豆渣和豆腐渣为主料的牛羊饲料及其制备方法

专利号：ZL201410174401.9

发明人：王晓力　王永刚　朱新强　王春梅　张　茜　路　远　汪晓斌　杨　晓

授权公告日：2016年6月22日

摘要：本发明涉及一种以土豆渣和豆腐渣为主料的牛羊饲料及其制备方法，所述饲料其含有以下成分：土豆渣、豆腐渣、苜蓿、玉米粉、麸皮、维生素、微量元素、干糖蜜、木质素黏接剂、防霉剂和崩解剂。该配方具有营养价值高、饲喂方便、不易霉变、便于运输与储存、实现资源循环利用等功效。研究证明，该饲料能较好的满足反刍动物对营养物质的需求。

专利名称：一种茜素红S络合分光光度法测定铝离子含量的方法

专利号：ZL201410174352.9

发明人：王晓力　王永刚　朱新强　王春梅　张　茜　路　远　汪晓斌　杨　晓

授权公告日：2016年6月29日

摘要：本发明涉及一种茜素红S络合分光光度法测定铝离子含量的方法，该方法包括：准确移取1.5mL茜素红S溶液、0.15mL pH值=4.6的磷酸氢二钠-柠檬酸缓冲液，然后于每份上述溶液中分别加入0mL、0.1mL、0.2mL、0.3mL、0.4mL、0.5mL、0.6mL、0.7mL铝离子标准溶液，加去离子水定容至5mL，混合均匀，静置10min，于490nm处测定光吸收值，以铝离子含量为横坐标，光吸收值为纵坐标，绘制铝离子标准曲线。本发明的检测方法具有操作简便、灵敏度高、测试结果准确、选择性好，符合测试精度要求。

专利名称：一种快速测定蜂蜜制品中铝离子含量的方法

专利号：ZL201410175906.7

发明人：王晓力　王永刚　朱新强　王春梅　张　茜　路　远　汪晓斌　杨　晓

授权公告日：2016年8月31日

摘要：本发明涉及一种快速测定蜂蜜制品中的铝含量的方法，主要是基于茜素红S作为络合显色剂的紫外可见分光光度测定方法。该方法能缩短检样时间、节省资源、重现性和稳定性较好，回收率较高，能满足实验室测定的现实要求。

专利名称：无乳链球菌 BibA 重组蛋白及其编码基因、制备方法和应用

专利号：ZL201410121035.0

发明人：王旭荣　李建喜　杨志强　王学智　常瑞祥　王　磊　张景艳　秦　哲　孔晓军　孟嘉仁

授权公告日：2016 年 1 月 6 日

摘要：本发明公开了无乳链球菌 BibA 重组蛋白及其编码基因、制备方法和应用。本发明提供的无乳链球菌 BibA 重组蛋白，是具有如序列 2 所示的蛋白序列，同时，还提供了该蛋白的编码基因及制备方法和应用。本发明的有益效果为：本发明以无乳链球菌为研究对象，从无乳链球菌 DNA 中克隆到 BibA 基因，完成了该基因序列的克隆及测序，并对其进行原核表达与免疫保护性的研究，获得特异性高、有免疫保护力的疫苗研制候选抗原，为无乳链球菌病的预防奠定基础。本发明的优点在于克隆到了无乳链球菌 BibA 基因，构建了 BibA 重组表达质粒，获得了 BibA 重组蛋白，经 westernblot 检测结果显示 BibA 重组蛋白具有较好的反应原性，动物（小鼠）实验证明该重组蛋白具有一定的保护性。

专利名称：一种用于检测禽白血病 P27 的酶联免疫反应载体及试剂盒

专利号：ZL201010224980.5

发明人：吴培星　宋　楠　遇秀玲　李纯玲　宁海强　韩　涛　张继瑜

授权公告日：2016 年 8 月 3 日

摘要：本发明属于动物疫病血清学诊断技术领域，涉及一种用于检测禽白血病 P27 的酶联免疫反应载体及试剂盒。本发明的禽白血病病毒（P27）酶联免疫试剂盒包括：包被禽白血病 P27 多克隆抗体的 96 孔酶标板，碱性磷酸酶标记的 P27 单克隆抗体，底物溶液，终止液，洗涤液。本发明的禽白血病 P27 多克隆抗体和碱性磷酸酶标记的 P27 单克隆抗体，有效提高了检测的敏感性、特异性和稳定性。本发明为禽白血病阳性鸡群的淘汰、净化，培育具有遗传性抵抗力的新品种提供了一种高效、敏感的 ELISA 检测试剂盒，其成本低，操作简便，适于畜牧业生产的推广与应用。

专利名称：一种兽用熏蒸消毒药物组合物及其制备方法和应用

专利号：ZL201410099477.X

发明人：谢家声　李锦宇　王贵波　罗超应　辛蕊华　罗永江　郑继方　谢姗姗

授权公告日：2016 年 3 月 2 日

摘要：本发明公开了一种兽用熏蒸消毒药物组合物，所述药物组合物是由按重量份计的以下三种组分组成的：二氯异氰尿酸钠 9～9.5 重量份、高锰酸钾 0.25～0.45 重量份、六亚甲基四胺 0.05～0.75 重量份。本发明提供的一种兽用熏蒸消毒药物组合物，主要用于畜禽圈舍的常规熏蒸消毒，克服了同类传统烟熏消毒制剂所产生的甲醛气体和反应残余物对环境、畜产品的污染以及对生产人员的不良影响；由三种原料组成，主辅料可以均匀混合，无需分袋包装，稳定性良好与现有同类烟熏消毒剂相比，使用时不用明火点燃，仅用少量热水即可发生“产雾”反应，储藏、运输以及使用更为安全、方便。

专利名称：一种治疗猪支原体肺炎的复方中药复合物及其制备方法

专利号：ZL201410444874.6

发明人：辛蕊华　谢家声　郑继方　王贵波　罗超应　李锦宇　罗永江

授权公告日：2016 年 5 月 11 日

摘要：本发明公开一种用于治疗猪支原体肺炎的中药组合物及制备方法。本发明的治疗猪支原体肺炎的复方中药组合物由：蜜紫菀、款冬花、陈皮、麻黄、新鲜鱼腥草、苦杏仁、五味子、黄芪、蜂蜜组成。经临床应用表明本发明的中药组合物具有治愈率高、疗效显著的优点。

专利名称：一种提高高寒地区箭筈豌豆产量的方法

专利号：ZL201410139576.6

发明人：杨　晓　李锦华　朱新强　余成群　李少伟　张　茜

授权公告日：2016 年 4 月 20 日

摘要：本发明提供一种提高高寒地区箭筈豌豆产量的方法，包括播种育苗、配制生长调节试剂及喷施试剂、田间管理步骤；所述试剂为多效唑溶液。使用本发明的方法，可以使箭筈豌豆种子产量显著提高，产量提高 55%～151%，为箭筈豌豆大面积种植推广提供种源支持，能够产生较好的经济效益。

专利名称：一种中国肉用多胎美利奴羊品系的培育方法

专利号：ZL201310305269.6

发明人：岳耀敬　杨博辉　郭　健　冯瑞林　郭婷婷　刘建斌　孙晓萍

授权公告日：2015 年 10 月 21 日

摘要：本发明公开一种中国肉用多胎美利奴羊新品系的培育方法。本发明的培育方法是：将中国细毛羊母羊与布鲁拉美利奴羊公羊进行杂交得到中 X 布，对中 X 布杂交 F1 代中择优秀公、母羊进行横交固定，得到中 X 布横交 F1 一代，将中国细毛羊母羊与南非肉用利奴羊公羊进行杂交得到中 X 南杂交 F1 代，从中 X 南 F1 代中选优秀母羊与南非肉用美利奴公羊进行杂交得到中 X 南杂交 F2 代，将中 X 布横交 F1 代中优秀公、母羊分别与中 X 南杂交 F2 代中的优秀公、母羊进行杂交，得到中 X 南 X 布杂交 F1 代，再从对中 X 南 X 布杂交 F1 代中选择携带 B+基因型的优秀公、母羊中 X 南 X 布杂交 F1 代进行横交固定，得到中 X 南 X 布横交 F1 一代，最终得到中国多胎肉用美利奴新品系。

专利名称：检测奶牛子宫内膜细胞炎性反应的荧光定量 PCR 试剂盒及其检测方法和应用

专利号：ZL201410270225.9

发明人：张世栋　王东升　董书伟　严作廷　王旭荣　杨　峰

授权公告日：2016 年 3 月 29 日

摘要：本发明提供了一种检测奶牛子宫内膜细胞炎性反应的荧光定量 PCR 试剂盒，包括 PCR 缓冲液、TaqDNA 聚合酶混合物，SYBRGreen 染料，两对引物。本发明的试剂盒可以简便、快速，且能够以相对定量检测奶牛子宫内膜细胞中淀粉样蛋白（SAA）基因的转录水平，从而为快速判断奶牛是否患有隐性子宫内膜炎提供参考。

专利名称：一种体外筛选和检测抗奶牛子宫内膜炎药物的方法

专利号：ZL201510234048.3

发明人：张世栋　董书伟　王东升　严作廷　杨　峰　王旭荣　张景艳　褚　敏

授权公告日：2016 年 7 月 6 日

摘要：本发明提供一种体外筛选和检测抗奶牛子宫内膜炎药物的方法，是将体外培养的奶牛子宫内膜上皮细胞进行炎性化，再加入待检药物，通过检测细胞中炎症蛋白的表达变化，来确定待检药物的抗炎活性；若炎症蛋白表达量降低，则待检药物具有抗炎活性，且表达量降低倍数为待检药物相对抗炎活性大小；反之则无抗炎活性；其中所述炎症蛋白为乳铁蛋白。本发明的体外筛选和检测抗奶牛子宫内膜炎药物的方法，可以实现在体外对待检药物抗奶牛子宫内膜炎活性进行简便、快速的筛选和检测。当使用多孔板时，能够实现高通量的筛选和检测，筛选和检测结果对中药的现代临床应用和现代化发展具有重要的参考价值。

专利名称：一种防治牛羊焦虫病及传播媒介蜱的药物喷涂剂及其制备方法

专利号：ZL201310178253.3

发明人：周绪正　张继瑜　李　冰　魏小娟　牛建荣　王淑芳　李金善　李剑勇　杨亚军　刘希望

授权公告日：2016 年 4 月 13 日

摘要：本发明公开了一种防治牛羊焦虫病及传播媒介蜱的药物喷涂剂及其制备方法，其特征将聚乙二醇-12-羟基硬脂酸酯、残杀威、青蒿琥酯、中碳链三甘酯、1，2 丙二醇、无水乙醇纳入棕色三角瓶中，置棕色三角瓶于恒温磁力搅拌器上，以 300～500r/min 搅拌 0.2h，直至药物完全溶解，再往瓶加入氮酮过程中，搅拌，直至体系均一、透明、澄清为止。该制剂为外用制剂，其中残杀威用于牛羊焦虫病体外传播媒介-蜱的驱杀，青蒿琥酯用于牛羊体内感染焦虫的预防与治疗；该制剂不仅给药方式简单易行，并且根据药物的特性通过一次给药，可以对体内外两种寄生虫起到治疗与预防双重作用，大大提高了牛羊焦虫病的防治效果，节省人力、物力，提高养殖效益。

专利名称：一种提高西藏一江两河地区苜蓿种子产量的微肥组合物

专利号：ZL201410223016.9

发明人：朱新强　李锦华　杨　晓　余成群　沈振西　王晓力　王春梅　张　茜　李少伟

授权公告日：2016 年 8 月 24 日

摘要：本发明涉及一种提高西藏“一江两河”地区苜蓿种子产量的微肥组合物，由如下重量份的组分制成：硼肥 18 份、锰肥 15 份。本发明还提供了所述微肥组合物的使用方法，通过对微肥组合物的喷施比例和喷施时间的控制，促进花粉萌发，提高结荚率，达到高产的目的。喷施本发明微肥处理的种子产量比对照提高 70%以上，显著高于对照。

（四）实用新型专利、外观设计专利

见表 2-1。

表 2-1　授权实用新型和外观设计专利名录

序号	专利名称	授权公告日	专利号	第一发明人
1	一种简易阉鸡用保定装置	2016-10-05	ZL201620048659.9	程富胜
2	一种简易扣锁	2016-09-07	ZL201620264793.2	程富胜
3	一种活动式辅助试管夹	2016-10-05	ZL201620440106.8	程富胜
4	一种多用移液器吸头	2016-08-17	ZL201620272472.7	褚　敏
5	一种分隔式微量冻存管	2016-08-31	ZL201620264799.X	褚　敏
6	一种新型的液氮罐冻存架	2016-09-14	ZL201620343387.5	褚　敏
7	一种开孔式可分隔微量冻存管	2016-11-09	ZL201620544217.3	褚　敏
8	一种可变形洗瓶刷	2016-09-28	ZL201620264796.6	褚　敏
9	一种新型的动物软组织切样储存盒	2016-10-12	ZL201620431389.X	褚　敏
10	一种试验用可排水晾置架	2016-10-12	ZL201620428449.2	褚　敏
11	一种牦牛专用采血针	2016-10-12	ZL201620301286.1	褚　敏
12	一种简易鼠笼搬运车	2016-01-13	ZL201520734960.0	董鹏程
13	一种养殖场兽医用输液支架	2016-03-23	ZL201520639820.5	董书伟

（续表）

序号	专利名称	授权公告日	专利号	第一发明人
14	用于毛皮等级鉴定的长度测量装置	2016-10-12	ZL201620458462. 2	高雅琴
15	一种羔羊保温房	2016-08-17	ZL201610311887. 0	郭　健
16	一种多层装羊卸羊装置	2016-08-17	ZL201620311888. 5	郭　健
17	一种用于保定羊的羊栏	2016-08-17	ZL201620311889. X	郭　健
18	一种便于使用的羊粪清理机	2016-09-14	ZL201620340832. 2	郭　健
19	一种自动喂羊装置	2016-09-14	ZL201620340833. 7	郭　健
20	一种方便羊群喂食的羊舍	2016-08-24	ZL201620311886. 6	郭　健
21	一种便于羊群分拨养殖的羊舍	2016-09-28	ZL201620340831. 8	郭　健
22	一种羊毛束盛放调湿架	2015-11-04	ZL201520661968. 9	郭天芬
23	一种固体样品取样铲	2016-06-08	ZL201620010671. 0	郭天芬
24	一种带刻度尺的取样铲	2016-06-08	ZL201620048654. 6	郭天芬
25	一种污水样品取样器	2016-08-17	ZL201620069704. 9	郭天芬
26	一种简易搅拌装置	2016-09-14	ZL201620052926. X	郭天芬
27	一种畜牧补饲用食槽	2016-12-21	ZL201620763961. 2	郭婷婷
28	一种实验室用离心管恒温装置	2016-08-03	ZL201620214860. X	郭　宪
29	一种牛羊双层保温棚架装置	2016-08-03	ZL201620214862. 9	郭　宪
30	一种实验室用辅助匀浆杯	2016-06-08	ZL201620064739. 3	郝宝成
31	一种实验室用匀浆杯	2016-09-07	ZL201620297283. 5	郝宝成
32	一种多功能 PCR 加样装置	2016-09-21	ZL201620409853. 5	贺泂杰
33	一种大肠杆菌转化实验热激冰浴装置	2016-09-21	ZL201620375096. 4	贺泂杰
34	一种多功能松土施肥装置	2016-08-31	ZL201620281549. 7	贺泂杰
35	一种 SDS-PAGE 制胶装置	2016-08-17	ZL201620267132. 5	贺泂杰
36	一种培养皿挑菌装置	2016-10-19	ZL201620486461. 9	贺泂杰
37	一种便携式小区划线器	2016-03-02	ZL201520500850. 8	胡　宇
38	一种除草工具	2015-12-16	ZL201520495635. 3	胡　宇
39	一种间距为 33. 4cm 的多行尖锄	2015-12-02	ZL201520505121. 1	胡　宇
40	一种便携式遮阴网支架	2016-12-07	ZL 201620728264. 3	胡　宇
41	一种新型多功能开盖器	2016-05-25	ZL201521127165. 1	黄　鑫
42	一种适合于薄层层析版烘干的干燥箱	2016-08-17	ZL201620235916. X	焦增华
43	一种强腐蚀性消毒剂分装器	2016-08-17	ZL201620243345. 4	焦增华
44	一种可准确移液的称量瓶	2016-08-17	ZL201620277622. 3	焦增华
45	一种用于干燥失重和水分测定的烘箱隔板	2016-08-31	ZL201620340800. 2	焦增华
46	一种转盘式挤奶台奶牛防坠落链	2016-12-07	ZL201620439992. 2	孔晓军
47	一种保存展示柜	2016-01-13	ZL201520735049. 1	李　冰
48	一种液相色谱保护柱固定架	2016-11-02	ZL201620544278. X	李　冰
49	一种动物组织样品存放盒	2016-10-05	ZL201620403847. 9	李　冰
50	一种多功能显示器托架	2016-10-05	ZL201620294491. X	李　冰
51	一种不锈钢酒精灯	2016-06-01	ZL201620003256. 2	李宏胜
52	一种细菌冻干管密封盖	2016-08-24	ZL201620165948. 7	李宏胜
53	一种新型细菌冻干管	2016-09-07	ZL201620335850. 1	李宏胜
54	一种试管收集筐	2016-10-12	ZL201620098567. 1	李宏胜
55	一种传感器保护装置	2016-08-17	ZL201620272542. 9	李润林
56	一种实验台防尘罩	2016-08-17	ZL201620272540. X	李润林
57	一种移动喷灌装置	2016-08-17	ZL201620272539. 7	李润林
58	一种野外称量辅助装置	2016-09-28	ZL201620453835. 7	李润林
59	一种可重复利用的绿化带防冻支架	2016-09-28	ZL201620422428. X	李润林
60	一种自动洗根器	2016-10-19	ZL201620422424. 1	李润林
61	一种简易漫灌水位报警器	2016-10-19	ZL201620494665. 7	李润林

（续表）

序号	专利名称	授权公告日	专利号	第一发明人
62	一种简易漫灌报警器	2016-11-16	ZL201620494666. 1	李润林
63	一种奶牛隐形乳房炎诊断盘	2016-08-31	ZL201620290166. 6	李世宏
64	一种多功用医用开瓶器	2016-11-23	ZL201620295504. 5	李世宏
65	一种羊毛长度测量板	2016-08-24	ZL201620310839. X	李维红
66	一种简易羊毛手排长度仪	2016-07-27	ZL201620186806. 9	李维红
67	一种变形软尺	2016-07-27	ZL201620196574. 5	李维红
68	一种样品取样架	2016-10-05	ZL201620219385. 5	李维红
69	放置羊毛用重量盒	2016-10-05	ZL201620196573. 0	李维红
70	一种简易一次性过滤装置	2016-10-05	ZL201620192420. 9	李维红
71	一种多功能试管夹	2015-12-30	ZL201520697715. 7	李新圃
72	一种用于采集仔猪粪便的采样衣	2016-08-24	ZL201620274790. 7	李昱辉
73	一种冰柜样品存放架	2016-03-02	ZL201520785588. 6	梁丽娜
74	一种取样勺	2016-03-02	ZL201520787018. 0	梁丽娜
75	一种天平用试管架	2016-03-02	ZL201520785274. 6	梁丽娜
76	一种简便式革、毛皮切粒器	2016-04-13	ZL201520914662. X	梁丽娜
77	一种烧杯托	2016-04-13	ZL201520889540. X	梁丽娜
78	一种毛绒检测辅助装置	2016-05-18	ZL2015207908864	梁丽娜
79	一种检测肉样嫩度用水浴加热样品盛放装置	2016-05-15	ZL201520976556. 4	梁丽娜
80	一种火棉胶滴涂瓶	2016-05-13	ZL201620431593. 1	梁丽娜
81	毛绒样品手排长度排图辅助器	2016-05-13	ZL201620431592. 7	梁丽娜
82	一种用于防止血平板制作时产生气泡的容器	2016-09-07	ZL201620003151. 7	刘龙海
83	一种分层取土器	2016-01-20	ZL201520500651. 7	路　远
84	一种植物标本盒	2016-01-20	ZL201520498522. 9	路　远
85	奶牛用便携式乳房清洗装置	2016-05-14	ZL201521033214. 5	罗金印
86	一种奶样采集检测装置	2016-08-03	ZL201521080374. 5	罗金印
87	一种防回流药浴瓶	2016-08-31	ZL201620178191. 5	罗金印
88	一种采集乳样的旋转式漏斗	2016-10-19	ZL201620335877. 0	罗金印
89	锥形瓶架	2016-02-10	ZL201520702289. 1	尚若锋
90	一种放牧绵羊的围栏	2016-03-30	ZL201520923993. X	孙晓萍
91	一种大家畜运输的装卸车装置	2016-03-30	ZL201520880007. 7	孙晓萍
92	一种小型种鸡鸡舍	2016-10-05	ZL201620378063. 5	孙晓萍
93	一种家畜用通道式电子秤	2016-10-05	ZL201620392627. 0	孙晓萍
94	一种畜禽圈舍消毒车	2016-11-09	ZL201620378064. X	孙晓萍
95	一种围栏门的栓扣装置	2016-11-09	ZL201620447455. 2	孙晓萍
96	一种植物光控培养架	2016-09-14	ZL201620329359. 8	王春梅
97	一种烘干、储存两用试管架	2016-09-14	ZL201620343653. 4	王春梅
98	一种细口瓶清洗刷	2016-10-05	ZL201620359384. 0	王春梅
99	一种杯土一体育苗盘	2016-10-05	ZL201620398136. 7	王春梅
100	一种 96 孔板底部保护架	2016-08-03	ZL201620204462. X	王东升
101	一种实验鼠吸入麻醉装置	2016-11-09	ZL201620204461. 5	王东升
102	天然牧草采样剪刀	2016-10-10	ZL201620679706. X	王宏博
103	围栏维护紧线器	2016-11-01	ZL201620791606. 6	王宏博
104	一种琼脂培养基制备瓶	2016-01-06	ZL201520715946. 6	王　玲
105	一种用于培养皿高压灭菌消毒的装置	2016-11-30	ZL201620635593. 3	王　玲
106	一种细菌浊度比照专用试管架	2016-11-30	ZL201620577494. 4	王　玲

（续表）

序号	专利名称	授权公告日	专利号	第一发明人
107	一种琼脂斜面接菌专用试管架	2016-11-30	ZL201620418784. 4	王　玲
108	一种用于琼脂斜面培养基制备的试管架	2016-11-30	ZL201620635595. 2	王　玲
109	一种细胞转运储存箱	2016-12-07	ZL201620527968. 4	王　玲
110	一种用于琼脂斜面管的真菌孢子洗脱接菌杆	2016-12-07	ZL201620688661. 2	王　玲
111	一种走珠式琼脂平板涂布棒	2016-12-07	ZL201620688649. 1	王　玲
112	一种用于抑菌及药敏试验的培养皿置放盒	2016-12-07	ZL201620688647. 2	王　玲
113	简易的青贮饲料发酵罐	2015-12-30	ZL201520675267. 0	王晓力
114	一种高通量植物固液培养装置	2016-01-06	ZL201520663789. 9	王晓力
115	一种简易便携的微生物培养盒	2016-03-09	ZL201520667654. X	王晓力
116	一种以广口玻璃和离心管制作的组培瓶	2015-12-30	ZL201520697971. 6	王晓力
117	牛羊糟渣类复合成型饲料	2016-11-30	ZL201630214311. 8	王晓力
118	检测牛肉中阿维菌素残留的免疫荧光试剂盒	2015-12-30	ZL201520690822. 7	魏小娟
119	检测羊肉中阿维菌素残留的试剂盒	2015-12-30	ZL201520690936. 1	魏小娟
120	一种凝胶夹取钳	2016-09-21	ZL201620385547. 2	魏小娟
121	一种培养基盛放瓶	2016-09-21	ZL201620397890. 9	魏小娟
122	一种多层“Z”形试管架	2016-11-16	ZL201620550347. 8	魏小娟
123	一种多通道加液器	2016-08-17	ZL201620234029. 0	熊　琳
124	一种羊只药浴车	2016-08-31	ZL201620235757. 3	熊　琳
125	一种便携式呼吸机	2016-08-31	ZL201620295505. X	熊　琳
126	一种串联式过滤装置	2016-08-31	ZL201620322495. 4	熊　琳
127	一种集成式洗毛池	2016-08-31	ZL201620315721. 6	熊　琳
128	一种可拆卸试管架	2016-08-17	ZL201620272543. 3	熊　琳
129	一种防倒吸抽真空装置	2016-08-17	ZL201620227137. 5	熊　琳
130	一种具有过滤功能的离心管套	2016-08-17	ZL201620272545. 2	熊　琳
131	一种毛绒分离器	2016-09-07	ZL201620249675. 4	熊　琳
132	一种自行式羊只饮水车	2016-09-07	ZL201620310780. 4	熊　琳
133	一种试验废液分类收集装置	2016-09-07	ZL201620235758. 8	熊　琳
134	一种牛粪清理车	2016-09-28	ZL201620306394. 8	熊　琳
135	一种容量瓶固定装置	2016-09-28	ZL201620254999. 7	熊　琳
136	一种马福炉排烟装置	2016-10-26	ZL201620234030. 3	熊　琳
137	一种羊只绑定装置	2016-11-09	ZL201620343652. X	熊　琳
138	一种锥形瓶夹	2016-09-07	ZL201620340798. 9	徐进强
139	一种实验室容量瓶放置架	2016-11-16	ZL201620567681. 4	严作廷
140	一种称量瓶架	2015-12-30	ZL201520496455. 7	杨晓玲
141	一种代谢笼尿液收集连接装置	2016-01-06	ZL201520729440. 0	杨亚军
142	一种牛舍专用推料装置	2016-12-07	ZL201620486561. 1	杨亚军
143	一种实验室培养皿放置装置	2016-08-17	ZL201620281696. 4	杨　珍
144	一种新型薄层展开缸	2016-08-17	ZL201620264802. 8	杨　珍
145	一种新型培养皿刷	2016-11-23	ZL201620310867. 1	杨　珍
146	一种根系土取样器	2016-12-07	ZL201620730357. X	张怀山
147	一种犊牛转运车	2016-10-26	ZL201620505643. 6	张景艳
148	一种纸巾架	2016-10-05	ZL201620422431. 1	张景艳
149	一种不锈钢研钵器	2016-10-19	ZL201620470904. 5	张景艳
150	一种可拆卸的样品管架	2016-12-07	ZL201620470907. 9	张景艳
151	一种不干胶式植物用标签	2016-09-14	ZL201620375042. 8	张　茜
152	一种真空吸附植物种子数粒的装置	2016-09-14	ZL201620375039. 6	张　茜
153	一种可伸缩式插地标签牌	2016-11-16	ZL201620294471. 2	张　茜
154	一种组织立体切取装置	2016-11-09	ZL201620178195. 3	张世栋

（续表）

序号	专利名称	授权公告日	专利号	第一发明人
155	一种组织浅层取样器	2016-10-26	ZL201620178194. 9	张世栋
156	一种展示电泳槽装置	2016-04-26	ZL201620358376. 4	张世栋
157	一种手动匀浆器	2016-03-09	ZL201620178192. X	张世栋
158	一种配对式离心管	2016-04-26	ZL201620358403. 8	张世栋
159	一种组织等分切割装置	2016-11-22	ZL201620358339. 3	张世栋
160	一种细菌冻干管加样器	2016-06-01	ZL201521110732. 2	张　哲
161	一种用于微生物染色的载玻片	2016-06-01	ZL201620014619. 2	张　哲
162	一种在超净工作台内使用的废弃物消毒桶	2016-08-10	ZL201620263258. 5	张　哲
163	一种田间试验用组合式多功能简易工作台	2016-01-20	ZL201520403789. 5	周学辉
164	一种简易多层梯形草样晾晒架	2016-08-03	ZL201620228456. 8	周学辉
165	一种牧草幼苗移栽器	2016-08-03	ZL201620228457. 2	周学辉
166	一种可活动的简易种子样品陈列架	2016-08-17	ZL201620228410. 6	周学辉
167	一种适用于小面积种植的开沟工具	2016-04-27	ZL201520309741. 8	朱新强
168	一种新型牛用耳标	2016-09-14	ZL201620417929. 9	朱新书
169	一种牛饲养用喂料槽	2016-08-17	ZL201620273601. 4	朱新书
170	一种放牧牛羊营养舔块保护棚架	2016-11-23	ZL201620679485. 6	朱新书
171	一种放牧羊群自动分群装置	2016-11-23	ZL201620679601. 4	朱新书
172	一种调控式牛羊补饲栏	2016-11-23	ZL201620679603. 3	朱新书
173	一种便于清理的牛舍	2016-11-16	ZL201620273554. 3	朱新书
174	一种精粗饲料压块成型机	2016-11-16	ZL201620417930. 1	朱新书
175	一种牦牛保定运输装置	2016-12-07	ZL201620679604. 8	朱新书
176	包装袋——牛羊复合饲料	2016-10-05	ZL201630248921. X	王晓力
177	包装袋——牛羊复合饲料	2016-10-16	ZL201630245930. 3	王晓力
178	包装袋	2016-09-14	ZL201630245965. 7	王晓力

（五）软件著作权

见表 2-2。

表 2-2　软件著作权名录

序号	著作权名称	授权公告日	登记号	发明人（设计人）
1	畜产品质量安全与评价信息系统	2016-04-28	2016SR089690	高雅琴
2	牦牛养殖场信息管理系统 V1. 0	2016-07-04	2016SR165859	梁春年
3	中国藏兽医药数据库（Traditional Tibetan Veterinary Medicine Database）V2. 0	2016-07-01	2016SR166648	尚小飞

（六）国家标准

见表 2-3。

表 2-3　国家标准名录

序号	标准名称	标准号	类别	日期	主持人
1	饲料中二甲氧苄氨嘧啶、三甲氧苄氨嘧啶和二甲氧甲基苄氨嘧啶的测定　液相色谱—串联质谱法	农业部 2349 号公告-8—2015	国家标准	2016-04-01	李剑勇

（七）发表论文

见表 2-4。

表 2-4　发表论文名录（2014—2016 年）

序号	论文名称	主要完成人	刊物名称	年	卷	期	页码	备注
1	Simultaneous determination of diaveridine, trimethoprim and ormetoprim in feed using high performance liquid chromatography tandem mass spectrometry	杨亚军	Food Chemistry	2016		212	358~366	院选 SCI
2	The coordinated regulation of Na+and K+in Hordeum brevisubulatumresponding to time of salt stress	王春梅	Plant Science	2016	252	252	358~366	院选 SCI
3	Genome-wide Association Study Identifies Loci for the Polled Phenotype in Yak	梁春年	PLOS ONE	2016			1~14	院选 SCI
4	Integrated Analysis of the Roles of Long Noncoding RNA and Coding RNA Expression in Sheep (*Ovis aries*) Skin during Initiation of Secondary Hair Follicle	岳耀敬 郭婷婷 袁　超	PLOS ONE	2016				院选 SCI
5	Genetic Diversity and Phylogenetic Evolution of Tibetan Sheep Based on mtDNA D-loop Sequences	刘建斌 丁学智 曾玉峰	PLOS ONE	2016				院选 SCI
6	Microwave-assisted extraction of three bioactive alkaloids from Peganum harmala L. and their acaricidal activity against Psoroptes cuniculi *in vitro*	尚小飞	Journal of Ethnopharmacology	2016	192		350~361	院选 SCI
7	Short communication: N-Acetylcysteine-mediated modulation of antibiotic susceptibility of bovine mastitis pathogens	杨峰	Journal of Dairy Science	2016	99	6	4300~4302	院选 SCI
8	Influences of season, parity, lactation, udder area, milk yield, and clinical symptoms on intramammary infection in dairy cows	张　哲 李宏胜	Journal of Dairy Science	2016	99	8	6484~6493	院选 SCI
9	Acaricidal activity of oregano oil and its major component, carvacrol, thymol and p - cymene against Psoroptes cuniculi in vitro and *in vivo*	尚小飞	Veterinary Parasitology	2016	226		93~96	院选 SCI

（续表）

序号	论文名称	主要完成人	刊物名称	年	卷	期	页码	备注
10	Evaluation on antithrombotic effect of aspirin eugenol ester from the view of platelet aggregation, hemorheology, TXB2/6-keto-PGF1α and blood biochemistry in rat model	马　宁 李剑勇	BMC Veterinary Research	2016		12	108	院选 SCI
11	Treatment of the retained placenta in dairy cows: Comparison of a systematic antibiosis with an oral administered herbal powder based on traditional Chinese veterinary medicine	崔东安	Livestock Science	2016				院选 SCI
12	Genetic characterization of antimicrobial resistance in Staphylococcus aureus isolated from bovine mastitis cases in northwest China	杨峰	Journal of Integrative Agriculture	2016	15	0	60345-7	院选 SCI
13	Evaluation of crossbreeding of australian superfine merinos with gansu alpine finewool sheep to improve wool characteristics	郭健	PLOS ONE	2016		11		SCI
14	Synthesis and pharmacological evaluation of novel pleuromutilin derivatives with substituted benzimidazole moieties	艾　鑫 尚若锋	molecules	2016	21	1488		SCI
15	Lowering effects of aspirin eugenol ester on blood lipids in rats with high fat diet	ISAM 李剑勇	Lipids in Health and Disease	2016	15	1	196	SCI
16	Characterization of the complete mitochondrial genome sequence of wild yak (Bos mutus)	梁春年	MITOCHONDR DNA	2016			1~2	SCI
17	Determination of antibacterial agent tilmicosin in pig plasma by LC/MS/MS and its application to pharmacokinetics	李　冰	Biomedical chromatography	2016				SCI
18	Multi-Residue method for the screening of benzimidazole and metabolite residues in the muscle and liver of sheep and cattle using HPLC/PDAD with DVB-NVP-SO3Na for sample treatment.	熊　琳	Chromatographia	2016	79	19	1373~1380	SCI
19	The complete mitochondrial genome of Hequ Tibetan Mastiff Canis lupus familiaris (CarnivoraCanidae)	郭　宪	Mitochondria DNA	2015			1~2	SCI

（续表）

序号	论文名称	主要完成人	刊物名称	年	卷	期	页码	备注
20	Molecular characterization and phylogenetic analysis of porcine epidemic diarrhea virus samples obtained from farms in Gansu，China	黄美洲 刘永明	Genetics and Molecular Research	2016	15			SCI
21	Association of genetic variations in the ACLY gene with growth traits in Chinese beef cattle	李明娜 阎　萍	Genetics and molecular research	2016	15	2		SCI
22	PPARα signal pathway gene expression is associated with fatty acid content in yak and cattle longissimus dorsi muscle	秦　文 阎　萍	Genetics and molecular research	2015	14	4	14469~14478	SCI
23	Quantitative structure activity relationship（QSAR）studies on nitazoxanide – based analogues against Clostridium difficile *In vitro*.	张　晗 李剑勇	Pak J Pharm Sci	2016	29	5	1681~1689	SCI
24	Evaluation of the acute and subchronic toxicity of Ziwan Baibu Tang	辛蕊华	AFR J TRADIT COMPLEM	2016	13	3	140~149	SCI
25	Evaluation of the acute and subchronic toxicity of Aster tataricus L. f	彭文静 辛蕊华	Afr J Tradit Complement Altern Med.	2016	13	6	38~53	SCI
26	Comparative proteomic analysis of yak follicular fluid during estrus	郭　宪	Asian Australas. J. Anim. Sci.	2015			1~7	SCI
27	Syntheses，crystal structures and antibacterial evaluation of two new pleuromutilin derivatives	尚若锋	CHINESE J STRUC CHEM	2016	35	4	529~536	SCI
28	Flavonoids and phenolics from the flowers of limonium aureum	刘　宇	Chemistry of Natural Compounds	2016	52	1	130~131	SCI
29	The complete mitochondrial genome of Ovis ammon darwini（Artiodactyla：Bovidae）.	郭　宪	Conservation Genet Resour	2016				SCI
30	iTRAQ–based quantatative proteomic analysis of utequantatative proteomic analysis of uterus tissue and plasma from dairy cow with endometritis	张世栋	Japanese Journal of Veterinary Research	2015	63		S68	SCI
31	The effect of chinese veterinary medicine preparation ChanFuKang on the endothelin and nitric oxide of postpartum dairy cows with qi–deficiency and blood stasis	严作廷	Japanese Journal of Veterinary Research	2015	63		S61	SCI

（续表）

序号	论文名称	主要完成人	刊物名称	年	卷	期	页码	备注
32	The role of porcine reproductive and respiratory syndrome virus as a risk factor in the outbreak of porcine epidemic diarrhea in immunized swine herds	黄美洲 王 慧 刘永明	Turkish Journal of Veterinary and Animal Sciences	2016	40			SCI
33	Crystal structure of 4-（（1-（benzyloxycarbonylamino）-2-methylpropan-2-yl）sulfanyl）acetate Mutilin，C34H49NO6S	尚若锋	Z. Kristallogr. NCS	2016	231	2	465~467	SCI
34	Effects of Hypericum perforatum extract on the endocrine immunenetwork factors in the immunosuppressed Wistar rat	郝宝成	Indian Journal of Animal Research	2016				SCI
35	the production and utilization of yak in china	阎 萍	Yak on the move	2016			191~197	会议论文
36	advances in yak molecular biology technologies	吴晓云	Yak on the move	2016			181~189	会议论文
37	苦马豆素的来源、药理作用及检测方法研究进展	黄 鑫 郝宝成	畜牧兽医学报	2016	47	6	1075~1085	一级学报
38	荷斯坦奶牛乳腺组织冻存及乳腺上皮细胞原代培养技术改进	林 杰 李建喜	畜牧兽医学报	2016	47	5	1067~1074	一级学报
39	6 株牛源副乳房链球菌的分离和鉴定	李新圃	中国兽医学报	2016	36	10	1710~1713	一级学报
40	牦牛胎儿皮肤毛囊的形态发生及 E 钙黏蛋白的表达和定位	余平昌 阎 萍	畜牧兽医学报	2016	47	2	397~403	院选中文
41	五氯柳胺口服混悬剂的制备及其含量测定	张吉丽 张继瑜	畜牧兽医学报	2016		10	2115~2125	院选中文
42	牦牛角性状候选基因的筛选	余平昌 阎 萍	畜牧兽医学报	2016	47	6	1147~1153	院选中文
43	基于 GC-MS 技术的蹄叶炎奶牛血浆代谢谱分析	李亚娟 董书伟	中国农业科学	2016	49	21	4255~4264	院选中文
44	牛源金黄色葡萄球菌耐药性与相关耐药基因和菌株毒力基因的相关性研究	杨 峰	中国兽医科学	2016	46	2	247~252	院选中文
45	SAA 与 HP 在奶牛活体和离体炎性子宫内膜上皮细胞中表达的研究	张世栋	中国兽医科学	2016	46	7	921~927	院选中文

（续表）

序号	论文名称	主要完成人	刊物名称	年	卷	期	页码	备注
46	金黄地鼠动脉粥样硬化模型的病理观察和生化指标分析	马　宁 李剑勇	中国兽医科学	2016	46	9	1177～1182	院选中文
47	青蒿素的来源及其抗鸡球虫作用机制研究进展	黄　鑫 郭文柱	中国预防兽医学报	2016	38	6	503～506	院选中文
48	金黄色葡萄球菌中耐甲氧西林抗性基因 mecC 的研究进展	陈　鑫 蒲万霞	中国预防兽医学报	2016	38	8	672～674	院选中文
49	2 种甾体抗原对甘肃高山细毛羊繁殖率的影响	冯瑞林	安徽农业科学	2016	44	14	127～128，190	中文核心
50	薄层色谱法对宫衣净酊质量标准的研究	朱永刚 杨志强	安徽农业科学	2016	44	27	114～116	中文核心
51	绵山羊双羔素提高细毛羊繁殖率的研究	冯瑞林	安徽农业科学	2016		28		中文核心
52	小鼠口服五氯柳胺的急性毒性研究	张吉丽 张继瑜	安徽农业科学	2016	44	12	148～149	中文核心
53	绵山羊双羔素提高黑山羊繁殖率的研究	冯瑞林	安徽农业科学	2016	44	9	122～123，144	中文核心
54	紫花苜蓿草地土壤碳密度年际变化研究	田福平 师尚礼	草原与草坪	2015	35	6	8～13	中文核心
55	中兽药治疗奶牛胎衣不下的系统评价	崔东安	畜牧与兽医	2016	48	8	98～104	中文核心
56	复方板黄口服液制备工艺研究	李　冰	动物医学进展	2016	37	2	15～18	中文核心
57	金黄色葡萄球菌生物被膜研究知识图谱分析	杨　峰	动物医学进展	2015	36	12	24～31	中文核心
58	金黄色葡萄球菌性奶牛乳房炎研究的知识图谱分析	杨　峰	动物医学进展	2016	37	2	38～43	中文核心
59	奶牛乳房炎疫苗研究进展	刘龙海 李宏胜	动物医学进展	2016	37	1	100～105	中文核心
60	甘肃省某奶牛场肠杆菌性乳房炎主要病原菌的分离鉴定与耐药性分析	王海瑞 王学智	动物医学进展	2016	37	5	63～68	中文核心
61	HPLC 测定宫衣净酊中葛根素含量	朱永刚 李建喜	动物医学进展	2016	37	4	74～76	中文核心
62	中药对牛免疫调节作用研究进展	刘　艳 郑继方	动物医学进展	2016	37	6	95～98	中文核心

（续表）

序号	论文名称	主要完成人	刊物名称	年	卷	期	页码	备注
63	黄芪多糖对树突状细胞形态和功能影响研究进展	边亚彬 李建喜	动物医学进展		37	4	86~89	中文核心
64	奶牛子宫内膜炎病因学研究进展	那立冬 严作廷	动物医学进展	2016	37	9	103~107	中文核心
65	仔猪腹泻的病因及中药防治研究进展	杨洪早 严作廷	动物医学进展	2016	37	10	89~93	中文核心
66	Wnt10b、B-catenin、FGF18 基因在甘肃高山细毛羊胎儿皮肤毛囊中的表达规律研究	赵　帅 杨博辉	甘肃农业大学学报	2015	50	5	6~14	中文核心
67	不同栽培模式下甜菜和籽粒苋对次生盐渍化土壤的抑盐效应	张怀山	干旱地区农业研究	2016	34	1	257~263	中文核心
68	可递送 siRNA 的非病毒纳米载体的设计	赵晓乐 李剑勇	国际药学研究杂志	2016	43	4	677~681	中文核心
69	银翘蓝芩口服液中绿原酸含量测定方法的建立	许春燕 李剑勇	河南农业科学	2016	45	11	126~129	中文核心
70	基于 Web of Science 的“阿维菌素类药物”的文献计量研究	文　豪 张继瑜	黑龙江畜牧兽医	2016		1	165~168	中文核心
71	动物抗寄生虫药物的研究与应用进展	张吉丽 张继瑜	黑龙江畜牧兽医	2016		5	74~79	中文核心
72	肝片吸虫病的研究进展	张吉丽 张继瑜	黑龙江畜牧兽医	2016		6	58~61，65	中文核心
73	巴尔吡尔对畜禽常见病原菌体外抑菌效果研究	张　哲	黑龙江畜牧兽医	2016		4	194~196	中文核心
74	纤维素酶及其在中药发酵中的运用	苏贵龙 李建喜	黑龙江畜牧兽医	2016		509	65~67，72	中文核心
75	抗球虫药青蒿散中青蒿素 UPLC 检测方法的建立	黄　鑫 郭文柱	黑龙江畜牧兽医	2016		9（下）	152~154	中文核心
76	绵山羊双羔素提高东北细毛羊繁殖率的研究	冯瑞林	黑龙江畜牧兽医	2016	01		97~100	中文核心
77	甘肃省市售牛羊肉中雌激素残留状况分析	李维红	湖北农业科学	2016	55	6	1538~1540	中文核心

（续表）

序号	论文名称	主要完成人	刊物名称	年	卷	期	页码	备注
78	基于 AHP、负权重和模糊数学的土壤质量评价研究	李润林	湖北农业科学	2016	55	17	4480～4483.	中文核心
79	“康毒威”治疗鸡新城疫扭颈的效果	张仁福 谢家声	家禽科学	2016		5	34～35	中文核心
80	中药治疗种公鸡冠癣有效	谢家声	家禽科学	2016		4	35	中文核心
81	小鼠口服五氯柳胺混悬剂的急性毒性研究	张吉丽 张继瑜	江苏农业科学	2016	44	6	340～341	中文核心
82	藿芪灌注液局部刺激性试验	王东升	江苏农业科学	2016	44	4	303～305	中文核心
83	应用康奈尔净碳水化合物/蛋白质体系评价甜高粱和玉米秸秆的营养价值	王宏博	江苏农业科学	2016		12		中文核心
84	中药治疗奶牛乳房炎的系统评价与 Meta 分析	杨　健 董书伟	南方农业学报	2016	47	5	656～663	中文核心
85	科学编制规划　合理引导发展——做好研究所“十三五”科技发展规划编制工作的几点思考	曾玉峰	农业科技管理	2016	35	2	27～30	中文核心
86	多菌种协同发酵啤酒糟渣和苹果渣生产蛋白饲料的研究	王晓力	饲料工业	2016	37	3	32～38	中文核心
87	固态发酵豆渣、葡萄渣和苹果渣复合蛋白饲料的研究	朱新强	饲料研究	2016		4	54～59	中文核心
88	VITEK2 Compact 全自动微生物分析系统对牛乳中葡萄球菌的鉴定效果评价	林　杰 王旭荣	微生物学通报	2016	43	11	2514～2520	中文核心
89	奶牛生乳中洛飞不动杆菌的分离鉴定与耐药性分析	林　杰 李建喜	西北农业学报	2016	25	6	811～815	中文核心
90	饮食与疾病：由牛奶致癌说引发的思考	罗超应	医学与哲学	2016	37	3A	25～27	中文核心
91	不同生长年限紫花苜蓿地下生物量的空间分布格局	周　恒 田福平	中国草地学报	2016	38	2	47～51	中文核心
92	动物抗寄生虫药物作用机理研究进展	张吉丽 张继瑜	中国畜牧兽医	2016	43	1	242～247	中文核心
93	基于 Web of ScienceTM 的“树突状细胞”研究论文产出分析	边亚彬 李建喜	中国畜牧兽医	2016	43	2	423～430	中文核心

（续表）

序号	论文名称	主要完成人	刊物名称	年	卷	期	页码	备注
94	青海高原牦牛 PRDM16 基因克隆、生物信息学及组织差异表达分析	赵生军 郭　宪	中国畜牧兽医	2016	43	2	363~370	中文核心
95	细菌耐药性研究进展	朱　阵 张继瑜	中国畜牧兽医	2015	42	12	3371~3376	中文核心
96	小鼠溃疡性结肠炎模型的建立与评价	曹明泽 李建喜	中国畜牧兽医	2016	43	1	171~175	中文核心
97	紫菀不同极性段提取物对 SD 大鼠亚慢性毒性试验研究	彭文静 郑继方	中国畜牧兽医	2016	43	1	147~156	中文核心
98	GnIH 与 INH 表位多肽疫苗主动免疫对甘肃高山细毛羊生殖激素的影响	张玲玲 杨博辉	中国畜牧兽医	2016	4		1039~1044	中文核心
99	奶牛饲料中酿酒酵母菌的分离鉴定及其发酵液的体外抑菌活性研究	刘龙海	中国畜牧兽医	2016		5	1226~1231	中文核心
100	奶牛隐性子宫内膜炎诊断技术研究进展	闫宝琪 严作廷	中国畜牧兽医	2016	43	3	683~688	中文核心
101	羔羊腹泻细菌和病毒病原的研究进展	妥　鑫 刘永明	中国畜牧兽医	2016	43	3	831~836	中文核心
102	疯草解毒复方中药制剂的药代动力学研究	郝宝成	中国畜牧兽医	2016	43	6	1550~1556	中文核心
103	紫菀不同极性段提取物对 SD 大鼠亚慢性毒性试验研究	彭文静 辛蕊华	中国畜牧兽医	2016	43	1	147~156	中文核心
104	PRDM 家族蛋白结构与功能研究进展	赵生军 郭　宪	中国畜牧兽医	2016	43	5	1188~1193	中文核心
105	牦牛瘤胃微生物降解纤维素及其资源利用的研究进展	苏贵龙 李建喜	中国畜牧兽医	2016	43	3	659~699	中文核心
106	繁殖毒理学研究进展	赵晓乐 李剑勇	中国畜牧兽医	2016	43	3	714~719	中文核心
107	黄花补血草总黄酮亚急性毒性试验	刘　宇	中国畜牧兽医	2016	43	8	2135~2142	中文核心
108	抗鸡球虫药常山口服液对小鼠的急性毒性作用评价	王　玲	中国畜牧兽医	2016	43	10	247~252	中文核心

（续表）

序号	论文名称	主要完成人	刊物名称	年	卷	期	页码	备注
109	INH 表位多肽疫苗抗体间接 ELISA 测定方法的建立及优化	张玲玲 杨博辉	中国畜牧兽医	2016	43	8	2156~2163	中文核心
110	紫菀乙醇提取物对豚鼠离体气管平滑肌收缩功能的影响	彭文静	中国畜牧兽医	2016	43	6	1572~1578	中文核心
111	植物精油在畜禽生产中的应用效果研究进展	朱永刚 杨志强	中国畜牧兽医	2016	43	7	1812~1817	中文核心
112	基于复杂性科学探讨中药安全评价	罗超应	中华中医药杂志	2016	31	8	2929~2932	中文核心
113	藏药雪山杜鹃叶挥发油成分的 GC-MS 分析	郭 肖 张继瑜	中药材	2016	39	6	1319~1322	中文核心
114	动物抗寄生虫药物的研究与应用进展（英文）	张吉利 张继瑜	Agricultural Science & Technology	2016	17	9	2127~2132，2156	
115	Comparison of growth and development trits among cross-breds of dorset and local sheep verieties in gansu province	孙晓萍	Agricultural science and technology	2016	17	1	117~121	
116	Polymorphism analysis of RXFP2 in different sheep breeds from Qinghai-Tibet plateau of China	Megersa Ashenafi GETACHEW；杨博辉	Agriculture Biotechnology	2016	5	2	18~19，23	
117	Draft genome sequence of *streptococcus agalactiae* serotype ia strain . M19, a multidrug-resistant isolate from a cow with bovine mastitis	王旭荣 杨 峰	American society for microbiology (genome announcements)	2016	4	6	1093~16	
118	Investigation of bovine mastitis pathogens in two north-western provinces of China from 2012 to 2014	王 玲	Journal of Animal and Veterinary Advances	2015	14	8	237~243	
119	Chemical compositions and nutrients profiling of yak milk in Chinese Qinghai-Tibetan Plateau	郭 宪	Journal of Animal and Veterinary Advances	2015	14	10	315~319	
120	兰州地区奶牛乳房炎金黄色葡萄球菌耐药性分析	杨 峰 李宏胜	畜牧与饲料科学	2015		Z1		
121	奶牛乳房炎传统疫苗的研究进展	刘龙海 李宏胜	畜牧与饲料科学	2015	36	Z1	307~311	

（续表）

序号	论文名称	主要完成人	刊物名称	年	卷	期	页码	备注
122	不同种植年限紫花苜蓿种植地土壤容重及含水量特征	周　恒 田福平	江苏农业科学	2016	44	5	490~494	
123	2001—2010 年张掖市甘州区土地利用景观格局演变研究	李润林	江西农业学报	2016	28	6	109~113	
124	肉制品中药物残留风险因子概述	熊　琳	食品安全质量检测学报	2016	7	4	1572~1577	
125	酿酒酵母菌生长特性的研究	刘龙海	中国草食动物科学	2016		3	38~41	
126	记中国农业科学院兰州畜牧与兽药研究所“中兽医药陈列馆”	罗超应 王贵波	中国草食动物科学	2016	36	5	77~78	
127	药物防治牛寄生虫病技术	周绪正	中国草食动物科学	2016			115~119	
128	代谢组学在奶牛蹄叶炎研究中的应用前景	李亚娟 董书伟	中国草食动物科学	2016		4	49~53	
129	高寒牧区牦牛繁育综合配套技术研究	阎　萍	中国草食动物科学	2016		增刊	8~9	
130	两种植物在不同生长期控制 Na+流入的差异	王春梅	中国草食动物科学	2016	36	5	39~41	
131	奶牛乳房炎病原菌抗生素耐药性研究进展	张亚茹 李宏胜	中国草食动物科学	2016	36	6	40~44	
132	欧拉型藏羊生长发育曲线模型预测及趋势分析	王宏博	中国草食动物科学	2016	36	6	14~18	
133	苹果渣生产蛋白饲料的研究进展	赵　萍 张　茜	中国草食动物科学	2016	36	3	54~59	
134	肉牛日常饲养技术与管理	程富胜	中国草食动物科学	2016			101~103	
135	奶牛健康养殖重要疾病防控关键技术研究	严作廷	中国科技成果	2015	18		30~33	
136	酮病治疗对奶牛总抗氧化能力的影响	李亚娟 董书伟	中国奶牛	2016		8	32~34	
137	氨气对鸡群的危害及防治方法	谢家声 王贵波	中国禽业导刊	2016	33	9	70~72	
138	丹参酮乳房注入剂中有效成分含量测定	黄　鑫 郭文柱	中国兽药杂志	2016	50	9	53~57	

（续表）

序号	论文名称	主要完成人	刊物名称	年	卷	期	页码	备注
139	高效液相色谱法测定二氧化氯固体消毒剂中 DL-酒石酸的含量	张景艳 陈化琦	中国兽药杂志	2016	50	10	40~43	
140	两种定值方法测定阿司匹林丁香酚酯对照品的含量	杨青青 李剑勇	中国医院用药评价与分析	2016	16	11	1466~1468	
141	中西兽药结合治疗安卡红种公鸡冠癣 420 例	张仁福 谢家声	中兽医学杂志	2016		3	7	
142	宫康中水苏碱含量测定	苗小楼	中兽医医药杂志	2016	35	5	69~71	
143	中国藏兽医药数据库系统建设与研究	尚小飞	中兽医医药杂志	2016	35	5	85	
144	两种多糖对家兔眼刺激性试验	张　哲 李宏胜	中兽医医药杂志	2016		1	35~37	
145	犊牛腹泻血液生化指标与主成分分析研究	妥　鑫 刘永明	中兽医医药杂志	2016		3	14~17	
146	犊牛腹泻病原调查及与临床症状相关性分析	王胜义	中兽医医药杂志	2016		2	7~10	
147	中兽医药学资源抢救与整理的重要性浅述	王贵波	中兽医医药杂志	2016	35	4	77~80	
148	博物学素养与现代医药学研究	杨亚军	中兽医医药杂志	2016	35	4	74~76	
149	常山碱对小鼠巨噬细胞功能的影响	郭志廷	中兽医医药杂志	2016	35	4	34~35	
150	藿芪灌注液治疗奶牛卵巢静止和持久黄体临床试验	严作廷	中兽医医药杂志	2016	35	5	51~54	
151	丁香酚解热作用机理研究进展	杨亚军	中兽医医药杂志	2016	35	5	24-27	
152	甘肃中部干旱山区党参覆膜栽培技术研究	代立兰 张怀山	中兽医医药杂志	2016		6	52~55	
153	中（兽）药毒性及其研究方法新进展	程富胜	中兽医医药杂志	2016		6	81~84	

（八）出版著作

见表 2-5。

表 2-5 出版著作名录

序号	论著名	主 编	出版单位	年份	字数（万字）
1	猪病临床诊疗技术与典型案例	刘永明 赵四喜	化工出版社	2016	56
2	天然产物丁香酚的研究与应用	李剑勇 杨亚军	中国农业科学技术出版社	2016-3	32.5
3	传统中兽医诊病技巧	郑继方 罗永江 辛蕊华	中国农业出版社	2016-05	29.6
4	猪病防治及安全用药	罗超应 王贵波	化学工业出版社	2016-07	29.7
5	鸡病防治及安全用药	李锦宇 谢家声	化学工业出版社	2016-05	26.8
6	犬体针灸穴位刺灸方法	罗超应 王贵波等	化学工业出版社	2016-07	视频，含 8 张图（67 分钟）
7	藏羊科学养殖实用技术手册	梁春年	中国农业出版社	2016	21
8	羊病防治及安全用药	辛蕊华 郑继方 罗永江	化学工业出版社	2016	26.1
9	青藏高原绵羊牧养技术	王宏博	甘肃科学技术出版社	2016	32
10	绵羊营养与饲料	王宏博	甘肃科学技术出版社	2016	30
11	放牧牛羊高效养殖综合配套技术	朱新书	甘肃科学技术出版社	2016	24
12	分子生物学核心理论与应用	王晓力	中国原子能出版社	2015	65.2
13	中国农业科学院兰州畜牧与兽药研究所规章制度汇编	杨志强 赵朝忠	中国农业科学技术出版社	2015	39.3
14	农业科研单位常用文件摘编	杨志强 赵朝忠 王学智 肖 堃	中国农业科学技术出版社	2015	42.2
15	西部旱区草品种选育与研究	杨红善 常根柱	甘肃科学技术出版社	2016	33
16	细毛羊生产技术	郭 健	甘肃科学技术出版社	2016	24
17	生态土鸡健康养殖技术	蒲万霞	甘肃科学技术出版社	2016	27

五、科研项目申请书、建议书题录

见表 2-6。

表 2-6 科研项目申请书和建议书题录

序号	项目类别	项目名称	申报人
1	甘肃省科技厅计划项目	甘肃优质肉牛选育及提质增效关键技术集成与示范	阎 萍
2		天祝白牦牛毛绒纤维品质改良技术研究与示范	梁春年
3		藏药蓝花侧金盏杀螨物质基础及驯化栽培研究	潘 虎
4		动物血液原虫病药物的研制与应用	李 冰
5		益生菌发酵黄芪茎叶及新活性成分的研究与应用	张景艳
6		抗球虫中兽药常山口服液的研制	郭志廷

（续表）

序号	项目类别	项目名称	申报人
7	甘肃省科技厅计划项目	防治奶牛子宫内膜炎新兽药的示范与推广	苗小楼
8		甘肃省主产道地中药材重金属富集与分布水平研究	崔东安
9		河谷型城市河流水体缓解城市热岛的机制研究	李润林
10		锰离子对小肠上皮细胞金属转运蛋白 FPN1、DMT1 表达的影响及调控机制	王　慧
11		基于代谢组学的西马特罗在肉羊体内代谢残留机制研究	熊　琳
12	国家自然科学基金项目	荒漠灌木沙拐枣抗旱基因的发掘及遗传变异分析	张　茜
13		牦牛大脑线粒体能量代谢适应低氧环境的分子调控特征研究	梁春年
14		常山乙素抗鸡柔嫩艾美耳球虫子孢子入侵的作用机制	王　玲
15		中国牛源和人源无乳链球菌遗传相关性及耐药变化规律研究	李宏胜
16		酵母多糖对巨噬细胞极化及吞噬功能调节机制的研究	程富胜
17		犊牛腹泻辨证与辨病相结合及其免疫学基础研究	罗超应
18		miR-383 对牦牛骨骼肌卫星细胞增殖和分化的调控机制研究	吴晓云
19		miR-125b 介导 FGF5 表达调控绒山羊次级毛囊周期性发育的机制研究	袁　超
20		牧草根系分泌物对盐碱地改良与土壤微生物影响的相关性研究	朱新强
21		紫花苜蓿航天诱变多叶性状突变体遗传特性研究	杨红善
22		疯草内生真菌 undifilum oxytropis 产苦马豆素生物合成机理研究	郝宝成
23		N-乙酰半胱氨酸介导的牛源金黄色葡萄球菌青霉素敏感性的调节机制研究	杨　峰
24		基于 LC-MS/MS 技术的奶牛胎衣不下基本病机“血瘀”生物学本质的代谢组学研究	崔东安
25		基于基因芯片技术研究黄花补血草补血作用机理	刘　宇
26		基于中枢 Fos/Jun 蛋白与阿片肽基因表达调控的犬电针镇痛作用机制研究	王贵波
27		基于生物膜黏附阻断的香樟精油抗子宫内膜炎致病性大肠杆菌的分子机制	王　磊
28		发酵黄芪多糖对鸡肠道乳酸菌 FGM 表面黏附蛋白的表达调控研究	张景艳
29		AEE 基于抗炎和调节肠道菌群作用控制肥胖的机理研究	孔晓军
30		基于代谢组学的西马特罗在肉羊体内代谢分布及残留生物标志物的研究	熊　琳
31		锰离子对小肠粘膜组织蛋白表达的影响及其作用机制研究	王　慧
32	2016 年国家重点研发计划	畜禽营养代谢与中毒性疾病防控技术研究	刘永明
33		畜禽重要病原耐药性检测与控制技术研究	李剑勇
34	兰州市科技成果转化项目	新型高效牛羊微量元素舔砖的产业化与示范推广	王　瑜
35		奶牛隐性乳房炎诊断液 LMT 的产业化	李新圃
36	兰州市科技发展计划项目	防治奶牛胎衣不下中兽药制剂“归芎益母散”的创制	崔东安
37		中兽药“复方蒲公英”颗粒剂的开发研究	李新圃
38		治疗奶牛乳房炎中药新制剂的研究与开发	王东升
39	甘肃省农牧厅项目	秸秆饲料化利用技术研究与示范推广	贺泂杰

（续表）

序号	项目类别	项目名称	申报人
40	甘肃省农业生物技术研究与应用开发项目	益生菌生物转化黄芪废弃物新技术研究与应用	张景艳
41		藏羊高寒低氧适应 lncRNA 鉴定及遗传机制研究	孙晓萍
42		冷却牦牛肉中微生物多样性及其致腐机制研究	吴晓云
43	2017 年畜牧业领域标准建议征集	牦牛冷冻精液生产技术规程	阎　萍
44		牦牛选种选配技术规程	阎　萍
45		兰州大尾羊	高雅琴
46		牛奶中体细胞测定方法　体细胞测定仪法	高雅琴
47		畜禽品种（配套系）羊　高山美利奴羊	杨博辉
48		肥羔生产技术规范	牛春娥
49		青海高原牦牛	郭　宪
50		帕里牦牛	郭　宪
51		牦牛生产技术规程	郭　宪
52		有机牦牛饲养管理技术规程	梁春年
53		牦牛种公牛选育技术规程	梁春年
54		牦牛抓绒技术规程	梁春年
55		标准化牦牛养殖场建设规范	梁春年
56		牦牛犊牛肉生产技术规范	梁春年
57		巴州牦牛	梁春年
58		食用苜蓿技术标准规范	田福平
59	2016 年度基本科研业务费申报	极端环境下牦牛瘤胃甲烷排放代谢模式及生物学调控机理	丁学智
60		新兽药“射干地龙颗粒”的集成示范与推广应用	辛蕊华
61		农业科研创新卓越团队评价、遴选与高效协作机制研究	王学智
62		预防奶牛乳房炎新型菌体-糖蛋白复合疫苗的研究与应用	李宏胜
63		张掖肉牛无角性状分子鉴定技术研究与应用	郭　宪
64		长毛白牦牛选育及毛用性能研究	包鹏甲
65		8 种双酚类环境激素同步检测方法研究及其在牛奶中的安全性评价	熊　琳
66		高山美利奴羊选育提高及全产业链模式示范与推广	岳耀敬
67		基于转录组测序的藏羊低氧适应性候选基因和 LncRNA 功能分析	刘建斌
68		基于 CRISPR/Cas9 系统构建 FecB 基因定点突变绵羊研究	袁　超
69		中兽药穴位埋植剂防治奶牛繁殖障碍病的研究	仇正英
70		治疗犬慢性心力衰竭新型中兽药创制及应用	张　凯
71		传统中兽医药资源的抢救与整理	王贵波
72		奶牛胎衣不下的血浆 LC-MS/MS 代谢组学研究	崔东安
73		基于系统生物学策略研究奶牛蹄叶炎的发病机制	董书伟

（续表）

序号	项目类别	项目名称	申报人
74	2016 年度基本科研业务费申报	锰离子对小肠上皮细胞金属转运蛋白 FPN1、DMT1 表达的影响及调控机制	王　慧
75		白虎汤与气分证方证对应的分子机理研究	张世栋
76		新型噁唑烷酮类抗感染兽用药物研制	周绪正
77		新噁唑烷酮类抗菌兽药评价的 PK-PD 联合模型研究	李　冰
78		中国藏兽医药数据库建设及藏兽药物质基础研究	尚小飞
79		AEE 控制肥胖的作用机理研究	孔晓军
80		复方抗寄生虫原位凝胶新制剂的研制	刘希望
81		非甾体抗炎药物 AEE 的研制	焦增华
82		截短侧耳素类新兽药“羟啶妙林”的研发	尚若锋
83		茶树纯露化学成分及微生物杀灭研究	刘　宇
84		奶牛养殖环境中耐药数据库建设及生态安全评价研究	蒲万霞
85		抗球虫中兽药常山口服液的研制	郭志廷
86		疯草内生真菌 undifilum oxytropis 产苦马豆素生物合成机理研究	郝宝成
87		旱生牧草种质资源收集、评价、保护及开发利用研究	胡　宇
88		黄土高原不同生长年限紫花苜蓿光合机制和营养价值研究	崔光欣
89		牧草航天诱变新品种选育及抗逆性主要调控基因挖掘	杨红善
90		荒漠灌木沙拐枣抗旱基因发掘及分子育种研究	张　茜
91		转化双价离子区域化功能基因改良早熟禾抗逆性的研究	王春梅
92		红三叶航天品种（系）选育及综合利用研究	周学辉
93		西北地区道地中药材资源圃创制研究	董鹏程
94		河西走廊草畜耦合新技术研究与示范	杨世柱
95	2017—2019 年度基本科研业务费项目入库	经方白虎汤调控细胞外抗原交叉呈递的作用机制	张世栋
96		牛羊寄生虫病变异监测规范和数据标准	周绪正
97		牛羊养殖基础性数据调研及监测	高雅琴
98		重要畜禽营养代谢病与中毒病监测规范和数据标准	李建喜
99		牛细菌性腹泻病的病原谱调查及耐药性监测研究	魏小娟
100		分子印迹聚合物在药物筛选应用中的关键作用机理研究	杨亚军
101		发酵黄芪多糖对益生菌 FGM 黏附蛋白功能的影响	张景艳
102		无角牦牛全基因组选择技术研究	梁春年
103		航天诱变白花苜蓿耐盐相关基因的功能研究	段慧荣
104		基于全基因组重测序的高山美利奴羊遗传图谱构建及羊毛品质相关候选基因筛选	郭婷婷
105		疯草内生真菌 undifilum oxytropis 产苦马豆素生物合成机理研究	郝宝成
106		阿维菌素类药物透皮剂的研制	程富胜

（续表）

序号	项目类别	项目名称	申报人
107	2017—2019 年度基本科研业务费项目入库	广谱抗菌药物的合成与筛选	李　冰
108		陇中青东丘陵农牧区旱生、寒生牧草资源圃的创制研究	李润林
109		甘南牧区草畜结合配套技术集成试验与示范	时永杰
110		N-乙酰半胱氨酸介导的牛源金黄色葡萄球菌青霉素敏感性的调节机制	杨　峰
111		香樟精油对奶牛子宫内膜炎致病性大肠杆菌生物膜黏附的阻断机制	王　磊
112		牦牛 miR-652 对成肌细胞增殖和分化的调控机制研究	吴晓云
113		藿芪灌注液治疗奶牛卵巢疾病性不孕症的作用机理	王东升
114		饲用高粱安全高效利用技术研究	朱新强
115		天然产物及其衍生物杀虫杀螨活性及作用机理研究	尚小飞
116		基于转录组学分析阿司匹林丁香酚酯防治大鼠血栓的作用机制	秦　哲
117		茶树油化学成分及微生物杀灭研究	刘　宇
118		细毛羊联合育种网络平台开发与应用	袁　超
119		旱生牧草种质资源收集、评价、保护及开发利用研究	胡　宇
120		射干地龙汤调控转录因子活化蛋白-1（AP-1）治疗支气管哮喘的机制研究	辛蕊华
121		防治奶牛乳房炎的饲料添加剂的研制	董书伟
122		牦牛共轭亚油酸沉积规律及其瘤胃微生物调控机理研究	王宏博
123		非甾体抗炎药物 AEE 的片剂创制及评价	焦增华
124		河西走廊地区饲草贮存加工关键技术研究	王春梅
125		抗牛病毒性腹泻病病毒的藏兽药体外筛选及小复方制备	张　康
126		红三叶航天诱变新品种选育研究	周学辉
127		奶牛乳房炎靶向透皮治疗药物及其制剂的研制	王　玲
128		抗球虫中药的筛选及有效物质基础研究	苗小楼
129	2017 年农业行业标准制定和修订项目任务申报	牦牛冷冻精液生产技术规程	阎　萍
130		帕里牦牛	郭　宪
131		羊毛中有色纤维测定——对比照明计数法	郭天芬
132	2017 年国家重点研发计划	中兽医药现代化与绿色养殖技术研究	李建喜
133		新型动物药剂创制与产业化	张继瑜 李剑勇 梁剑平
134		畜禽群发普通病防控技术研究	严作廷

六、研究生培养

见表 2-7。

表 2-7　研究生情况表

序号	导师姓名	专业	2016 年招生情况			2016 年毕业情况		
			学生姓名	所在学校	类别	学生姓名	所在学校	类别
1	杨志强	基础兽医学				林　杰	研究生院	硕士

（续表）

序号	导师姓名	专业	2016 年招生情况			2016 年毕业情况		
			学生姓名	所在学校	类别	学生姓名	所在学校	类别
2	张继瑜	基础兽医学	刘利利	研究生院	博士	文　豪	研究生院	硕士
			白玉彬	研究生院	硕士			
3	刘永明	临床兽医学				黄美州	研究生院	硕士
4	李剑勇	基础兽医学	黄美州	研究生院	博士	Isam Karam	研究生院	博士
			张振东	研究生院	硕士	许春燕	甘肃农业大学	硕士
			焦钰婷	甘肃农业大学	硕士			
5	李建喜	基础兽医学	梁子敬	研究生院	硕士			
6	郑继方	中兽医学				彭文静	研究生院	硕士
7	梁剑平	基础兽医学	付运星	研究生院	博士			
			牛　彪	研究生院	硕士			
			高　艳	甘肃农业大学	硕士			
8	阎　萍	动物遗传育种与繁殖	陈富强	研究生院	硕士	佘平昌	研究生院	硕士
			龚　雪	甘肃农业大学	硕士	王英杰	甘肃农业大学	硕士
			贾聪俊	研究生院	博士	李明霞	甘肃农业大学	硕士
			GOSHU HABTAMU ABERA	研究生院	博士			
9	杨博辉	动物遗传育种与繁殖	陈来运	研究生院	硕士	韩吉龙	研究生院	博士
			付雪峰	甘肃农业大学	博士	张玲玲	研究生院	硕士
10	李宏胜	临床兽医学	白东东	研究生院	硕士			
11	王学智	临床兽医学	侯庆文	研究生院	硕士	曹明泽	研究生院	硕士
12	严作廷	临床兽医学	邵　丹	研究生院	硕士			
			喻　琴	甘肃农业大学	硕士			
13	蒲万霞	基础兽医学	赵吴静	研究生院	硕士			
			侯　晓	甘肃农业大学	硕士			
14	吴陪星	临床兽医学	祁晓晓	研究生院	硕士			
15	周绪正	基础兽医学	董　朕	研究生院	硕士			

七、学术委员会

主　任：　杨志强

副主任：　张继瑜

秘　书：　王学智

委　员：　夏咸柱　南志标　吴建平　才学鹏　杨志强　张继瑜　刘永明　杨耀光
郑继方　吴培星　梁剑平　杨博辉　阎　萍　时永杰　常根柱　高雅琴
王学智　李建喜　李剑勇　严作廷

第三部分　人才队伍建设

一、创新团队

2016年，创新工程进入全面实施阶段。“奶牛疾病”“牦牛资源与育种”“兽用化学药物”“兽用天然药物”“兽药创新与安全评价”“中兽医与临床”“细毛羊资源与育种”“寒生旱生灌草新品种选育”8个创新团队顺利通过试点期评估，获得中国农业科学院科技创新工程经费1 274万元。为充分调动科研人员的能动性和创造力，遵循协同、高效的原则，整合科技资源，优化重组科研团队。全所创新团队现有科研人员93人，其中团队首席8人、团队骨干37人、团队助理48人。

机制创新是创新工程顺利实施和研究所快速发展的根本保障。为进一步发挥创新工程对科研的引领和撬动作用，结合研究所实际，先后制订修订规章制度15个。通过办法的实施，有力推动了研究所科技创新工作，有效发挥了创新工程对改革发展的促进作用，进一步激发了全所干部职工创新热情，为建立健全以绩效管理为核心的创新机制奠定了基础，科技创新取得重大进展。研究所科技投入实现新的增长，科研成果大幅增加，科研论文质量、专利数量有了明显上升，成果转化有了新的进展。

（一）奶牛疾病创新团队

奶牛疾病创新团队共有13名成员。团队首席杨志强研究员，研究骨干岗位5人，研究助理岗位8人；其中研究员4人，副研究员3人，助理研究员6人；博士4人，硕士6人。团队主要从事奶牛重要疾病的基础、应用基础和应用研究。开展了奶牛蹄叶炎和奶牛子宫内膜炎致病机制相关蛋白组学研究及白虎汤干预下家兔气分证证候相关蛋白互作机制研究。进行了治疗犊牛腹泻、奶牛卵巢静止、持久黄体、子宫内膜炎中兽药的研究，开展了预防奶牛营养缺乏症营养添砖和缓释剂的研究。进行了奶牛乳房炎流行病学调查、主要病原菌血清型分型分布及耐药基因研究，进行了奶牛乳房炎多联苗的研制及应用。发表论文34篇，其中SCI论文7篇；出版著作2部。获得专利26件，其中发明专利4件。验收课题4项；研制出疫苗1种、新兽药制剂1种。培训基层兽医及畜牧人员80人次。培养研究生1名

（二）牦牛资源与育种创新团队

牦牛资源与育种团队共有17名成员。团队首席阎萍研究员；骨干岗位4人，助理岗位12人；研究员3名，副研究员8名，助理研究员6人。本年度主要围绕牦牛角性状的遗传解析研究等领域开展了大量研究工作。共发表论文22篇，其中SCI论文11篇；出版著作4部；授权专利60件；创收42.082万元；获得全国农牧渔业丰收奖二等奖1项。派出1人到英国皇家兽医学院进行为期半年的交流与合作，派出3人次进行短期学术交流。

（三）兽用化学药物创新团队

兽用化学药物创新团队首席为李剑勇研究员，团队人数为8人，包括首席专家1名、骨干（副研究员）1名，助理（助理研究员）6名。其中2人具有博士学位、4人具有硕士学位。兽用化学药物创新团队开展了兽用化学药物研制相关的基础研究和应用研究。团队成员专业涵盖药物化学、药物分析、临床兽医学及分子生物学等专业。成员分工明确、结构合理，形成了一支具有较强创新

力和凝聚力的研究团队。出版著作1部；发表论文7篇，其中SCI论文3篇；授权国家发明专利2件，授权实用新型发明专利6件；培养博士研究生1名（留学生），硕士研究生2名，团队引进药物分析检测成员1名；3人赴南非夸祖鲁纳塔尔大学进行学术交流访问。

（四）兽用天然药物创新团队

兽用天然药物创新团队首席为梁剑平研究员，团队人数为11人，其中研究员2人，副研究员4人，助理研究员5人，都是硕士研究生及以上学历，科研方向合理，具备一定的科研竞争力。通过对创新团队团队意识的培养，不断提升团队凝聚力、创新力和竞争力。营造善于创新、崇尚竞争、不断学习、开放包容的科研环境，为团队成员创造一个公平竞争、和谐向上的成长环境，增强科研内聚力。发表论文10篇；授权发明专利10件，实用新型专利8件；培养研究生7名；获得甘肃省技术发明三等奖1项。

（五）兽药创新与安全评价创新团队

兽药创新与安全评价创新团队首席为张继瑜研究员，团队人数为9人，其中研究员2人，副研究员5人，助理研究员2人；博士3人，硕士4人。主要进行细菌耐药性机理研究和新药筛选、兽用抗寄生虫原料药和制剂的研制研究、抗寄生虫和抗病毒药物靶标筛选、筛选方法及其体系构建，抗动物原虫、抗菌抗炎药物的研制与开发，新型纳米载药系统构建、兽药新复方制剂和新型剂型开发、制剂新辅料研究；药理毒理学主要开展新兽药作用机理与毒性机制、抗生素耐药机理研究、化学药物和抗生素兽药残留及其对食品安全的影响，中兽药安全评价体系。立足现代化、新技术、新方法，开展兽用天然药物新制剂、质量控制方法及技术研究。取得国家新兽药证书3个，其中国家二类新兽药2个，国家三类新兽药1个；授权国家发明专利2件，实用新型专利9件；发表论文20篇，其中SCI收录3篇；获得软件著作权1项；培养博士后1人，硕士研究生1名；获2016年兰州市技术进步二等奖1项。成果转让3项，转让金额75.8万元。

（六）中兽医与临床创新团队

中兽医与临床创新团队首席为李建喜研究员，团队人数为14人，其中研究员4人，副研究员3人，助理研究员7人。重点研究方向为中兽医针灸效应物质基础、中兽医理论与方法、中兽医群体辨证施治、传统兽医药资源整理与利用、中兽医分子生物学、中兽医药现代化与新产品创制、中西兽医结合防治畜禽疾病新技术等研究。2016年度将奶牛乳房炎和子宫内膜炎等主要普通病的防控技术进行集成示范推广，完成了奶牛胎衣不下中兽药“宫衣净酊”的质量标准优化，开展了防治奶牛子宫内膜炎植物精油的研究与应用，开展了本研究领域奶牛产业技术国内外研究进展、省部级科技项目、从业人员、仪器设备、国外研发机构数据调查，建立了网络版奶牛体系疾病控制数据共享平台数据库。出版著作5部，发表论文28篇，其中SCI文章3篇；培养研究生3名，培养博士后1名；制订地方行业标准2项；获得甘肃省科技进步二等奖1项；8人赴泰国、爱尔兰、日本、俄罗斯、英国等参加国际学术交流。转化科技成果4项，转化经费62万元。

（七）细毛羊资源与育种创新团队

细毛羊资源与育种创新团队首席为杨博辉研究员，团队人数为9人，其中研究员1人，副研究员4人，助理研究员4人；其中博士3人，硕士3人。重点开展细毛羊重要基因资源发掘、评价、鉴定、编辑及种质创新，解析细毛羊产品产量、产品品质、抗病性、抗逆性、高原适应性等重要性状形成的分子遗传机理，挖掘一批具有重要应用价值和自主知识产权的功能基因，研究重要性状多基因聚合的分子标记辅助选择技术，突破基因克隆及功能验证、转基因和全基因组选择等关键技术。高山美利奴羊发展提高、品种整体结构建立及扩繁推广，培育高山美利奴羊超细品系、无角品系和多胎品系；在甘肃、青海、新疆、内蒙古、吉林等省推广高山美利奴羊种羊8 000只、改良细毛羊100万只；建成羊增产增效牧区“放牧+补饲—草原肥羔全产业链绿色增产增效技术集成模式”和农区“种、养、加、销一体化生态循环—绿色肉羊全产业链增产增效技术集成模式”。“高山美利奴羊新品种培育及应用”获甘肃省科技进步一等奖和中国农业科学院科技奖杰出科技创新奖。审订国家标准1项；授权发明10件，实用新型14件；发表学术论文13篇，其中SCI论文4篇；培养研究生5名；1人赴国际家畜研究所开展国际合作研究；建立试验基地5个，设示范点3个，合作社2个，带动5个乡镇50余示范户；培训岗位人才16人次，共计1 231人次。

（八）寒生、旱生灌草新品种选育创新团队

寒生、旱生灌草新品种选育创新团队首席为田福平副研究员，团队人数为15人，其中研究员1人，副研究员3人，助理研究员10人。寒生、旱生灌草新品种选育创新团队立足黄土高原和青藏高原，开展草业及草畜结合产业技术的基础、应用基础和应用创新研究，主攻西部优势牧草品种选育和抗逆品种引进及驯化，开展牧草种质资源、草地生态、饲草饲料研究，兼顾新技术、新品种推广及产业化开发，为国家和地方草产业的健康、持续发展和生态环境建设提供技术支撑。

寒生、旱生灌草新品种选育创新团队2016年度整理整合寒生、旱生灌草基因资源650份，培育优质寒生、旱生灌草植物新品系9个；出版专著2部，发表论文17篇，其中SCI论文4篇；授权发明专利8件，实用新型专利26件；培养研究生1名；科技成果转化3项，转让金额35万元。

二、职称职务晋升

根据《中国农业科学院关于公布2015年度晋升专业技术职务任职资格人员名单的通知》（农科院人〔2016〕118号）文件精神，2015年度我所有13人晋升专业技术职务，其中：

（一）高级技术职务

研究员：梁春年　潘　虎　杨振刚

副研究员：王东升　路远　裴杰　魏小娟

以上7人专业技术职务任职资格和专业技术职务聘任时间均从2016年1月1日算起。

（二）中级技术职务

助理研究员：王　慧　王　磊　崔东安　袁　超　王娟娟

以上5人任职资格和专业技术职务聘任时间均从2015年7月1日算起。

实验师：冯锐　任职资格和专业技术职务聘任时间均从2015年12月25日算起。

第四部分　条件建设

一、购置的大型仪器设备

2016 年度修购专项“修购专项——牧草新品种选育及草地生态恢复与环境建设研究仪器设备购置项目”，购置仪器设备 18 台套（表 4-1）。

表 4-1　项目购置的仪器设备清单

序号	仪器名称	数量	价格（万元）	存放地点
1	全自动人工气候室	1		草业饲料研究室
2	植物生理生态监测系统	1		草业饲料研究室
3	土壤养分测定仪	1	168.38	草业饲料研究室
4	自动土壤呼吸监测系统	1		草业饲料研究室
5	总有机碳分析仪	1		草业饲料研究室
6	便携式植物压力室	1		草业饲料研究室
7	叶片光谱探测仪	1		草业饲料研究室
8	植物多酚-叶绿素测量计	1	128.80	草业饲料研究室
9	移动式激光 3D 植物表型平台	1		草业饲料研究室
10	多功能酶标仪	1		草业饲料研究室
11	实时荧光定量 PCR 仪	1		草业饲料研究室
12	核酸提取系统	1	136.92	草业饲料研究室
13	双向电泳系统	1		草业饲料研究室
14	溶液养分分析系统	1		草业饲料研究室
15	植物种子分析仪	1		草业饲料研究室
16	种子成熟度分析仪	1	107.80	草业饲料研究室
17	冷冻切片机	1		草业饲料研究室
18	近红外成分测定仪	1		草业饲料研究室
合计		18	541.90	

2016 年度基本建设项目“中国农业科学院兰州畜牧与兽药研究所兽用药物创制重点实验室建设项目”，当年购置仪器设备 12 台套（表 4-2）。

表 4-2　项目购置的仪器设备清单

序号	仪器名称	数量	价格（万元）	存放地点
1	超高效液相色谱仪	1	58.50	兽药研究室
2	高效液相色谱仪	1	54.00	兽药研究室
3	激光共聚焦显微镜	1	180.00	兽药研究室

（续表）

序号	仪器名称	数量	价格（万元）	存放地点
4	流式细胞仪	1	69.22	兽药研究室
5	实时荧光定量 PCR 仪	1	41.70	兽药研究室
6	活细胞工作站	1	77.50	兽药研究室
7	遗传分析仪	1	69.58	兽药研究室
8	多用电泳仪	1	39.00	兽药研究室
9	多功能酶标仪	1	39.70	兽药研究室
10	蛋白纯化自动分析系统	1	39.20	兽药研究室
11	动物活体取样系统	1	59.65	兽药研究室
12	超高速冷冻离心机	1	54.80	兽药研究室
合计		12	782.85	

二、实施项目

（一）中国农业科学院兰州畜牧与兽药研究所试验基地建设项目

来源：中央政府公共投资基建项目

年度建设内容：

1. 完成了项目一、二标段工程实验用房内外水电暖通风设备安装及装饰装修工程；完成牛羊舍、饲料加工车间、草棚、兽医室、门房等建筑安装工程及配套设施建设，对牛羊试验区道路进行了硬化，铺设滴灌设施等。

2. 完成了项目三标段工程公开招标。4 月 26 日开工建设。开工后完成了钢结构牛羊附属用房建设，田间混凝土道路铺设，道路绿化及亮化工程，土地平整工程、机井工程等。

3. 完成农机具、电热锅炉、皮卡车、试验台等设备的采购、安装、试运行。

4. 项目 3 个标段工程预验收。

投资规模：2 180 万元

（二）中国农业科学院兰州畜牧与兽药研究所兽用药物创制重点实验室建设项目

来源：中央政府公共投资基建项目

年度建设内容：

1. 确定了仪器设备采购招标代理。完成了仪器招标参数论证并完成公开招标。

2. 采购仪器设备 12 台套（表 4-3）：

表 4-3　项目购置的仪器设备清单

序号	仪器名称	数量	价格（万元）	存放地点
1	超高效液相色谱仪	1	58.50	兽药研究室
2	高效液相色谱仪	1	54.00	兽药研究室
3	激光共聚焦显微镜	1	180.00	兽药研究室
4	流式细胞仪	1	69.22	兽药研究室
5	实时荧光定量 PCR 仪	1	41.70	兽药研究室
6	活细胞工作站	1	77.50	兽药研究室
7	遗传分析仪	1	69.58	兽药研究室

（续表）

序号	仪器名称	数量	价格（万元）	存放地点
8	多用电泳仪	1	39.00	兽药研究室
9	多功能酶标仪	1	39.70	兽药研究室
10	蛋白纯化自动分析系统	1	39.20	兽药研究室
11	动物活体取样系统	1	59.65	兽药研究室
12	超高速冷冻离心机	1	54.80	兽药研究室
合计		12	782.85	

投资规模：2180 万元

（三）修购专项——公共安全项目：农业部兰州黄土高原生态环境重点野外科学观测试验站观测楼修缮项目

来源：中央级科学事业单位修缮购置专项资金（基础设施改造类项目）

年度建设内容：

1. 加固及维修工程

对观测楼地基及基础、墙面、梁柱、屋面板进行了加固。

2. 屋面保温及防水改造工程

拆除原有屋面防水层，改做挤塑聚苯板保温，铺设防水卷材。

3. 室内外墙面、天棚、地面工程

对重新粉刷内、外墙涂料。外墙增加挤塑聚苯板，贴外墙砖。卫生间、走廊墙体贴砖。

拆除原有楼地面，重新铺设玻化砖，走廊及楼梯间为花岗岩面层，厨房卫生间地面设防水。

拆除原石膏板吊顶，改为轻钢龙骨矿棉板吊顶。

4. 门窗更换：拆除旧门窗，更换为断桥隔热平开窗、钢制保温防盗门。

5. 给排水、暖通、电气改造：更换部分老化电线及灯具，更换卫生洁具及管线，铺设给排水管线，采暖系统，喷淋系统，消火栓系统，动力照明、综合布线、有线电视、防雷接地，监控系统，火灾报警系统等。

投资规模：1 057.00 万元

（四）修购专项——牧草新品种选育及草地生态恢复与环境建设研究仪器设备购置项目

来源：中央级科学事业单位修缮购置专项资金（仪器设备购置类项目）

年度建设内容：

1. 完成项目进口仪器采购申请；确定了招标代理，完成了招标参数论证；完成了仪器设备公开招标。

2. 购置相关仪器设备 18 台套（表 4-4）。

表 4-4　项目购置的仪器设备清单

序号	仪器名称	数量	价格（万元）	存放地点
1	全自动人工气候室	1		草业饲料研究室
2	植物生理生态监测系统	1		草业饲料研究室
3	土壤养分测定仪	1	168.38	草业饲料研究室
4	自动土壤呼吸监测系统	1		草业饲料研究室
5	总有机碳分析仪	1		草业饲料研究室

（续表）

序号	仪器名称	数量	价格（万元）	存放地点
6	便携式植物压力室	1	128.80	草业饲料研究室
7	叶片光谱探测仪	1		草业饲料研究室
8	植物多酚-叶绿素测量计	1		草业饲料研究室
9	移动式激光3D植物表型平台	1		草业饲料研究室
10	多功能酶标仪	1	136.92	草业饲料研究室
11	实时荧光定量PCR仪	1		草业饲料研究室
12	核酸提取系统	1		草业饲料研究室
13	双向电泳系统	1		草业饲料研究室
14	溶液养分分析系统	1	107.80	草业饲料研究室
15	植物种子分析仪	1		草业饲料研究室
16	种子成熟度分析仪	1		草业饲料研究室
17	冷冻切片机	1		草业饲料研究室
18	近红外成分测定仪	1		草业饲料研究室
合计		18	541.90	

投资规模：805.00万元

（五）中国农业科学院前沿优势项目：牛、羊基因资源发掘与创新利用研究仪器设备购置

来源：中央级科学事业单位修缮购置专项资金（仪器设备购置类项目）

年度建设内容：

1. 完成项目仪器设备的安装调试及试运行，对操作人员进行了培训。

2. 完成了项目资料的收集整理归档，为申请验收做好的准备。

投资规模：625.00万元

三、验收项目

（一）中国农业科学院共建共享项目——张掖、大洼山综合试验站基础设施改造

来源：中央级科学事业单位修缮购置专项资金（基础设施改造类项目）

建设内容：

1. 大洼山综合试验站锅炉煤改气

（1）铺设天然气管道1 680.4m，配置燃气调压柜、燃气调压箱设备；将原有锅炉用房改扩建为天然气热水锅炉用房。

（2）购置并安装2台1.4MW天然气热水锅炉，配套热水循环系统、补水定压系统、软化除氧装置、锅炉房烟囱、通风系统及其他配套设施。

（3）完成基地土地整理、硬化路面、场区建筑的装修、场地护坡工程等。

2. 张掖综合试验站基础设施改造

（1）维修渠道8.1km、渠肩修缮5 000m，修缮单开节制分水闸52座，车桥2座，维修分水口150套。维修水塔1座。

（2）田间道路整修9.657km。平整改良土地143.33亩，修复试验站外围砼界桩80根。安装路灯40盏。

（3）对办公楼水、电、暖设施及墙面、地面等进行了维修。

投资规模：1 057.00 万元

验收意见：受农业部科技教育司委托，农业部科技发展中心于2016年10月21—23日，组织专家对中国农业科学院兰州畜牧与兽药研究所承担的“中国农业科学院共建共享项目——张掖、大洼山综合试验站基础设施改造（编号：125161032201）”项目进行验收。按照《农业部科学事业单位修缮购置专项资金修缮改造项目验收办法（试行）》规定，验收组听取了项目执行情况汇报，查验了项目现场，查阅了工程和财务档案资料，经质询讨论，形成验收意见如下：

1. 项目按批复的实施方案完成了该所综合试验站基础设施改造的建设内容，各项设施设备已投入使用，运行正常。

2. 项目落实了法人责任制，执行了招投标制、合同制和监理制，项目实施管理较规范。

3. 项目经费使用情况经甘肃立信浩元会计师事务有限公司审计，财务管理较规范，符合《中央级科学事业单位修缮购置专项资金管理办法》及有关规定。

4. 项目档案资料较齐全，已分类立卷。

通过项目实施，完善了该所综合试验站的基础设施条件。大洼山基地锅炉煤改气工程全面解决了该基地供暖和热水供应需求；张掖综合试验站水、电、路、渠等基础设施改造，扩大了科研试验用地面积，办公区条件得到改善，为试验基地可持续发展奠定了较好的基础。

经研究，验收组同意项目通过验收。

（二）中国农业科学院公共安全项目–所区大院基础设施改造

来源：中央级科学事业单位修缮购置专项资金（基础设施改造类项目）

建设内容：

1. 所区大院雨水、污水排放管线改造：设置雨水口81个，雨水检查井63个；改造$50m^3$及$100m^3$化粪池各1座，改造排污检查井137个；安装雨、污水管线3 341.25m。

2. 所区大院破损、下沉混凝土道路改造：改造道路8 538.84m^2、树池735个。

3. 所区大院破旧围墙改造：完成所区大院破旧围墙改造1 003m。

4. 对科技培训中心一至六楼卫生间、大院监控设备、办公区局部电路进行了改造。

投资规模：650.00 万元

验收意见：受农业部科技教育司委托，农业部科技发展中心于2016年10月21—23日，组织专家对中国农业科学院兰州畜牧与兽药研究所承担的“中国农业科学院公共安全项目：所区大院基础设施改造（编号：125161032201）”项目进行验收。按照《农业部科学事业单位修缮购置专项资金修缮改造项目验收办法（试行）》规定，验收组听取了项目执行情况汇报，查验了项目现场，查阅了工程和财务档案资料，经质询讨论，形成验收意见如下：

1. 项目按批复的实施方案完成了所区大院基础设施改造的建设内容，该项目设施已投入使用，运行正常。

2. 项目落实了法人责任制，执行了招投标制、合同制和监理制，项目实施管理较规范。

3. 项目经费使用情况经甘肃励致安远会计师事务所审计。财务管理较规范，资金管理和使用符合《中央级科学事业单位修缮购置专项资金管理办法》及有关规定。

4. 项目档案资料基本齐全，已分类立卷。

该项目的实施，改善了研究所大院内基础设施，大院雨水和污水排放形成了一个完整的独立系统，通过道路和围墙改造，改善了所区环境。

经研究，验收组同意项目通过验收。

第五部分　党的建设与文明建设

研究所党务工作按照2016年初制定的工作要点，在理论学习、组织建设、工青妇统战工作、党风廉政建设、文明建设、离退休职工管理工作等方面精心组织，狠抓落实，为研究所各项工作的顺利开展提供了坚强保障。

一、理论学习

制定学习计划，有序开展学习教育工作。先后制定《兰州畜牧与兽药研究所2016年党务工作要点》《兰州畜牧与兽药研究所2016年职工学习教育安排意见》以及《兰州畜牧与兽药研究所关于在全体党员中开展“学党章党规、学系列讲话，做合格党员”学习教育实施方案》，对研究所学习教育活动进行了安排，以理论学习中心组、职工大会、部门会议、党支部会议、专题党课、辅导报告、职工自学、研讨交流等形式，开展学习教育活动，确保学习教育活动有序开展。

4月13日，党委书记刘永明主持召开研究所理论学习中心组学习会议，集中学习了习近平总书记关于从严治党的论述和在中纪委十八届六次全会上的讲话，学习了王岐山在中纪委十八届六次全会上的讲话、韩长赋在农业部党风廉政建设会议上的讲话、陈萌山在中国农业科学院党员干部警示教育视频会议上的讲话。与会人员结合学习和研究所科研经费管理进行了交流。

4月15日，为持续开展创先争优活动，深入推进科技创新工程，研究所邀请全国劳动模范、党的第十七次全国代表大会代表、北京市奶牛中心副主任张晓霞高级畜牧师做了题为《立足本职　敬业奉献》的报告。报告会由兰州牧药所所长杨志强主持，全所职工和研究生参加。

5月5日，为深入学习贯彻习近平总书记关于“两学一做”学习教育重要指示和中国农业科学院党组、中共兰州市委“两学一做”学习教育工作部署，研究所召开了“两学一做”学习教育动员部署大会。杨志强所长主持会议，刘永明书记、张继瑜副所长与全体党员参加了会议。会上，杨志强所长传达了习近平总书记关于“两学一做”学习教育重要指示精神。刘永明书记按照中国农业科学院以及兰州市委的要求，结合研究所工作实际，从开展“两学一做”学习教育的重要性和必要性，学习教育要突出重点、把握关键，学习教育要精心组织、确保实效三个方面做了动员部署，正式启动了研究所“两学一做”学习教育工作。

5月6日，刘永明书记主持召开所党委会议，研究确定了研究所“两学一做”学习教育中的11项工作。根据各党支部党员投票推荐情况，确定了优秀共产党员6名，优秀党务工作者2名，先进党支部2个。

5月26日，刘永明书记主持召开党支部书记、委员会议。会上，党办人事处杨振刚处长传达了兰州市委“两学一做”学习教育党务骨干示范培训班培训内容，与会人员对开展“两学一做”学习教育进行了进一步研讨，刘永明书记对做好“两学一做”学习教育进行了再部署。

6月1日，党委书记刘永明主持召开理论学习中心组会议，传达学习中国农业科学院、兰州市委“两学一做”学习教育要求和督导工作方案，学习习近平总书记《把全面从严治党落实到每一个支部》《坚持全面从严治党依规治党创新体制机制强化党内监督》文章，学习习近平总书记在庆祝中国共产党成立95周年大会和全国科技创新大会上的重要讲话精神，学习党的十八届六中全会精神。听取了中共中央党校党建部教授高新民作的《学习党章，尊崇党章，加强党性修养》视频辅导报告。

6月16日，刘永明书记以《落实全面从严治党要求，扎实开展“两学一做”学习教育》为主题，为研究所全体党员做了“两学一做”专题党课。刘永明书记结合学习习总书记系列重要讲话精神，联系研究所实际，从习近平全面从严治党理论形成的时代背景、理论体系和准确领会“两学一做”学习教育精神等方面做了讲解。党课由杨志强所长主持。

6月30日，为深入推进“学党章党规、学系列讲话、做合格党员”学习教育，研究所举办了“两学一做”学习教育知识竞赛活动。所领导班子成员及全体党员参加了活动。竞赛活动以党支部为单位组建7个代表队，每队3人。经过一个多小时的激烈角逐，机关第二党支部获一等奖；离退休党支部、畜牧党支部获二等奖；兽医党支部、兽药党支部获三等奖；草业基地党支部、机关第一党支部获组织奖。

6月30日，为隆重庆祝中国共产党成立95周年，研究所举办了中国共产党成立95周年庆祝大会。大会由研究所所长杨志强主持，所领导班子成员及全体党员参加了大会。伴随着庄严的国歌声，庆祝大会正式拉开帷幕。杨志强所长带领新老党员进行入党宣誓和重温入党誓词。刘永明书记代表所党委向辛勤工作在各个岗位上的广大共产党员致以节日的问候和崇高的敬意。

大会同时表彰了优秀共产党员高雅琴、董鹏程、李剑勇、张小甫、赵朝忠、王学智；优秀党务工作者荔霞、弋振华；先进党支部机关第二党支部、畜牧党支部。向党员先锋岗畜牧党支部“基于单细胞测序研究非编码RNA调控绵羊次级毛囊发生的分子机制”课题组及责任人岳耀敬；兽医党支部“防治仔畜腹泻中兽药复方口服液生产关键技术研究与应用”课题组及责任人王胜义；兽药党支部“新兽药阿司匹林丁香酚酯研制”课题组及责任人杨亚军；党员责任区兽医党支部306实验室及责任人王贵波；党员服务窗口机关第一党支部所史陈列室及责任人符金钟；机关第二党支部老年活动室及责任人荔霞、牛晓荣；草业基地党支部动物实验房及责任人李润林；后勤房产党支部伏羲宾馆总服务台及责任人王晓光进行了授牌。所党委号召广大党员向先进个人和先进集体学习，争做先进，充分发挥共产党员的先锋模范作用。以实际行动，加强研究所党的建设和党员教育管理，提高研究所党建科学化水平，发挥党委在研究所发展中的政治核心作用，保障和促进研究所科技创新和现代农业科研院所建设。

8月12日，研究所所长杨志强围绕“两学一做”学习教育有关要求，聚焦习近平总书记在建党95周年和创新科技三会重要讲话精神，以《不忘初心做合格党员，在争创一流研究所中建功立业》为专题，为研究所全体党员讲了党课。党课由党委书记刘永明主持。

8月25日，兰州牧药所召开理论学习中心组会议，学习习近平总书记在庆祝中国共产党成立95周年大会和全国科技创新大会上的重要讲话精神，听取中共中央党校副教育长、哲学部主任、博导韩庆祥的视频辅导报告，围绕“增强看齐意识，用习近平总书记系列重要讲话精神武装头脑”开展专题研讨。会议由党委书记刘永明主持，所党委委员、全体中层干部、各党支部书记及创新团队首席专家参加了会议。

10月31日，兰州畜牧与兽药研究所理论学习中心组召开会议，学习党的十八届六中全会精神。会议由党委书记刘永明主持，所党委委员、全体中层干部、各党支部书记及创新团队首席专家参加了会议。

11月4日，研究所纪委书记、副所长张继瑜以《共筑中国梦　建设一流研究所》为题，为研究所全体党员讲了“两学一做”专题党课。党课由刘永明书记主持。张继瑜从中国梦是历史的选择、是伟大复兴之路、是中国共产党人的庄严使命等3个方面阐明了实现中国梦是中华儿女的共同期盼，从中国梦的核心内涵、本质属性、世界分享和奋斗目标等4个方面诠释了实现中国梦的思想内涵，以必须走中国道路、必须弘扬中国精神、必须坚持和平发展等3个必须阐述了实现中国梦的实践要求，希望全体职工要通过辛勤诚实劳动、始终艰苦奋斗、加强学科建设、提高创新能力，建设国内领先、国际一流研究所，同心共筑中国梦。

11 月 17—23 日，研究所各党支部牵头，组织在职职工、离退休职工及研究生共 165 人，在兰州市七里河区倚能假日影城观看了《大会师》电影。

12 月 2 日，党委书记刘永明主持召开理论学习中心组会议，学习贯彻党的十八届六中全会精神，开展“两学一做”第四次专题研讨。会议由，全体中层干部、各党支部书记及创新团队首席专家参加了会议。

12 月 28 日，党委书记刘永明主持召开研究所党建工作会议，各党支部的书记、委员参加了会议。本次会议是所党委在研究所党支部换届选举后为加强党建工作、进一步规范组织建设召开的。会上，刘书记带领大家学习了中共中国农业科学院党组《关于进一步加强和改进新形势下思想政治工作的意见》《中共中国农业科学院党组关于印发党风廉政约谈暂行规定的通知》，中共中国农业科学院兰州畜牧与兽药研究所委员会印发的《关于党费收缴使用管理的规定》《关于党支部“三会一课”管理办法》《关于落实党风廉政建设主体责任监督责任实施细则》《党员积分考核管理办法》等文件；学习了支部党建工作有关知识，包括党支部的基本任务与建设要求、党支部书记和支部委员的职责、党支部班子建设等内容。党办人事处杨振刚处长宣读了《中共中国农业科学院兰州畜牧与兽药研究所委员会关于各党支部委员会选举结果暨委员分工的批复》。通过对党建知识的深入学习，支委们进一步掌握了党建工作的方法和要求，有利于提高研究所党建工作规范化和科学化水平。刘永明书记就近期有关党建工作进行了部署。

二、组织建设

制订了《中共中国农业科学院兰州畜牧与兽药研究所委员会关于党费收缴使用管理的规定》《中共中国农业科学院兰州畜牧与兽药研究所委员会关于党支部“三会一课”管理办法》《研究所关于进一步加强和改进新形势下思想政治工作的意见》《研究所学生党员管理办法》等制度。

规范党费收缴管理，在中国农业银行设专户管理党费，党费收缴手续完备，做到了收缴人、交纳人签字，账账相符、账款相符，党费收缴往来凭证归档，留存完整。

6 月 28 日，刘永明书记主持召开所党委会议，会议同意机关第二党支部、草业基地党支部的意见，同意接收杨晓、贺泂杰为中国共产党预备党员。会议审核了兽药党支部、兽医党支部关于确定入党积极分子的意见。

6 月 30 日，刘永明书记主持召开巡视整改专题民主生活会，所班子成员杨志强、张继瑜、阎萍参加了会议。

6 月底，在中国农业科学院开展的 2014—2015 年度优秀共产党员、优秀党务工作者和先进基层党组织评选活动中，研究所党委荣获先进基层党组织称号，党委书记刘永明荣获优秀党务工作者称号，畜牧党支部书记高雅琴荣获优秀共产党员称号。

8 月 18 日，党委书记刘永明主持召开党委会议，研究确定刘永明同志、阎萍同志为兰州市第十三次党代会初步提名人。全体党委委员参加了会议。

12 月 8 日，杨志强副书记主持召开所党委会议。按照中共兰州市委要求，在全体党员推荐的基础上，会议研究同意推荐李剑勇、高雅琴、潘虎为出席党的十九大代表候选人初步人选。刘永明书记（出差）通过电话表达了同意意见，阎萍、杨振刚参加了会议。

12 月 23 日，刘永明书记主持召开所党委会议。会议根据中共兰州市委审查意见，研究决定推荐李剑勇为出席党的十九大代表候选人推荐人选。

12 月 23 日，按照《中共中国农业科学院兰州畜牧与兽药研究所委员会关于党支部调整暨支部委员会换届选举工作的通知》安排，各支部召开党员大会，选举产生了新一届支部委员会，各委员会推荐了书记并明确了委员分工。经所党委会议研究，同意各党支部委员会选举结果及委员分工，批复如下：机关第一党支部委员会由赵朝忠、张继勤、符金钟组成，赵朝忠任书记，张继勤任组织委员，符金钟任宣传委员。机关第二党支部委员会由杨振刚、肖玉萍、周磊组成，杨振刚任书记，肖玉萍任组织委员，周磊任宣传委员。机关第三党支部委员会由肖堃、陈靖、张玉纲组成，肖堃任书记，陈靖任组织委员，张玉纲任宣传委员。畜牧党支部委员会由高雅琴、郭宪、郭婷婷组成，高雅琴任书记，郭宪任组织委员，郭婷婷任宣传委员。兽医党支部委员会由潘虎、王磊、王贵波组成，潘虎任书记，王磊任组织委员，王贵波任宣传委员。兽药党支部委员会由李剑勇、牛建荣、郭文柱组成，李剑勇任书记，牛建荣任组织委员，郭文柱任宣传委员。草业党支部委员会由时永杰、田福平、朱新强组成，时永杰任书记，田福平任组织委员，朱新强任宣传委员。基地党支部委员会由董鹏程、李润林、杨世柱组成，董鹏程任书记，李润林任组织委员，杨世柱任宣传委员。离退休党支部委员会由荔霞、宋瑛、吴丽英、牛晓荣、蔡东峰组成，荔霞任书记，宋瑛任副书记，吴丽英任组织委员，牛晓荣任宣传委员，蔡东峰任纪检委员。

开展了2015年研究所党建述职评议工作，各党支部开展党建述职评议、民主评议党员及巡视整改专题组织生活会等工作。按照中国农业科学院党组部署，召开了2015年度领导班子“三严三实”专题民主生活会。

三、工青妇、统战工作

3月4日，研究所举行了庆祝“三八”妇女节联欢活动。

3月10日，研究所第四届职工代表大会第五次会议在研究所科苑东楼七楼会议厅召开。会议听取了杨志强所长代表所班子作的2015年工作报告及财务执行情况报告。代表们分3个小组认真讨论和审议了杨志强所长的报告，并对研究所的发展提出了建设性的意见和建议。杨志强所长还对代表们提出的意见和建议进行了说明。

5月6日，为弘扬和传递“改善环境质量，建设美丽兰州”的理念，研究所组织职工31人参加了由兰州市七里河区文明委“关爱母亲河”志愿服务活动。

6月，在中国农业科学院开展的2012—2015年度“十佳青年”“青年文明号”评选表彰活动中，高山美利奴羊新品种培育及应用课题组荣获2012—2015年度中国农业科学院“青年文明号”称号。

6月3日，七里河区西湖街道第四选区在研究所举行区人大代表选举大会，研究所全体在职选民参加大会。

7月7日，七里河区委统战部副部长马定涛到研究所，对区政协委员候选人严作廷、郭健和郝宝成进行了民主测评和谈话考察。参加会议的有杨振刚、荔霞、潘虎、李锦宇、杜天庆、王学红、王胜义、郭文柱和王贵波。

11月15日，党委书记刘永明主持会议，对兰州市人大代表初步人选李建喜进行了民主测评、个别谈话等考察。兰州市委统战部有关领导、研究所阎萍副所长、职能部门负责人及中兽医（兽医）研究室部分职工参加了会议。

11月21日，党委书记刘永明主持会议，对兰州市政协委员严作廷进行了民主测评、个别谈话等考察。兰州市委统战部有关领导、研究所党办人事处负责人及中兽医（兽医）研究室部分职工参加了会议。

11月21日，经兰州市七里河区委第十一届一次常委会议研究，同意严作廷、郭健、郝宝成同志任政协兰州市七里河区第九届委员会委员。

12月15日，应研究所青年工作委员会邀请，中国农业科学院院级创新团队“细毛羊资源与育种”首席科学家杨博辉研究员为全体青年职工、研究生作了题为《修学笃行筑团队》的道德讲堂讲座。所党委书记刘永明主持会议，60 余人参加了报告会。

四、党风廉政建设

年内，制订《兰州畜牧与兽药研究所 2016 年党风廉政建设工作要点》《关于领导班子成员落实“一岗双责”的实施意见》《关于严禁工作人员收受礼金礼品的实施细则》《信访举报管理办法》《研究所基本建设项目招投标廉政监督办法》《研究所政府采购项目招投标廉政监督办法》及《研究所执行“三重一大”决策制度监督办法》。

年初，召开党风廉政建设专题会议，传达贯彻中国农业科学院 2016 年党风廉政建设工作会议精神，学习党中央关于全面从严治党要求、习近平总书记在十八届中纪委第六次全体会议上的讲话精神、王岐山书记在中国共产党第十八届中纪委第六次全体会议上的工作报告，对研究所廉政建设进行全面部署。

对上级转交的信访件和研究所接到的共 4 件信访件进行了查证落实。

3 月 21 日，刘永明书记主持召开研究所干部会议，传达学习中国农业科学院党组关于开展“四风”问题集中检查工作文件精神，部署研究所“四风”问题集中检查工作。

7 月 28 日，研究所党委书记刘永明主持召开警示教育大会，全体职工观看了由中国农业科学院监察局和武汉市武昌区人民检察院联合摄制的警示教育片《转基因学者的变异人生—卢长明、曹应龙贪腐警示录》。观看警示教育片后，刘永明书记指出，卢长明和曹应龙的案例暴露出他们的世界观、价值观严重扭曲，法律意识淡薄、贪心重、私欲强、道德品行差等问题，为了满足个人私欲，他们完全置党纪、党规和国家法律于不顾。研究所科研人员及管理人员要以正确的人生观和价值观约束自己，牢固树立法律意识、法纪意识，自觉遵守各项政策规定，提高自身拒腐防变能力。各部门、各党支部要结合“两学一做”学习教育，及时开展研讨交流活动，达到警示教育目的，共同营造研究所风清气正、干事创业的良好氛围，为研究所科技创新迈上新台阶做出积极贡献。

2 月 28 日，中央第八巡视组进驻中国农业科学院开展为期 2 个月的专项巡视工作。研究所按照院巡视工作有关要求，积极配合巡视，开展科研经费检查工作。按照中国农业科学院关于开展科研经费专项检查工作安排，配合科研、财务部门，对 2013 年以来的科研经费使用管理情况、四类违规超标情况进行了专项检查，对发现的问题，立行立改，提出整改措施并加以整改。

从严从实做好巡视整改工作。按照院党组部署，全面落实从严治党要求，成立由所长、书记任组长，副所长任副组长，职能部门负责人为成员的整改工作领导小组，负责研究所巡视整改工作的组织领导。明确每一项整改任务的牵头领导和责任部门；明确整改任务涉及的第一责任部门负责人为首席责任人，负责牵头落实整改任务涉及的内容，相关部门配合落实。坚持问题导向，坚持立行立改，针对检查发现的问题和巡视反馈的意见，认真分析梳理，认领问题，制订了《中国农业科学院兰州畜牧与兽药研究所落实中央第八巡视组巡视反馈意见整改方案》，并认真组织实施整改工作。对中央第八巡视组专项巡视反馈的 3 类 8 大方面，围绕党的建设、科研服务“三农”、科研经费监管、选人用人、执纪问责、制度建设等重点领域，着力解决“党的领导弱化、党的建设缺失、全面从严治党不力”方面的突出问题。所党委经过认真分析，仔细研究，共梳理出 16 项整改任务。及时召开专题会议，将 16 项整改任务分解到牵头领导名下。各牵头领导立即召开整改任务责任部门负责人会议，认真研究整改任务，分析整改措施，研究提出详尽的落实办法，积极行动起来，立行立改，狠抓落实。在院党组的领导下，研究所按照巡视整改方案，立行立改，扎实推进，按时完成了预期的整改任务，确保了整改进度和整改成效。

11 月 2 日，中国农业科学院监察局副局长姜维民一行 3 人到兰州牧药所调研科研项目试剂耗材采购平台和科研经费信息公开平台建设情况。杨志强所长主持调研座谈会，刘永明书记、张继瑜副所长、阎萍副所长、相关部门负责人、部分创新团队财务助理参加了座谈会。会上，张继瑜副所长汇报了研究所科研项目试剂耗材采购平台和科研经费信息公开平台建设使用情况、存在的问题及建议。调研组成员与参会人员就如何更好建设使用两个平台进行了深入讨论交流。调研组对研究所两个平台建设工作给予了肯定，对平台使用过程中的疑问进行了解答。调研组还实地查看了研究所两个平台建设使用情况。

11 月 16 日，为进一步加强党风廉政教育，牢固树立全面从严治党的意识，研究所组织全体职工观看了《党风廉政教育警示录典型案例选》。案例涉及近年来发生在行政、教育、医疗、金融、证券、财会等多个领域和行业，包括了虚开发票报账、贪污、挪用公款、泄密、以权谋私、赌博等职务犯罪和渎职犯罪，反映出一些单位制度不健全、监管不到位、审核不严格、用人不当、法律意识淡薄等问题。案例对犯罪产生的原因进行了深入剖析，对各单位开展党风廉政教育、完善法治制度、加大监管力度、严把用人关、构建反腐倡廉长效机制具有重要意义。刘永明书记用“教育、制度、监督、整改”8 个字全面概括了案例，希望全体职工从警示录案例受到启发，从思想上重视廉政建设，树立红线意识，杜绝违法违纪行为。

五、文明建设

4 月 15—25 日，为了增强广大职工的主人翁意识，丰富职工生活，研究所组织职工在大洼山试验基地开展了 2016 年春季义务植树活动。本次义务植树活动以部门为单位，全所在职职工、研究生共 200 余人参加了活动。植树现场，所领导和广大职工、研究生挥锹挖坑，扶苗栽树，植树活动现场一片热火朝天的景象。经过几天的辛勤劳动，3 200余棵新栽的树苗挺立在和煦的春风里。

4 月 29 日，为庆祝“五一”国际劳动节，增强职工体质，研究所举行“庆五一健步走”活动。杨志强所长、刘永明书记、张继瑜副所长与 200 多名职工、研究生参加了活动。

2016 年 5 月，中共甘肃省临潭县委召开了农牧村扶贫暨双联工作会议，表彰奖励了 2015 年双联行动和扶贫攻坚工作年终考核先进的单位和个人。研究所精准扶贫工作队被评为先进驻村帮扶工作队，办公室陈化琦同志获优秀驻村帮扶工作队队长奖。

坚持安全卫生检查评比制度，开展全所范围每月一次的安全卫生检查评比活动，保持研究所安全整洁的工作环境。

12 月 22 日，杨志强所长主持召开研究所 2016 年度职工考核会议。会上，考核评选出优秀职工 29 名；文明职工 5 名：李建喜、王胜义、荔霞、李剑勇、刘隆；文明处室 2 个：中兽医（兽医）研究室和畜牧研究室；文明班组 5 个：中兽医与临床创新团队、兽药创新与安全评价创新团队、奶牛疾病创新团队、老干部科、条件建设与财务处租房部。

六、离退休职工管理与服务工作

1 月 29 日，召开了 2016 年离退休职工迎春茶话会，所领导班子以及管理服务部门负责人与离退休职工欢聚一堂，共话研究所发展，互致美好祝福。党委书记刘永明主持会议，杨志强所长代表班子向离退休职工致以新春的祝福和问候。杨所长从科技创新、科研工作、科技兴农和研发工作、人才队伍与科研平台建设、条件建设与管理服务和党建与文明建设等方面向离退休职工汇报了研究所 2015 年工作，介绍了 2016 年的工作重点和举措。杨所长在讲话中表示，2015 年，全所职工齐协同、共奋进，各项工作都取得了优异成绩，展现出了研究所蓬勃发展的新气象。这些成绩是全体职工共同努力的结果，也是离退休职工一直以来关心支持的结果，希望在未来的日子里，广大离退休职工继续发挥余热，不断建言献策，积极参与到研究所改革发展中来，一如继往地关心研究所，推动研究所发展更上新台阶。与会离退休职工踊跃发言，充分肯定了研究所 2015 年取得的成绩，就做好 2016 年工作积极建言献策，就科学研究、条件建设、职工福利等热点问题提出了意见和建议。

2月2日，带着牵挂和关怀，研究所杨志强所长、刘永明书记、张继瑜副所长和阎萍副所长率领职能部门负责人走访慰问离休干部、困难党员和困难职工，为他们送上鲜花和慰问金，把研究所的关怀和浓浓的节日祝福送到他们身边。走访中，所领导详细询问老同志们的身体状况、生活情况，认真听取了老同志们的意见建议，表示要更加关心、爱护、照顾离退休老同志，切实做好新时期离退休服务工作。

8月23日，中国农业科学院人事局副局长、离退休办公室主任吴京凯一行3人到研究所调研离退休管理服务工作。刘永明书记主持调研座谈会，相关部门负责人、离退休职工代表参加了会议。座谈会上，吴京凯副局长介绍了此次调研目的和内容。党办人事处杨振刚处长向调研组汇报了研究所基本情况、离退休工作基本情况以及有关离退休职工待遇、党组织建设、精神文化生活及联系老同志等方面情况。调研组成员与参会人员就离退休职工待遇落实情况、工作经费、党的建设等相关问题进行了讨论与交流。刘永明书记谈到做好离退休工作的体会，一要畅通老同志交流渠道；二要关心、交心老同志；三要大事小事一视同仁。吴京凯副局长肯定了研究所离退休管理服务工作，认为研究所对离退休工作高度重视，对离退休职工关心爱护，各项政策落实到位，离退休职工在研究所发展中发挥了经验优势和正能量，为研究所创造了稳定和谐的发展环境，研究所“全国文明单位”的称号实至名归。吴京凯副局长一行还参观了离退休职工活动室。

9月26—28日，中国农业科学院离退休工作会议在兰州召开。会议深入学习贯彻中共中央办公厅、国务院办公厅印发的《关于进一步加强和改进离退休干部工作的意见》（中办发〔2016〕3号）文件精神，总结工作、表彰先进、交流经验，努力推动院所离退休工作科学发展、转型发展。院党组成员、纪检组组长、院离退休工作领导小组副组长史志国出席会议并讲话，农业部离退休干部局局长陶永平到会指导并作学习辅导报告。会议由院党组成员、人事局局长、院离退休工作领导小组副组长魏琦主持，院离退休工作领导小组部分成员、院属各单位分管离退休工作领导和工作人员共70余人参加会议。会上，兰州畜牧与兽药研究所老干部管理科被授予中国农业科学院离退休工作先进集体，荔霞同志被授予农业部离退休工作先进工作者，研究所党委书记刘永明代表研究所交流离退休管理工作。

10月9日，为弘扬和传承中华民族敬老爱幼的传统美德，研究所举行了离退休职工欢度重阳佳节趣味活动。党委书记刘永明代表研究所领导班子向离退休职工致以节日的问候和美好的祝福。趣味活动内容丰富，形式多样，设置项目有跳棋、趣味保龄球、海底捞月、蒙眼贴五官、心有灵犀、投篮、运乒乓球、飞镖等深受老同志们喜爱的趣味游戏。活动现场气氛热闹，充满了欢声笑语，离退休职工兴致高昂、各显身手，收获了快乐，也收获了奖品。通过趣味活动的开展，既丰富了离退休职工的精神文化生活，也为他们搭建了一个相互沟通的平台，让离退休职工在感受研究所快速发展的步伐的同时，也真切感受到研究所大家庭的温馨与快乐，真正实现老有所养、老有所为、老有所乐。

年内探望慰问生病住院的离退休职工60余人次。为65名80岁以上老同志送生日蛋糕，为10名异地居住的离退休职工邮寄生日贺卡，祝福他们生日快乐。及时办理异地居住的离休干部托管费、医药费报销事项，为他们解除后顾之忧。

为了给离退休职工提供一个更加整洁舒适的活动环境，对离退休职工活动室内外墙面进行了粉刷，更新了活动用品，美化了活动空间。为丰富老年人的文化娱乐生活，开展了离退休职工欢度重阳节趣味活动。

组织离退休职工参加有益健康的文化活动。参加中国农业科学院组织开展的“喜看院所发展，安享幸福晚年生活”书画摄影作品征集活动，研究所有7名离退休职工作品入选书画摄影作品集。积极参加中国农业科学院离退休职工专刊文章征集活动。

第六部分　规章制度

一、中国农业科学院兰州畜牧与兽药研究所科研项目（课题）管理办法

（农科牧药办〔2016〕49号）

为加强科研项目的科学管理，促进科技创新，根据国家科研项目管理的相关文件要求，结合研究所实际，特制定本办法。

第一条　本办法适用范围包括国家自然科学基金、国家科技重大专项、国家重点研发计划、技术创新引导专项（基金）、基地和人才专项五类科技计划（专项、基金等）、省（部）、地（市）级科技计划、政府间国际合作项目及其他横向委托项目（课题）等，不包括企业委托的技术开发任务。

第二条　研究所承担的科研项目管理贯彻法人负责制，所有科研项目（课题）申报遴选、立项、计划任务的实施、监督检查、结题验收等全过程由研究所统一管理。科技管理处是研究所科研项目管理的职能部门。科研项目（课题）主持人（首席）是科研项目实施的第一责任人，负责项目的申请、任务的实施、科技创新、成果孵化与应用和结题验收等全过程。

第三条　研究所学术委员会是研究所科研项目的学术评议和咨询机构，主要职责是对科研项目的遴选推荐、实施方案、学科方向、科学问题等提出咨询和决策建议。

第四条　科研项目的申请

第一款　科技管理处是各类科研项目申请的协调组织者，应根据不同项目申报要求，及时发布并组织动员项目的申请申报工作，对提出的科研项目申请负有指导、监督、审查责任，根据需要提交所学术委员会或相关会议遴选推荐。科技管理处根据项目的申报流程、信息的采集、项目申报格式、时间和地点等要求，组织协助项目申请者完成项目申报流程。加强项目查重，避免一题多报或重复申请。对需要参加答辩的申请项目应严格按照各项目主管部门要求，及时组织协助申请者准备答辩材料，共同完成答辩工作。

第二款　项目申请者应具备相应专业技术水平和学术道德标准要求，立足所属专业技术领域，面向国民经济和社会发展的重大科技需求，坚持自主创新，突破关键技术，培育重大技术和成果。组织协调所属团队撰写科研项目申请材料。申报材料要求立项依据充分，研究内容具体，研究方法科学，技术路线可行，进度安排可靠，经费预算合理，人员力量充足，预期目标明确，符合研究所学科发展方向。并对材料的真实性负责。

第五条　科研项目的立项

项目经评审立项后，应按其类别和不同要求依据批准内容及时填报任务书。对于已经下达的科研项目，根据相关规定，建立独立的账户管理，专款专用。涉及与外单位合作执行的项目，严格按照相应的协作合同遵照执行。

第六条　科研项目的实施管理

第一款　项目负责人应严格按照项目任务书的要求全面完成各项指标，真实报告项目年度完成

情况和经费年度决算，主动接受上级部门监督检查，积极配合管理部门组织开展中期评估或结题验收，及时报告项目执行中出现的重大事项，认真填报相关调查统计表等。

第二款　科研项目任务的执行要保持相对的稳定性，不得随意变更，确因科研创新需要或环境等不可抗拒因素的变化，需要做出调整的，凡涉及项目研究计划、负责人、团队骨干、经费使用及修改课题任务、推迟或中止课题研究等重要变动，须经研究所审议通过，不在研究所调整权限范围内的还需报上级主管部门核准。

第三款　研究所对科研项目的实施全过程进行跟踪管理和监督检查。重大项目实行年度总结汇报制度、跟踪检查、抽查制度、信息公开制度和科研评价考核制度。

第四款　科研项目管理实行责任追究制度，对科研项目执行过程中，不能严格按照计划任务要求执行，或者弄虚作假、剽窃他人成果等不端行为，采取约谈、警告、终止或变更项目负责人的处罚。情节严重者，两年内不得申报项目。对参与项目管理和实施的人员发生的违规违纪行为，追究其相应责任。

第七条　项目结题与验收

第一款　所有项目应在任务书规定期限内完成。按照相关管理办法及项目主管部门的要求，及时做好总结，编制项目决算，完成项目结题总结，申请主管部门结题验收。在项目任务完成后的3个月内，须向科技管理处提交结题报告及全部技术资料（包括原始记录），进行归档管理。未按规定向科研管理处移交技术资料的课题，不予办理结题手续。

第二款　不按照相关规定进行科研项目的结题验收和归档，或因主观原因未通过验收的项目，研究所将终止项目责任人继续承担其他科研项目的资格，并视情节轻重追究相关责任。

第三款　因特殊情况，未按期结题或验收的，研究所将依据相关程序办理延期申请，并保障项目顺利结题验收。

第八条　知识产权与成果

所有科研项目取得的成果要按照《科技成果登记办法》等有关规定进行登记和管理。项目研究取得的所有基础性数据、科技论文、专著、数据库、专利、标准以及其它形式的科技成果属研究所所有，法人拥有科技成果的持有权和转让权；对于涉及国家秘密的项目及取得的成果，按照《科学技术保密规定》执行；对于有其它参与单位共同获得的知识产权与成果，应按照项目立项时签署的合作协议约定进行权益分配。

第九条　科技档案管理

项目负责人有及时将本课题科技档案立卷归档的责任与义务，任何个人或部门不得擅自处理和自己保存科技档案，更不得据为己有。项目组负责人须在项目结题验收前将整理好的科技档案提交至档案管理部门保存，否则不予办理结题验收手续。立卷归档材料应包括审批文件、申报书、可行性研究报告、任务书、实施方案、年度总结、结题报告、实验记录本、阶段性研究进展以及电子文档等。

第十条　本办法如与上级有关文件不符，以上级文件为准。

第十一条　本办法由科技管理处负责解释。

第十二条　本办法自印发之日起执行。

二、中国农业科学院兰州畜牧与兽药研究所奖励办法

（农科牧药办〔2016〕49号）

为提高研究所科技自主创新能力，建立与中国农业科学院科技创新工程相适应的激励机制，推动现代农业科研院所建设，结合研究所实际情况，特制订本办法。

第一条　科研项目

研究所获得立项的各类科研项目（不包括中国农业科学院科技创新工程经费、基本科研业务费和重点实验室运转费等项目），按当年留所经费（合作研究、委托试验等外拨经费除外）的5%奖励课题组。

第二条 科技成果

（一）国家科技特等奖奖励80万元，一等奖奖励40万元，二等奖奖励20万元，三等奖奖励15万元。

（二）省、部级科技特等奖奖励15万元，一等奖奖励10万元，二等奖奖励8万元，三等奖奖励5万元。

（三）中国农业科学院科技成果奖特等奖奖励10万元，杰出科技创新奖奖励8万元，青年科技创新奖奖励4万元。

（四）我所为第二完成单位的省部级及以上科技奖励，按照相应的级别和档次给予40%的奖励，署名个人、未署名单位或我所为第三完成单位及排名第三以后的不予奖励。

第三条 科技论文、著作

（一）科技论文（全文）按照SCI类（包括中文期刊）、国内一级期刊、国内核心期刊三个级别，分不同档次奖励。

1. 发表在SCI类期刊上的论文，按照科技期刊最新公布的影响因子进行奖励，奖励金额为(1+影响因子）×3 000元。院选SCI顶尖核心期刊及影响因子大于5的SCI论文（1+影响因子）×8 000元。院选SCI核心期刊（1+影响因子）×5 000元。

2. 发表在国家中文核心期刊上的研究论文（综述除外），按照国内一级学术期刊和国内核心学术期刊目录（以中国计量学院公布的最新《学术期刊分级目录》为参考）奖励：院选中文核心期刊2 000元/篇，国内一级学术期刊论文奖励金额1 000元/篇。《中国草食动物科学》《中兽医医药杂志》和国内核心学术期刊奖励金额300元/篇。

3. 管理方面的论文奖励按照相应期刊类别予以奖励。科技论文及著作的内容必须与作者所从事的专业具有高度相关性，否则不予奖励。

4. 奖励范围仅限于署名我所为第一完成单位并第一作者。农业部兽用药物创制重点实验室、农业部动物毛皮及制品质量监督检验测试中心（兰州）、农业部兰州畜产品质量安全风险评估实验室、农业部兰州黄土高原生态环境重点野外科学观测试验站、甘肃省新兽药工程重点实验室、甘肃省牦牛繁育工程重点实验室、甘肃省中兽药工程技术研究中心、中国农业科学院羊育种工程技术研究中心等所属的科研人员发表论文必须注明对应支撑平台名称，否则不予奖励。

（二）由研究所专家作为第一撰写人正式出版的著作（论文集除外），按照专著、编著和译著（字数超过20万字）三个级别给予奖励：专著（大于20万字）1.5万元，编著（大于20万字）0.8万元，译著0.5万元（大于20万字），字数少于20万（含20万）字的专著、编著、译著和科普性著作奖励0.3万元。出版费由课题或研究所支付的著作，奖励金额按照以上标准的50%执行。同一书名的不同分册（卷）认定为一部著作。

第四条 科技成果转化与服务

专利、新兽药证书等科技成果转让资金的60%用于奖励课题组，40%用于研究所基本支出；技术服务（包括信息服务、技术指导、技术培训、委托测试等）和技术咨询收入资金的60%用于奖励课题组，40%用于研究所基本支出；技术开发（包括技术合作、技术委托）收入经费的30%用于奖励课题组，30%用于课题组科研支出，40%用于研究所基本支出。

企业自有资金支持的项目在结题后还有结余经费的，结余经费的60%用于奖励课题组，40%用于研究所基本支出。

第五条 新兽药证书、草畜新品种、专利、新标准

（一）国家新兽药证书，一类兽药证书奖励 15 万元，二类兽药证书奖励 8 万元，三类新兽药证书奖励 4 万元、四类兽药证书奖励 2 万元，五类兽药、饲料添加剂证书及诊断试剂证书奖励 1 万元。我所作为第二完成单位获得国家一、二类新兽药证书的按照相应的级别和档次给予 40% 的奖励。

（二）国家级家畜新品种证书每项奖励 15 万元，国家级牧草育成新品种证书奖励 10 万元，国家级引进、驯化或地方育成新品种证书奖励 6 万元；省级家畜新品种证书每项奖励 5 万元，牧草育成新品种证书奖励 3 万元，国家审定遗传资源、省级引进、驯化或地方新品种证书奖励 1 万元。我所作为第二完成单位获得国家级草、畜新品种证书的按照相应的级别和档次给予 40% 的奖励。

（三）国际专利授权证书奖励 2 万元，国家发明专利授权证书奖励 1 万元，其他类型的专利授权证书、软件著作权奖励 0. 1 万元。

（四）制定并颁布的国家标准奖励 1 万元，行业标准 0. 5 万元。

第六条　研究生导师津贴

研究生导师津贴按照导师所培养学生（第一导师）的数量给予相应的津贴。标准为：每培养 1 名硕士研究生，导师津贴为 300 元/月；每培养 1 名博士后、博士研究生，导师津贴为 500 元/月。可以累积计算。

第七条　文明处室、文明班组、文明职工

在研究所年度考核及文明处室、文明班组、文明职工评选活动中，获文明处室、文明班组、文明职工及年度考核优秀者称号的，给予一次性奖励。标准如下：文明处室 3 000元，文明班组 1500 元，文明职工 400 元，年度考核优秀 200 元。

第八条　先进集体和个人

获各级政府奖励的集体和个人，给予一次性奖励。

获奖集体奖励标准为：国家级 8 000 元，省部级 5 000 元，院厅级 3 000元，研究所级 1 000元，县区级 500 元。

获奖个人奖励标准为：国家级 2 000 元，省部级 1 000 元，院厅级 500 元，研究所级 300 元，县区级 200 元。

第九条　宣传报道

中央领导批示、中办和国办刊物采用稿件每篇 1 000 元；部领导批示和部办公厅刊物采用稿件每篇 500 元；农业部网站采用稿件每篇 400 元；院简报和院政务信息报送采用稿件每篇 200 元；院网、院报采用稿件：院网要闻或院报头版，每篇 200 元；院网、院报其它栏目，每篇 100 元；研究所中文网、英文网采用稿件每篇 50 元；其他省部级媒体发表稿件，头版奖励 300 元，其他版奖励 150 元。以上奖励以最高额度执行，不重复奖励。由办公室统计造册，经所领导审批后发放。

第十条　奖励实施

科技管理处、党办人事处、办公室按照本办法对涉及奖励的内容进行统计核对，并予以公示，提请所长办公会议通过后予以奖励。本办法所指奖励奖金均为税前金额，奖金纳税事宜，由奖金获得者负责。

第十一条　本办法自印发之日起实施。原《中国农业科学院兰州畜牧与兽药研究所科技奖励办法》（农科牧药办〔2015〕82 号）同时废止。

第十二条　本办法由科技管理处、党办人事处、办公室解释。

三、中国农业科学院兰州畜牧与兽药研究所硕博连读研究生选拔办法

（农科牧药办〔2016〕49号）

为做好研究所硕博连读研究生选拔工作，优化博士研究生生源结构，提高研究生培养质量和博士学位论文水平，加速培养现代农业拔尖创新人才，根据《中国农业科学院研究生硕博连读管理暂行办法》（农科研生〔2016〕13号）要求，结合研究所实际，制定本办法。

第一条 选拔工作指导原则

硕博连读研究生选拔工作本着公平、公正、公开的原则。

加强考核工作，突出对专业基础、科研能力、创新潜质、综合素质、动手能力等方面的考核，提高招生选拔质量。

第二条 组织管理

1. 考核小组

考核小组组长由研究所所长担任，副组长由分管研究生工作副所长担任，成员包括所领导、科技处负责人及纪检部门负责人和学科专家组成。

2. 考核小组工作职责

根据硕博连读研究生选拔指导思想，负责硕博连读申请人的资格审核、全面考核工作；负责整个考核选拔工作的公平公正性监督工作；负责硕博连读研究生资料上报工作。

第三条 申请条件

1. 研究所非同等学历报考的在学二、三年级学术型硕士研究生。

2. 拥护中国共产党的领导，具有正确的政治方向，热爱祖国，遵守院纪、院规，品行端正，没有受过任何处分。

3. 身体和心理健康状况良好。

4. 已修完硕士研究生培养方案规定的全部课程，成绩优秀。

5. 对学术研究有浓厚兴趣，具有较强创新精神和科研能力。硕士研究生阶段的研究课题具有创新性，取得阶段性进展，并与博士研究生阶段拟进行的研究能够紧密衔接，有可能取得创造性科研成果。

6. 有至少两名所报考学科专业领域内的研究员或副研究员或相当专业技术职称的专家的书面推荐意见。

7. 选择的博士研究生导师具备支持研究生连读的条件。优先选择原导师，或选择所内相近研究方向的博士研究生导师。

8. 招生类别属定向培养的，须征得定向单位或主管部门的同意。

第四条 硕博连读研究生选拔程序

1. 研究生申请：硕士研究生本人向科技管理处提出申请，并填写《中国农业科学院2016年硕博连读申请表》（以下简称《申请表》），提请硕士研究生导师与拟接收导师审核。同时提交至少两位专家填写的《专家推荐书》。

2. 初审：科技管理处对导师审核后的申请进行初审，确保符合全部申请条件。

3. 考核：召开考核小组会议，对申请人进行考核。

申请人须向考核小组汇报本人业务学习、科学研究工作进展情况，进入博士学位阶段深入研究的设想与预期结果等。考核小组通过听取汇报、提问等形式，对申请人的专业外语表述能力、专业理论、科研进展、综合素质等方面进行评价。

小组评议：小组对申请人是否具有硕博连读的能力与条件进行评议，按不超过当年招生指标的30%确定候选人名单后报研究所学位评定委员会评审。

4. 会议评审与公示：研究所学位评定委员会根据考核小组确定的硕博连读研究生候选人名单进行会议评审，最终确定硕博连读研究生推荐名单与拟接收导师，并公示一周。公示无异议后，科技管理处将确定的推荐名单及《申请表》等材料报送研究生院。

第五条　本办法如与上级有关文件不符，以上级文件为准。

第六条　本办法由科技管理处负责解释。

第七条　本办法自印发之日起执行。

四、中国农业科学院兰州畜牧与兽药研究所因公临时出国（境）管理办法

（农科牧药办〔2016〕49号）

为加强研究所因公临时出国规范管理，促进国际交流与合作，增强科技创新能力，根据《中国农业科学院因公临时出国管理规定》（农科院合作〔2014〕94号）等文件要求，结合研究所实际情况，特制定本办法。

第一条　本办法所指因公临时出国（境）是指受除了台湾地区以外的国际组织、外国政府机构、高等院校、科研机构、学会、基金会等的邀请，或由国内单位组团，出国（境）期限在3个月以内（含3个月），参加或从事与本人专业有关的各种国际会议、学术交流、合作研究、培训、讲学等公务活动，且出访时间、出访国家（地区）、出访路线等均有严格规定的出国（境）活动。适用于研究所在职在岗人员。

第二条　因公临时出国（境）遵循"务实、高效、精简、节约"原则，实行计划管理。

一、因公临时出国（境）出访必须有明确的公务目的和实质内容，出访人员身份要与出访任务、本人分管或承担的工作相符。按照国家有关规定和中国农业科学院批准下达研究所的出访计划数，各创新团队根据科研工作需要和项目出国预算，提出并制定下一年度出访计划，由所长办公会议遴选推荐中国农业科学院审批后执行；对于未列入当年计划，确有特殊任务要求提出申请，经所长办公会议通过后向中国农业科学院进行申请。

二、因公临时出国（境）出访须有外方业务对口部门或相应级别人员的邀请。邀请单位和邀请人应与出访人员的职级身份相称，不得降格以求。不得应境外中资企业（含各种所有制的中资企业）邀请出访。不得接受驻国外机构、外资企业邀请出访。严禁通过中介机构联系或出具邀请函。邀请信须包含明确的出访目的、出访日期、停留期限及被邀请人在国外的有关费用和往返旅费的支付情况等内容；邀请信应打印在邀请单位的信签纸上，并有邀请人的工作单位、职务、联系方式及邀请人的原始签名。

三、领导班子成员原则上不得同团出访，不得同时或6个月内分别率团在同一国家或地区考察访问；不承担国际合作工作任务或国家级科研项目的所级（含）以下干部，每年由本所组团出国不超过1次。

出访团组人员应少而精，符合任务需要，总人数不超过6人。出境参加国际会议或特殊情况确需增加团组人员，需在报批时详细说明理由。严禁通过组织"团外团"或拆分团组、分别报批等方式在团组正式名单外安排无关人员跟随或分行。严禁派人为出访团组打前站。不得携带配偶和子女同行。对于非必要的一年内多次出访不再审批，原则上科研人员一年内只允许出访一次。

因公临时出国（境）必须严格按批准任务实施，未经批准，不得增加出访国家（地区）和延长在外停留时间，不得以任何理由绕道旅行，不得取得一国签证而周游数国，不得改变身份，不得参加与访问任务无关的活动和会议。每次出访国家不得超过3个国家和地区（含经停国家和地区，不出机场的除外），在外停留时间不超过10天（抵离境当日计入在外停留时间，下同）。出访2国（地区）不超过8天；出访1国（地区）不超过5天，赴拉美、非洲航班衔接不便的国家的团组，

出访2国（地区）不超过9天，出访1国（地区）不超过6天。

出国（境）参加国际学术会议，尽量压缩在外天数。如确有需要，在详细说明参会活动安排的前提下，可按会期申请境外停留天数，但在外停留天数以院批复为准。

四、所有因公出国（境）的人员必须通过因公渠道办理护照（通行证）和签证。即使持有目的国多次有效签证者或前往免签证国者，也须按规定提前办理有关审批手续。严禁通过因私（包括旅游）渠道出国（境）执行公务和进行考察、访问、交流、培训等活动。对违规出国（境）人员在3年内不再受理其因公出国（境）申请。

五、出国（境）培训按组团单位获得的有关批复办理。

第三条 程序

一、通过临时性指标审批或者列入当年计划的因公临时出国（境）人员，须填写研究所《科研人员因公临时出国事前公示表》，并在所内公示5个工作日。执行特别任务或需要保密的出访任务除外。

二、因公临时出国（境）人员需如实填写《中国农业科学院出国申报单》，由科技管理处审核出国任务，条件建设与财务处审核出国经费及预算，科技管理处负责人签署意见并上报外事主管所领导批准同意后，正式上报院国际合作局审批，并下达因公出国或赴港澳任务批件或确认件以及相关材料。申报材料包括邀请函、出访日程、代表团成员个人简历、代表团名单、公示结果、经费预算表、因公临时出国任务和预算审批意见表等。

三、因公临时出国（境）人员填写《因公临时出国人员备案表》或《因公临时赴港澳人员备案表》，同任务批件复印件等材料，交党办人事处办理政审，并将原件留存。《备案表》与其他签证材料，由科技管理处一并报院国合局交流服务处。

正处级以上《因公出访人员备案表》一式四份，分别报院人事局、院纪检监察局和院国合局备案；处级以下其他《因公出访人员备案表》一式两份，报院国际合作局备案。

四、参加研究所以外的单位组团出访时，须提供组团单位的征求意见函、出国（境）任务通知书和任务批件、出访日程、出访费用预算。赴境外培训的同时还需提交国家外专局的审核批件。

五、初次出国人员或者普通公务护照距有效日期未满半年者，自行在外交部指定的“护照相片定点照相点”拍摄，获取数字照片编号和纸质照片。同时初次办理护照人员还需携带本人身份证、户口本原件，提前到院国合局交流服务处签证办公室办理指纹采集及证件扫描。

六、因公临时出国（境）人员向科管处提交《备案表》、照片、身份证复印件、护照押金及各国驻华使领馆办理签证所需的其他材料。由科管处外事专办员协助办理护照、签证等相关手续。

第四条 外事纪律

一、因公出国（境）人员做好行前准备，深入了解前往国家的基本情况、双边关系以及安全形势，明确出访任务和目的，确保出访取得成效。在对外交往中应维护国家利益，严格执行中央对外工作方针政策和国别政策，严守外事纪律，遵守当地法律法规，尊重当地风俗习惯，杜绝不文明行为，严禁出入赌博、色情场所，自觉维护国家形象。出访团组要注重节约，严格按照新颁布的相关规定安排交通工具和食宿，不得铺张浪费。对外收授礼品须严格按照有关规定执行。

二、增强安全保密意识，未经批准，不得携带涉密载体（包括纸质文件和电磁介质等）；妥善保管内部材料，未经批准，不得对外提供内部文件和资料；不在非保密场所谈论涉密事项；不得泄露国家秘密和商业秘密。

拟于外方洽谈的重大项目及合作协议应按规定事先报研究所及主管部门审核同意，未经批准，不得擅自对外做出承诺或签署具有法律约束力的协议。

三、增强应急应变意识，注意防范反华敌对势力的干扰、破坏，避免与可疑人员接触，拒收任何可疑信函和物品。增强防盗、防抢、防诈骗的自我保护意识，遇到重大事项应及时与我驻外机构取得联系。

四、出访团组实行团长负责制，出访前团长认真阅读出国（境）外事纪律要求，出访期间主动接受我国驻外使领馆的领导和监督，及时请示报告。两人以上的出国（境）团组须指定一名团长或负责人。在境外期间，团组成员必须服从团长或负责人领导，因私外出须严格执行请示汇报制度，不得随意单独活动。团长或负责人在授权范围内，对团组的境外活动应切实负起责任，除负责主持团组与外方的交流外，还要负责管理和督促团组成员遵守各项外事纪律。团组及团组成员发生违规违纪行为，除对当事人进行严肃处理外，将根据情节追究团长或负责人责任。

第五条　因公出国（境）经费管理

一、因公临时出国（境）必须事先落实出访经费，因公临时出国的《经费预算表》《因公临时出国任务和预算审批意见表》中的各项经费经由条件建设与财务处对先行审核，经审核的《经费预算表》《因公临时出国任务和预算审批意见表》原件交科技管理处留存，复印件在回国报销费用时使用。对无出国经费预算安排的团组，一律不出具经费审核意见。国外（境外）提供资助的，若提供的资助已超过国家财政部相应规定的，均不得再从科研经费、行政经费中支付费用。未资助的项目，可支付，但须事先在预算表中注明。

二、因公出国（境）人员完成出访任务后，应及时到条件建设与财务处按规定报销出访费用。报销费用时需提供出国（境）任务批件（注明原件存放处）和因公护照或通行证（包括签证、签注和出入境记录）复印件、国外行程单或日程安排、中国银行外汇牌价、国外机票及登机牌、国外住宿发票（外文单据应加注中文）、城市间交通费发票、签证办理相关票据及《经费预算表》等。各种报销凭证必须用中文注明开支内容、日期、数量、金额等，并由经办人签字。填写国际出差补助发放表，交条件建设与财务处核销。

三、条件建设与财务处严格按照国家规定的因公出国（境）费用标准，在批准的人数、天数、路线、经费计划和开支标准内据实核销。对国家没有明确开支标准的国际会议注册费和城市间交通费，可本着节约的原则据实报销。不得报销与公务活动无关的开支和计划外发生的费用，不得核销虚假费用单据。

第六条　回国注意事项

出访团组回国后，应认真撰写出访总结报告，于回国后 15 天内提交科技管理处。在未履行上述手续之前，科技管理处不予审核审批，条件建设与财务处不予核销出国费用。

第七条　护照管理

一、研究所因公护照均由院国际合作局交流服务处签证办公室统一保管。严禁个人以各种理由保留因公护照。因公出国人员需在回国后 7 天内将所持因公护照交还院国际合作局签证办公室。对于领取护照后因故未能出境者，自决定取消本次出国任务之日起，在 7 天内交回护照。逾期不交或不执行证件管理规定的，暂停其出国执行公务。

二、如持照人在境内遗失护照，应立即以书面形式上报科技管理处，科技管理处以书面形式上报院国际合作局，由院国际合作局通知发照机关予以注销。如护照在境外遗失，持照人应立即向我驻当地使、领馆报告，由驻外使、领馆报发照机关注销。对丢失护照人员的护照申请，自丢失护照注销之日起，发照机关原则上 15 天内不予受理。对丢失护照未及时报告的人员，情节严重的，发照机关将视情况加重处罚。

三、因工作调动或离、退休等原因离开原单位人员的有效护照，科技管理处将上报院国际合作局，由院国际合作局通知发照机关予以注销。

四、往来港澳通行证参照护照进行管理。

第八条　本办法自印发之日起执行。由科技管理处负责解释。

五、中国农业科学院兰州畜牧与兽药研究所科研副产品管理暂行办法

（农科牧药办〔2016〕49号）

为了规范研究所科研副产品的管理，确保科研工作的正常有序开展，按照《中国农业科学院关于进一步加强科研副产品收入管理的指导性意见》要求，结合研究所实际，制定本办法。

第一章　科研副产品的范围

第一条　本办法所指的科研副产品是指利用国家财政经费从事科研活动，产生的除了完成科研（项目合同或课题任务书规定的）任务以外的具有经济价值（可以作为商品出售）的有形产品，如在牧草和家畜育种、新品种和新技术试验示范等项目实施过程中产生的牛、羊、猪、鸡、饲草料、牧草种籽、兽药中试产品等。

第二条　科研副产品属于国家财产，所有权归研究所所有。研究所所有科研副产品由条件建设与财务处负责管理，科技管理处参与管理。

第二章　科研副产品管理

第三条　科研副产品的管理由条件建设与财务处负责，以课题组为单位具体实施，要建立健全科研副产品实物登记制度，由课题组负责建立科研副产品库存台账，真实反映科研副产品实际情况。

第四条　对于总价值低于收获、库存（保管）及销售成本的科研副产品，由各课题组负责人签字同意后报条件建设与财务处登记备案后及时处置，尽量减少库存时间，可不设置库存台账，但应做好销售记录。

第五条　课题组应完整保存库存台账、出入库单据及销售记录，作为单位内部管理及接受检查和监督的依据。

第六条　课题组应及时收获、处理、加工科研副产品。如因无故不收获、推迟收获、不处理、推迟处理、不加工、推迟加工科研副产品造成经济损失的，追究课题组及课题组负责人相应责任。

第七条　科研副产品的收获、加工、保存和销售过程中产生的费用，从副产品销售收入中支出。

第三章　科研副产品销售收入的管理

第八条　为确保科研副产品收入全部纳入研究所总收入，应加强收入的归口管理、票据管理及合同管理。

一、归口管理。科研副产品的收入同单位其他收入相同，由条件建设与财务处归口管理。课题组不能直接收取现金和支票，更不能私下出售科研副产品。科研副产品所在地离研究所本部较远的，可设置核算员岗位，明确岗位职责，负责收款和缴款工作。

二、票据管理。收入票据是记录科研副产品收入的依据，科研副产品销售无论金额大小必须填开收入票据。所反映的收入应全部记入规定账簿。

三、合同管理。科研副产品的一次性销售额在5 000元以上的应由研究所负责人、科技处负责人、课题主持人、经手人和收购方签订合同，销售款直接转帐进入研究所财务账户。

第四章　科研副产品的监督检查和责任追究

第九条　各部门应明确管理责任，切实加强科研副产品内部控制，规范业务流程。各部门应相互协作、相互监督。

第十条　课题组不得私自出售科研副产品，更不得隐匿收入、设立“小金库”等。

第十一条　对于有科研副产品产生的项目试验内容，试验开展前及结束时要提供科研副产品产出及处置说明，并作为审批依据。

第十二条　对于兽医、兽药相关研究内容产生的有毒、有害副产品，必须按国家食品安全、公共卫生安全等有关规定进行处置。

第十三条　条件建设与财务处要详细掌握各课题组科研副产品的种类、产量及收入情况，研究所要开展定期或不定期监督检查，加大责任追究力度，坚决杜绝私分科研副产品及其销售收入等违法违纪行为。

第五章　附　则

第十四条　本办法自2016年7月4日所务会通过之日起实施。由条件建设与财务处负责解释。

第十五条　本办法如有与国家和中国农业科学院相关规定不符，执行国家和中国农业科学院有关规定。

六、中国农业科学院兰州畜牧与兽药研究所公务接待管理办法

（农科牧药办〔2016〕49号）

第一章　总则

第一条　为加强研究所公务接待管理，制止奢侈浪费行为，促进党风廉政建设，依据有关规定，制定本办法。

第二条　公务接待是指研究所各职能部门在执行公务行为过程中，运用一定的物质和精神手段，为接待客体提供的服务行为的过程。

第二章　公务接待原则

第三条　对口接待原则：办公室负责重要接待事务；对涉及业务性较强的接待事务，应由有关部门对口接待。

事前审批原则：所有接待事项，必须事先按规定的审批程序报批，未经批准的接待费用不得报销。

勤俭节约原则：接待工作既要热情周到，礼貌待客，又要厉行节约，严格控制经费开支，杜绝奢侈浪费。

第三章　公务接待的管理与控制标准

第四条　全年公务接待费支出总额应控制在当年财政预算批复中“三公经费”总额以内，按

职能部门发生的公务接待费进行管理与控制（不包括用课题经费支出）。

第五条 严格控制公务接待。接待对象在 10 人以内的，陪餐人数不得超过 3 人；超过 10 人的，不得超过接待对象人数的三分之一。公务接待中一般不安排宴请接待，确需宴请的，一般只安排一次，外地来访人员，原则上只接待到达或离去一餐。接待部门应当根据规定的接待范围，严格接待审批控制，对能够合并的公务接待统筹安排。公务接待必须持有接待公函，没有接待公函的，必须持有电话通知记录，无公函的公务活动及来访人员一律不予接待。

第六条 严格控制接待标准，工作餐标准 50 元/餐·人，宴请标准应控制在 180 元/餐·人以内。

外宾就餐标准按照财政部《中央和国家机关外宾接待经费管理办法（财行〔2013〕533 号）》文件执行。

第七条 接待对象需要安排住宿的，研究所协助安排符合住宿费限额标准的宾馆，住宿费由接待对象支付。

第八条 严禁使用公款在本部门内部进行自请吃喝，严禁部门间使用公款相互宴请，严禁个人在外就餐开据单位发票报销。

第九条 公务接待费必须使用转账支票、公务卡支付，不得签单，不得支付现金。

第十条 国家财政专项经费、国家科技计划经费等所有科研专项经费中无接待费预算的，一律不允许开支接待费。

第十一条 严格执行监督检查制度。研究所纪检部门定期组织有关部门对公务接待费执行情况进行检查，对违反规定的情况，一律予以公开曝光，在责令退赔一切费用的同时，按照研究所规定追究相关人员的责任。

第四章　公务接待费的审批报帐程序

第十二条 严格公务接待费的审批报销制度，发生接待费后必须及时办理报销手续，不得累计超过 3 次后一次性办理报销手续。

第十三条 公务接待费审批权限：单次金额 500 元以内的，须经分管所领导签审；单次金额 500 元以上的，须经所长签审后方可报销。

第十四条 公务接待费报销程序：在完成接待任务后，由经办人按要求填写“报销单”，报销单后必须附公务接待费申请单、正规用餐发票、发票查询单、接待公函（没有接待公函的须附电话通知记录），使用公务卡结算的须附 POS 小票。

第十五条 接待部门要按要求如实填写“公务接待费申请单”，必须按单次接待分别填写，内容要求完整、真实，不按规定填写“公务接待费申请单”财务不予报销。

第十六条 确因特殊原因来不及按正常审批的公务接待，须向主管领导说明；接待工作结束后，由经办人员补办审批手续。

第十七条 建立公务接待公开制度，为了加强对公务接待监督力度，将在每年职代会上公开公务接待费支出情况。

第五章　附　则

第十八条 本办法如与国家和上级部门规定相抵触的，以国家和上级部门规定为准，对未尽事项按国家和上级部门规定执行。

第十九条 本办法由条财处负责解释。

第二十条　本办法自2016年7月4日所务会讨论通过起执行。2014年1月1日执行的中国农业科学院兰州畜牧与兽药研究所招待费管理办法（试行）（农科牧药办〔2014〕13号）同时作废。

七、中国农业科学院兰州畜牧与兽药研究所差旅费管理办法

（农科牧药办〔2016〕49号）

第一章　总　则

第一条　为加强和规范研究所差旅费管理，推进厉行节约反对浪费，制定本办法。

第二条　差旅费是指工作人员临时到常驻地以外地区公务出差所发生的城市间交通费、住宿费、伙食补助费和市内交通费。

第三条　根据公务出差审批制度要求。出差必须按规定报经单位有关领导批准，从严控制出差人数和天数；严格差旅费预算管理，控制差旅费支出规模；严禁无实质内容、无明确公务目的的差旅活动，严禁以任何名义和方式变相旅游，严禁异地部门间无实质内容的学习交流和考察调研。

第二章　城市间交通费

第四条　城市间交通费是指工作人员因公到常驻地以外地区出差乘坐火车、轮船、飞机等交通工具所发生的费用。

第五条　出差人员应当按规定等级乘坐交通工具。乘坐交通工具的等级见下表：

未按规定等级乘坐交通工具的，超支部分由个人自理。因紧急任务须超标乘坐飞机的，经所领导批准可予以报销（表6-1）。

表6-1　城市间交通工具规定

交通工具	火车（含高铁、动车、全列软席列车）	轮船（不包括旅游船）	飞机	其他交通工具（不包括出租小汽车）
部级及相当职务人员	火车软席（软座、软卧），高铁/动车商务座，全列软席列车一等软座	一等舱	头等舱	凭据报销
司局级及相当职务人员	火车软席（软座、软卧），高铁/动车一等座，全列软席列车一等软座	二等舱	经济舱	凭据报销
其余人员	火车硬席（硬座、硬卧），高铁/动车二等座、全列软席列车二等软座	三等舱	经济舱	凭据报销

第六条　到出差目的地有多种交通工具可选择时，出差人员在不影响公务、确保安全的前提下，应选乘经济便捷的交通工具。

第七条　乘坐飞机的，民航发展基金、燃油附加费可以凭据报销。

第八条　乘坐飞机、火车、轮船等交通工具的，每人次可购买交通意外保险一份。统一购买交通意外保险的，不再重复购买。

第三章　住宿费

第九条　住宿费是指工作人员因公出差期间入住宾馆（包括饭店、招待所，下同）发生的房

租费用。

第十条 司局级及以下人员住单间或标准间。见各省住宿标准表及伙食补助标准（表6-2）。

表6-2 因公出差住宿及补助标准

（单位：元）

省份	住宿费标准			伙食补助费标准
	部级（普通套间）	司局级（单间或标准间）	其他人员（单间或标间）	
北京	800	500	500	100
天津	800	450	380	100
河北	800	450	350	100
山西	800	480	350	100
内蒙古	800	460	350	100
辽宁	800	480	350	100
大连	800	490	350	100
吉林	800	450	350	100
黑龙江	800	450	350	100
上海	800	500	500	100
江苏	800	490	380	100
浙江	800	490	400	100
宁波	800	450	350	100
安徽	800	460	350	100
福建	800	480	380	100
厦门	800	490	400	100
江西	800	470	350	100
山东	800	480	380	100
青岛	800	490	380	100
河南	800	480	380	100
湖北	800	480	350	100
湖南	800	450	350	100
广东	800	490	450	100
深圳	800	500	450	100
广西	800	470	350	100
海南	800	500	350	100
重庆	800	480	370	100
四川	800	470	370	100
贵州	800	470	370	100
云南	800	480	380	100
西藏	800	500	350	120
陕西	800	460	350	100
甘肃	800	470	350	100
青海	800	500	350	120
宁夏	800	470	350	100
新疆	800	480	350	120

第十一条　出差人员应当在职务级别对应的住宿费标准限额内，选择安全、经济、便捷的宾馆住宿。

第四章　伙食补助费

第十二条　伙食补助费是指对工作人员在因公出差期间给予的伙食补助费用。

第十三条　伙食补助费按出差自然（日历）天数计算，按规定标准包干使用。

第十四条　出差人员应当自行用餐。凡由接待单位统一安排用餐的，应当向接待单位交纳伙食费。凡出差人员参加会议（学术、培训等），会议已安排用餐的，返回后报销时不再给予伙食费补助，可给予交通费补助。

第五章　市内交通费补助

第十五条　市内交通费是指工作人员因公出差期间发生的市内交通费用。市内交通费按出差自然（日历）天数计算，每人每天 80 元包干使用。

第十六条　出差人员由接待单位或其他单位提供交通工具的，应向接待单位或其他单位交纳相关费用。

出差人员到试验点租用汽车的，返回后报销时给予伙食费补助，不再给予交通费补助。

第六章　报销管理

第十七条　出差人员应当严格按规定开支差旅费，费用由研究所或课题承担。

第十八条　城市间交通费按乘坐交通工具的等级凭据报销，订票费、经批准发生的签转或退票费、交通意外保险费凭据报销。住宿费在标准限额之内凭发票据实报销。超支部分由个人自理。伙食补助费按出差目的地的标准报销，在途期间的伙食补助费按当天最后到达目的地的标准报销。未按规定开支差旅费的，超支部分由个人自理。

第十九条　工作人员出差结束后应当及时办理报销手续。差旅费报销时应当提供出差审批单、机（车）票、住宿费发票、登机牌、会议（培训）文件、公务卡刷卡小票、公务机票行程单验真查询单等凭证。

住宿费、机票、住宿费和会议（培训）费等支出按规定用公务卡结算。如果不能使用公务卡的，必须由对方提供证明材料，报销时填写不使用公务卡审批表。

出差人员实际发生住宿而无住宿发票的，如果是住在自己家里的，或到边远地区出差，无法取得住宿发票的，由出差人员说明情况并经所领导及所在部门领导批准，可以报销城市间交通费、伙食补助和交通费补助，其他情况一般不予报销差旅费。

第二十条　财务部门应当严格按规定审核差旅费开支，对未经批准出差以及超范围、超标准开支的费用不予报销。

第七章　监督问责

第二十一条　各部门应当加强对本部门工作人员出差活动和经费报销的内控管理，对本部门出差审批制度、差旅费预算及规模控制负责，相关部门领导、财务人员等对差旅费报销进行审核把关，确保票据来源合法，内容真实完整、合规。对未经批准擅自出差、不按规定开支和报销差旅费的人员进行严肃处理。

各部门应当自觉接受审计部门对出差活动及相关经费支出的审计监督。

第二十二条 条财处会同研究所纪检部门对差旅费管理和使用情况进行监督检查。主要内容包括：

（一）出差活动是否按规定履行审批手续；

（二）差旅费开支范围和标准是否符合规定；

（三）差旅费报销是否符合规定；

（四）是否向下级单位、企业或其他单位转嫁差旅费；

（五）差旅费管理和使用的其他情况。

第二十三条 出差人员不得向接待单位提出正常公务活动以外的要求，不得在出差期间接受违反规定用公款支付的宴请、游览和非工作需要的参观，不得接受礼品、礼金和土特产品等。

第二十四条 违反本办法规定，有下列行为之一的，依法依规追究相关部门和人员的责任：

（一）对出差审批控制不严的；

（二）虚报冒领差旅费的；

（三）擅自扩大差旅费开支范围和提高开支标准的；

（四）不按规定报销差旅费的；

（五）转嫁差旅费的；

（六）其他违反本办法行为的。

有以上行为之一的，由条财处会同研究所纪检部门责令改正，追回违规资金，并视情况予以通报。对直接责任人和相关负责人，按研究所有关规定给予行政处分。涉嫌违法的，移送司法机关处理。

第八章 附 则

第二十五条 工作人员外出参加会议、培训，举办单位统一安排食宿并承担费用的，不再报销住宿费、伙食补助费和市内交通费；往返会议、培训地点的差旅费按照规定报销。

第二十六条 本办法由条财处负责解释。

第二十七条 本办法自2016年7月4日所务会通过起施行。中国农业科学院兰州畜牧与兽药研究所差旅费管理办法（农科牧药办〔2013〕31号）同时废止。

八、中国农业科学院兰州畜牧与兽药研究所公务用车管理办法

（农科牧药办〔2016〕49号）

第一章 总 则

第一条 为加强和规范研究所公务用车管理，提高车辆使用效率，节约经费，确保行车安全，根据农业部和中国农业科学院有关加强公务用车管理工作文件要求，结合研究所实际，制定本办法。

第二条 本办法所称公务用车，是指研究所及下属各部门以兰州畜牧与兽药研究所名义购置、租赁或接受捐赠的，用于研究所科研、管理、后勤保障等各类业务及公务活动的机动车辆。

第三条 公务用车管理包括日常管理、维修与保养、安全管理等。

第四条　公务用车管理坚持有利工作，统一调度，注重节约，安全第一的原则。

第二章　日常管理

第五条　办公室是研究所公务用车的管理部门，由专人负责管理，下设司机班；研究室、基地管理处及后勤服务中心使用的车辆按照本办法由上述部门负责管理，特殊或紧急情况，需服从研究所的临时调派。

第六条　办公室车管人员根据任务轻重缓急及用车部门申请次序统一调派车辆，司机凭派车单执行出车任务，非因特殊或紧急情况，任何部门或个人不得调派车辆。大型活动用车经所领导同意，由会议承办部门安排。各部门人员到市内办事，原则上乘坐公交车，不专门派车。因特殊情况（前往中川机场和兰州城关区、七里河区、安宁区、西固区）出现借用私车的，经所领导批准同意后，确定行车里程如实报销。

第七条　办公室车管人员负责做好以下工作：

（一）负责调派车辆，对车辆使用、维修和保养及时提出意见和建议。

（二）负责办理车辆年审、证照、保险及其他事项。

（三）负责《兰州畜牧与兽药研究所公务用车派车单》《兰州畜牧与兽药研究所公务车辆维护、保养审批单》和《兰州畜牧与兽药研究所公务车辆用油台账》的登记管理工作。

第八条　固定车辆驾驶人员，车辆行驶必需的随车证照由驾驶员负责保管。车辆管理人员和驾驶员必须保持24小时通讯畅通。

第九条　严禁公车私用私驾，私车公养。特殊情况需要使用车辆的，必须明确具体的工作事由，按照程序批准后由车管人员安排。

第十条　严格执行派车和使用登记制度。办公室统一印制《兰州畜牧与兽药研究所公务用车派车单》（以下简称《派车单》），车辆管理人员根据出车任务如实填写《派车单》（出车任务、出车时间、目的地、用车部门等）。往返里程数由驾驶员收车时填写，并经用车人签字确认。并以此为据按季度发放行车补贴。

第十一条　严格执行车辆回单位停放制度。正常上班时间，不限行、未派出的车辆原则上必须停放在工作区。八小时之外、双休日等非工作时间车辆须停放在车库，节假日除值班车辆外，其他车辆一律封存在车库停驶。

第十二条　加强车辆用油管理，由办公室负责办理加油卡，并由专人严格管理。驾驶员持油卡到加油站加油后，须及时将加油卡交还车辆管理人员并如实登记。除长途用车外严禁使用现金加油。

第十三条　因科学研究或集体活动，研究所现有公务用车无法满足需求时，可以通过社会租赁方式安排用车。车辆租赁服务委托单位由研究所招标确定。研究所相关车辆租赁均需委托中标单位承担。各部门租赁车辆必须包含司机服务，不准租赁裸车。在外地出差因工作需要，需在出差地租车的，可不限于中标单位。

第三章　车辆维修与保养

第十四条　驾驶员对所驾驶的车辆应当勤检查、勤维护，按时进行保养，确保车容整洁、车况良好，发现问题及时处理，严防事故发生。

第十五条　严格控制车辆运行费用。车辆维修、保养和内饰的更换实行逐级审批。

（一）由司机提出修换建议，车管人员确认无误后填报车辆维修（内饰更新）审批单，按照程序批准后，司机凭单到指定地点进行修换。维修、保养后如实详细登记维修、保养内容。

（二）车辆在行驶途中发生故障或者因其他损耗急需修理更换零件时，应及时与车管人员取得联系，按照程序批准后方可进行。

（三）经批准更换汽车零配件、工具及其他附属品的，更换掉的大件或价值较高的废部件，经办人员必须将旧件交回办公室备查。

第四章　安全管理

第十六条　对驾驶员的要求：

（一）加强学习，遵章守纪，文明行车，严格执行交通法规，牢固树立安全第一的意识，确保行车安全。

（二）爱岗敬业，做好服务。服从工作安排，自觉遵守研究所作息时间，无出车任务时，应坚守工作岗位。

（三）严禁酒后驾驶、疲劳驾驶和将车辆借与他人驾驶。禁止在工作时间或公务接待活动中饮酒，节假日及休息时间少饮酒或不饮酒。

（四）厉行节约，力戒浪费。

第十七条　驾驶员因公出车，因违反道路交通法律法规等原因受到处罚的，一切责任自负；未经安排私自出车发生交通事故，一切后果由驾驶员个人承担。

第十八条　车辆行驶中发生事故，应及时向交警和保险部门报案，并与办公室取得联系。事故后的有关保险理赔工作，由当事人配合研究所处理。

第十九条　驾驶员全年安全行车无责任事故的，享受全额安全奖；发生责任事故的，取消安全奖。

第二十条　研究所每年对驾驶员进行考核，确定考核等次，并将考核结果作为是否适合岗位要求、次年是否续聘的直接依据。

第五章　附则

第二十一条　本办法由办公室负责解释。

第二十二条　本办法自年月日所务会讨论通过之日起执行。

〔式样〕

兰州牧药所派车单存根

车号		出车日期	年 月 日
目的地		用车单位	
出车任务			

派车人： 用车人：

兰州畜牧与兽药研究所公务用车派车单

车号		出车日期	年 月 日至 月 日	目的地	
用车部门或课题		出车任务			行驶里程

派车人： 用车人：

兰州牧药所派车单存根

车号		出车日期	年 月 日
目的地		用车单位	
出车任务			

派车人： 用车人：

兰州畜牧与兽药研究所公务用车派车单

车号		出车日期	年 月 日至 月 日	目的地	
用车部门或课题		出车任务			行驶里程

派车人： 用车人：

兰州牧药所派车单存根

车号		出车日期	年 月 日
目的地		用车单位	
出车任务			

派车人： 用车人：

兰州畜牧与兽药研究所公务用车派车单

车号		出车日期	年 月 日至 月 日	目的地	
用车部门或课题		出车任务			行驶里程

派车人： 用车人：

中国农业科学院兰州畜牧与兽药研究所车辆用油台账　〔式样〕

序号	日期	车　号	油品型号	数量（L）	行驶公里数	加油站	卡号	取卡时间	还卡时间	签名

兰州畜牧与兽药研究所公务车辆维护、保养审批单（存根联）　〔式样〕

申报日期：　　年　月　日　　经办人：　　编号：

车号：			驾驶员：	车辆码表数：	
维修企业名称：					
检修（保养）项目		预算金额（元）	检修（保养）项目		预算金额（元）
1			4		
2			5		
3			6		
预算总金额		（人民币）　万　仟　佰　拾　元￥：			
申请人签字					
申请人签字					
车管部门意见					
所领导意见					

九、中国农业科学院兰州畜牧与兽药研究所档案查询借阅规定

（农科牧药办〔2016〕49号）

第一条　为了加强研究所档案管理，确保档案的安全完整，更好地为全所工作服务，根据中国农业科学院机关档案查阅规定和研究所有关档案管理办法，结合研究所实际，制定本规定。

第二条　查询借阅档案必须办理借阅手续。

第三条　查询借阅权限

（一）所属各部门、各课题组借阅本部门、本课题组立卷的档案只需登记即可借阅。编外人员原则上不得借阅档案。

（二）密级档案借阅须填写“密级档案借阅单”，经办公室审核后报主管所领导批准，方可借阅，并严格限制借阅范围及借出时间。密级档案原则上不外借，确需外借须经主管所领导批准。

（三）跨部门和课题组借阅档案，利用人须填写“档案借阅申请单”，经立档部门或课题组负责人同意，办公室审核后，方可借阅。借阅科技档案、基建档案或会计档案须经主管所领导同意，

方可借阅。

（四）借阅会计档案，原则上须由财务人员陪同查阅，不得外借。如有特殊需要，须经财务部门负责人签批。

（五）所外人员借阅档案，须持本人所在单位介绍信和身份证，填写“档案借阅申请单”，经立档部门审核、所长批准。

第四条 借阅档案必须遵守以下要求

（一）利用者须对档案的安全和完整负责，不得泄露档案内容或遗失档案。

（二）利用者不得转借、涂改、圈划、批注、增删、抽页、裁剪、拆卷；复制或将档案带出档案室，须经立档部门、办公室和主管所领导同意；严禁出售档案资料。

第五条 外借档案如发现有违反第四条规定的，依照《档案法》及相关细则对直接责任人和所在部门负责人给与通报批评和行政处分；构成犯罪的，依法追究刑事责任。

第六条 非密级档案借阅时间不超过2天，特殊情况经批准可延长借阅时间，借阅时间最长不超过7天。密级档案借阅时间不得超过1天，不办理续借手续，确需继续使用，应重新办理借阅手续。因公长期外出或休假应及时归还所借档案，不得积压。

第七条 超时未还档案的催还

（一）外借档案到期后档案管理人员及时通知借档人归还。

（二）经通知仍未归还档案的，办公室开具档案催还单送达借阅人所在部门，限期归还。

（三）经书面催还仍不归还档案的，办公室上报所领导，对当事人和所在部门进行通报批评。

第八条 归还档案时，档案管理人员要当面检查清点，确认无误后，注销外借手续。

第九条 所属各部门人员离职前，需归还所借档案，由档案管理人员签字确认后，方可办理退休、调动、辞职等手续。

第十条 本规定自2016年7月4日所务会讨论通过起执行，由办公室负责解释。

中国农业科学院兰州畜牧与兽药研究所档案借阅申请单 〔式样〕

借阅部门或课题组			
借阅目的			
借阅何年何种档案			
是否复制		复制份数	
立档部门或课题负责人签字		部门负责人审核签字	
办公室负责人审核签字		所领导审批签字	

借阅人： 年 月 日

中国农业科学院兰州畜牧与兽药研究所密级档案借阅申请单 〔式样〕

借阅部门或课题组			
借阅目的			
借阅何年何档案			
借阅档案文件编号			
借阅部门或课题负责人签字		办公室负责人审核签字	
所领导审批签字		是否同意复制	

借阅人： 年 月 日

中国农业科学院兰州畜牧与兽药研究所档案借阅催还单 〔式样〕

________：
________同志于年月日借阅等档案共计____件。
因已超过借阅期限，请于____年____月____日前归还档案室。

兰州畜牧与兽药研究所办公室
年　月　日

十、中国农业科学院兰州畜牧与兽药研究所试验基地管理办法

（农科牧药办〔2016〕49号）

第一章　总　则

第一条　中国农业科学院兰州畜牧与兽药研究所试验基地（含大洼山试验基地和张掖试验基地，以下简称“试验基地”）是研究所开展实践教学、科学观测与研究、科技示范与推广、对外合作交流的重要场所，是研究所科学研究实验的有机组成部分，是研究所科技基础条件平台建设的重要内容。为加强我所试验基地的建设与管理和提升社会服务能力，提高研究所科技创新能力和科学研究水平，特制定本办法。

第二章　任务

第二条　承担研究所相关专业的科学研究、技术研发等实验工作。

第三条　积极承担相关专业的国际合作研究项目，扩大对外科技交流，引进国际先进技术和成果。

第四条　积极申报并承担中央和地方政府下达的科技攻关课题和推广项目，为西部地区经济发展、品种培育和环境监测保护服务。

第五条　立足西部，面向全国，开展科技示范、科技推广及技术人员培训等社会服务活动。

第六条　加强对试验基地工作人员的管理和技术培训。

第三章　建设

第七条　试验基地的建设要根据研究所学科发展需要提出申请，研究所相关职能部门组织专家论证、审批，最终经研究所批准后组织实施。

第八条　试验基地必须按照国家建设需要和研究所发展目标制定建设规划，同时建立对试验基地的验收、评估机制，以确保试验基地的良性运行和不断发展。

第九条　试验基地建设和运行经费采取多种渠道筹集的办法。

（一）积极争取国家的政策性投入。

（二）试验基地面向研究所内外实行有偿服务。

第十条　试验基地建设要充分考虑投资效益，实现资源共享，避免重复建设。

第十一条　所有建设项目必须按《中国农业科学院兰州畜牧与兽药研究所修缮购置项目实施方案》执行，完善立项、论证、审批、招标、实施、监督、验收和审计等程序。

第四章　体制

第十二条　试验基地实行研究所、基地管理处二级管理。研究所负责试验基地的规划与宏观管理，基地管理处负责试验基地具体管理与日常运行。

第十三条　研究所负责试验基地的宏观管理，其主要职责是：

（一）贯彻执行国家有关的方针政策和法律法规，制定和完善试验基地管理制度和各项实施办法，并监督执行。

（二）根据研究所事业发展需要，组织制定试验基地的发展规划，并监督实施。

（三）核定试验基地人员编制和试验基地负责人的聘任。

（四）负责试验基地基础设施建设项目的组织实施。

（五）定期检查试验基地的工作。

第十四条　基地管理处负责试验基地具体管理。其主要职责是：

（一）负责制定试验基地的发展规划，制定年度建设计划、科研计划和各类项目的申报。

（二）按计划完成承担的科研任务及面向研究所的教学实习、科学研究、技术推广和对外服务。

（三）负责制定试验基地运行管理的各项实施细则，并督促实施。

（四）制订试验基地工作人员的岗位职责、培训计划和考核办法，并督促实施。

（五）配合管理部门做好试验基地的管理工作。

第五章　管理

第十五条　研究所确定一名所级领导分管试验基地工作。

第十六条　试验基地要建立健全各项规章制度，实行科学管理，并逐步实现信息化管理。

第十七条　建立工作日志制度，对试验基地的各项工作、人员、财产、经费等信息进行记录、统计，及时准确填报各种报表。

第十八条　研究所要完善试验基地各岗位的工作职责，按研究所要求每年对试验基地工作人员进行考核。

第十九条　试验基地在对人员管理和使用中，要严格按照国家劳动法的有关规定，做好工作人员的劳动保护，避免发生人身伤害事件。

第二十条　试验基地要严格遵守国家环境保护法和野生动物保护法，做好环境管理和野生动物保护工作。

第二十一条　所有面向研究所内外的有偿服务项目必须根据研究所有关规定进行申请，制定合理的收费标准。

第二十二条　试验基地所有经营和有偿服务收入必须纳入研究所财务管理，主要用于试验基地的建设与发展。

第二十三条　试验基地的土地及所有设施均为研究所国有资产，要纳入研究所国有资产管理，并建立分户账。基地管理处和试验基地只有使用权，无转让和处置权。

第六章　人员

第二十四条　试验基地设基地负责人岗位，全面负责试验基地的具体管理，要求懂业务、会管理、负责任。基地负责人由研究所根据具体试验基地的情况和任务，制定基本任职条件和工作目标要求，在全所范围内公开招聘，竞争上岗。

第二十五条 基地负责人职责：

（一）负责编制试验基地年度工作计划，并经研究所批准后组织实施。

（二）负责试验基地的各类财产的管理和使用。

（三）负责试验基地各类人员的分工和制订岗位责任制，并组织实施。

（四）负责试验基地的年度工作总结，完成各种信息数据的统计和上报工作。

（五）积极开展对外服务和各类合法经营活动。

（六）全面负责试验基地的各项安全工作。

第二十六条 其他工作人员由研究所根据实际需要从研究所内在编职工中选派，按照研究所相关人员聘用办法管理。

第二十七条 试验基地聘用编制外用工、季节性用工按照《中国农业科学院兰州畜牧与兽药研究所编外用工管理办法》管理。

第七章 附则

第二十八条 本办法自下发之日起执行，由基地管理处负责解释。

十一、中国农业科学院兰州畜牧与兽药研究所“两学一做”学习教育实施方案

（农科牧药党〔2016〕11号）

根据中国农业科学院《关于在全体党员中开展“学党章党规、学系列讲话，做合格党员”学习教育方案》（农科院党组发〔2016〕24号）和2016年5月3日中共兰州市委“两学一做”学习教育推进会有关要求，结合研究所实际，现就在全所党员中开展“两学一做”学习教育制定本实施方案。

一、总体要求

开展“两学一做”学习教育，是落实党章关于加强党员教育管理要求、面向全体党员深化党内教育的重要实践，是推动党内教育从“关键少数”向广大党员拓展、从集中性教育向经常性教育延伸的重要举措，是贯彻全面从严治党要求、加强党的思想政治建设的一项重大部署，是协调推进“四个全面”战略布局特别是全面从严治党向基层延伸的有力抓手。各党支部和广大党员要切实用习近平总书记重要指示精神和党中央部署要求统一思想和行动，增强做好“两学一做”学习教育的责任感，把各项工作抓好、抓实、抓到位，切实把全面从严治党落实到每个支部、落实到每名党员。

开展“两学一做”学习教育，基础在学，关键在做。要把党的思想建设放在首位，以尊崇党章、遵守党规为基本要求，以用习近平总书记系列重要讲话精神武装全党为根本任务，教育引导党员自觉按照党员标准规范言行，进一步坚定理想信念，提高党性觉悟；进一步增强政治意识、大局意识、核心意识、看齐意识，坚定正确政治方向；进一步树立清风正气，严守政治纪律政治规矩；进一步强化宗旨观念，勇于担当作为，在科研、管理、生产、学习和社会生活中起先锋模范作用，为党在思想上政治上行动上的团结统一夯实基础，为协调推进“四个全面”战略布局、贯彻落实五大发展理念、推动“十三五”农业科技事业发展提供强大的思想、组织和作风保障。

开展“两学一做”学习教育，要坚持正面教育为主，用科学理论武装头脑；坚持学用结合，知行合一；坚持问题导向，注重实效；坚持领导带头，以上率下；坚持从实际出发，分类指导。充

分发挥党支部自我净化、自我提高的主动性，做到“一把钥匙开一把锁”，切实解决关键问题，防止大而化之，力戒形式主义。要把“两学一做”学习教育与科研经费使用管理紧密结合起来，认真抓好问题的整改落实，切实解决我所在加强党的领导、加强党的建设、全面从严治党方面存在的问题。

二、学习内容和要求

开展“两学一做”学习教育，要按照区分层次、有针对性解决问题的要求，坚持以学促做，知行合一，引导和促进全体党员自觉尊崇党章、遵守党规，用习近平总书记系列重要讲话精神武装头脑、指导实践、推动工作，做讲政治、有信念，讲规矩、有纪律，讲道德、有品行，讲奉献、有作为的合格共产党员。

（一）关于全体党员学习内容和要求

要把学习党章党规与学习习近平总书记系列重要讲话统一起来，在学系列讲话中加深对党章党规的理解，在学党章党规中深刻领悟系列讲话的基本精神和实践要求。

1. 学习党章党规

学习《中国共产党章程》，深入领会党的性质、宗旨、指导思想、奋斗目标、组织原则、优良作风，深入领会党员条件和义务、权利，牢记入党誓词，明确做合格党员的标准和条件。学习《中国共产党廉洁自律准则》《中国共产党纪律处分条例》《中国共产党党员权利保障条例》等，掌握廉洁自律准则规定的“四个必须”“四个坚持”，掌握各类违纪行为的情形和处分规定。

2. 学习系列讲话

学习领会习近平总书记系列重要讲话的基本精神，学习领会党中央治国理政新理念新思想新战略的基本内容，掌握与增强党性修养、践行宗旨观念、涵养道德品格等相关的基本要求。学习《习近平总书记系列重要讲话读本（2016 年版）》。学习系列讲话，主要领会掌握以下方面内容：

（1）理想信念是共产党人精神上的“钙”，树立正确的世界观、人生观、价值观。

（2）中国梦是国家的梦、民族的梦、人民的梦，是中华民族近代以来最伟大的梦想，核心要义就是国家富强、民族振兴、人民幸福。

（3）中国特色社会主义是实现中华民族伟大复兴的必由之路，增强道路自信、理论自信、制度自信。

（4）“四个全面”战略布局是新的历史条件下党治国理政总方略，自觉用“四个全面”引领各项工作。

（5）坚持创新、协调、绿色、开放、共享发展是关系我国发展全局的一场深刻变革，按照新发展理念做好本职工作。

（6）践行社会主义核心价值观，弘扬社会主义思想道德和中华传统美德。

（7）全面从严治党是全体党员共同责任，必须落实到每个支部和每个党员。

（8）本所全体党员还要深入系统学习习近平总书记关于“三农”问题，关于实施创新驱动发展战略、加快推进以科技创新为核心的全面创新的重要论述。

3. 重点解决的问题

（1）坚定共产党人理想信念。重点解决一些党员理想信念模糊动摇，精神空虚迷茫，有的甚至参加封建迷信活动、信仰宗教等问题。坚守党的信仰信念，牢记党的历史使命，把正确的理想追求转化为行动的力量，在科研、管理、生产、学习和社会生活中起先锋模范作用。坚持正确政治方向，增强政治敏锐性和政治鉴别力，敢于同各种错误思想、错误言行作斗争。

（2）牢固树立党的意识、党员意识。重点解决一些党员组织观念淡薄、组织纪律散漫，长期不参加“三会一课”等组织生活、不按规定交纳党费，违规使用科研经费，不起先锋模范作用，有的甚至不愿提党员身份，不辨是非，不守政治纪律和政治规矩等问题。始终牢记自己是一名共产党员，加强党性锻炼，听党话、跟党走，在党言党、在党爱党、在党护党、在党为党。

（3）强化党的宗旨意识。重点解决一些党员群众观念淡漠、服务意识欠缺，为群众办事不上心不主动，有的甚至损害群众利益，假公济私、优亲厚友、吃拿卡要等问题。牢记全心全意为人民服务的根本宗旨，把人民放在心中最高位置，密切联系群众，真心对群众负责，热心为群众服务，在扶贫济困中发挥作用，用实际行动赢得群众信任和拥护。

（4）积极践行社会主义核心价值观。重点解决一些党员律己不严、知行脱节，讲奉献、讲公德、讲诚信不够，有的甚至价值取向扭曲、道德行为失范，情趣低俗、贪图享乐等问题。切实加强道德修养，崇德向善、注重自律，把社会主义核心价值观内化为精神追求、外化为自觉行动，用模范行为影响和带动群众。

（5）在推动农业科技事业发展实践中建功立业。重点解决一些党员安于现状、进取心不强，精神不振、作风懈怠，只求过得去不求过得硬，有的甚至敷衍应付、逃避责任等问题。积极适应经济发展新常态，认真践行新发展理念，立足本职岗位做好工作，在科技创新工程、推进农业科技自主创新、支撑"三农"事业发展、加快农业现代化进程中奋发有为、干事创业、建功立业。

（二）关于处级以上党员领导干部学习内容和要求

处级以上党员领导干部要在学习教育中作出表率，紧密联系工作实际，学得更多一些、更深一些，要求更严一些、更高一些，努力提高思想政治素养和理论水平。

1. 学习党章党规

系统学习领悟《中国共产党章程》，在全面把握基本内容的基础上，重点掌握党章总纲和党员、党的组织制度、党的中央组织、党的地方组织、党的基层组织、党的干部、党的纪律等章内容，深刻把握"两个先锋队"的本质和使命，进一步明确"四个服从"的要求，掌握党的领导干部必须具备的六项基本条件。

深入学习《中国共产党廉洁自律准则》《中国共产党纪律处分条例》《中国共产党党和国家机关基层组织工作条例》《中国共产党党组工作条例（试行）》《党政领导干部选拔任用工作条例》等党内重要法规制度。重点掌握廉洁自律准则规定的"四个廉洁""四个自觉"，掌握党纪处分工作原则以及各类违纪行为的情形和处分规定，掌握基层党组织的职责、组织原则、运行机制，掌握党政领导干部选拔任用原则、条件、要求。

2. 学习系列讲话

以《习近平谈治国理政》和《习近平总书记重要讲话文章选编（领导干部读本）》为基本教材，学习《习近平总书记系列重要讲话读本（2016 年版）》。深入学习领会习近平总书记系列重要讲话精神，领会关于改革发展稳定、内政外交国防、治党治国治军的重要论述，领会贯穿其中的马克思主义立场观点方法，领会贯穿其中的坚定信仰追求、历史担当意识、真挚为民情怀、务实思想作风。要注重整体把握、掌握内在联系，防止碎片化学习。

学习系列讲话，要注意围绕坚持和发展中国特色社会主义这个主题，着重领会以习近平同志为总书记的党中央治国理政新理念新思想新战略。

（1）深入领会正在进行具有许多新的历史特点的伟大斗争，我国发展重要战略机遇期变与不变的深刻内涵。

（2）深入领会坚定中国特色社会主义道路自信、理论自信、制度自信，决胜全面建成小康社会，实现"两个一百年"奋斗目标和中华民族伟大复兴的中国梦。

（3）深入领会统筹国内国际两个大局，协调推进"五位一体"总体布局和"四个全面"战略布局。

（4）深入领会创新、协调、绿色、开放、共享的发展理念，主动适应、把握、引领经济发展新常态，更加注重推进供给侧结构性改革，以新发展理念引领发展实践。着力实施创新驱动发展战略，着力增强发展整体性协调性，着力推进人与自然和谐共生，着力形成对外开放新体制，着力践行以人民为中心的发展思想。

（5）深入领会全面深化改革，推进国家治理体系和治理能力现代化；使市场在资源配置中起决定性作用和更好发挥政府作用；毫不动摇坚持我国基本经济制度，推动各种所有制经济健康发展；推进“一带一路”建设、京津冀协同发展、长江经济带发展；全面依法治国，建设中国特色社会主义法治体系；发展社会主义民主政治，坚持中国特色社会主义政治发展道路；培育和践行社会主义核心价值观，增强文化自信、价值观自信，建设社会主义文化强国；树立总体国家安全观，尊重网络主权，构建全球互联网治理体系；把握党在新形势下的强军目标，全面实施改革强军战略等；不断推进“一国两制”事业、依法保障“一国两制”实践；构建新型大国关系、建设互利共赢的新型国际关系；坚持正确义利观、建设人类命运共同体。

（6）深入领会全面从严治党要求，严守党的政治纪律和政治规矩，忠诚、干净、担当，强化正风反腐，坚持“老虎”“苍蝇”一起打等。

（7）深入领会科学的思想方法和工作方法，观大势、定大局、谋大事；强化战略思维、辩证思维、系统思维、创新思维、底线思维；树立问题导向，注重防风险、补短板；牢记空谈误国、实干兴邦，一分部署、九分落实等。

（8）所领导班子还要按照习近平总书记重要批示精神，把毛泽东同志《党委会的工作方法》纳入学习内容，全面加强领导班子思想政治建设、作风建设、能力建设。要深入系统学习习近平总书记关于“三农”问题、科技创新的重要论述，努力提高做好农业科技工作的能力和水平。

3. 重点解决的问题

认真贯彻习近平总书记关于培养造就具有铁一般信仰、铁一般信念、铁一般纪律、铁一般担当的干部队伍要求，对照习近平总书记关于“七个有之”“五个必须”等重要论述，增强政治意识、大局意识、核心意识、看齐意识，在思想上政治上行动上同以习近平同志为总书记的党中央保持高度一致，坚持把纪律和规矩挺在前面，严格执行“六项纪律”，用纪律管住管好“关键少数”，认真践行“三严三实”要求和好干部标准，做心中有党、心中有民、心中有责、心中有戒的表率。

（1）带头坚定理想信念。针对在“举什么旗、走什么路”上的模糊认识，针对信仰缺乏、信念缺失、精神缺“钙”等问题，正本清源、固本培元，着力提升马克思主义理论素养，提升运用党的理论创新成果观察和分析问题的能力，保持对马克思主义和共产主义的坚定信仰、对中国特色社会主义的坚定信念，强化宗旨意识、践行群众路线，把理想信念体现到修身律己、为政用权、干事创业的方方面面，做远大理想和共同理想模范践行者。旗帜鲜明反对和抵制西方宪政民主、“普世价值”、新自由主义、历史虚无主义以及质疑改革开放和中国特色社会主义等错误思潮。

（2）带头严守政治纪律和政治规矩。针对政治上的自由主义，不认真贯彻落实党中央决策部署，不认真结合实际贯彻落实党的路线方针政策，重大问题重要事项不请示不报告，针对当面一套背后一套、当“两面人”，针对顶风违纪搞“四风”，针对拉帮结派、搞团团伙伙等问题，认真汲取周永康、薄熙来、徐才厚、郭伯雄、令计划等违纪违法案件的深刻教训，认真吸取部院党员干部警示教育会议上通报的违纪违规案例教训，知敬畏、明底线、守规矩，合法合规使用科研经费，保持对党绝对忠诚的政治品格，做政治上的明白人，坚决维护党中央权威，维护党的团结统一。

（3）带头树立和落实新发展理念。针对那些不适应、不适合甚至违背新发展理念的认识、行为、做法，针对那些一味拼资源拼投入、先污染后治理、重城市轻农村、重效率轻公平等片面发展、畸形发展的问题，坚持解放思想、与时俱进，树立对新发展理念的自觉自信，做到崇尚创新、注重协调、倡导绿色、厚植开放、推进共享。针对在经济发展新常态上的认识误区，深刻认识经济发展新常态的客观必然性，防止片面性、简单化，不能以是否对自己有利来判断新常态好坏；不能把新常态当作一个筐，什么都往里装；不能把新常态当作避风港，把工作不好做、没干好的原因都归结于新常态，为不干事、不发展找借口。积极推进供给侧结构性改革，落实好党中央确定的“五大政策支柱”和“五项重点任务”，切实做好农业供给侧结构性改革等重点工作。

（4）带头攻坚克难、敢于担当。针对大是大非面前不敢亮剑、矛盾问题面前不敢迎难而上、危机面前不敢挺身而出、失误面前不敢承担责任、歪风邪气面前不敢坚决斗争等问题，强化责任意识，敢于担当负责。针对新形势下不想为、不会为、不善为等问题，提升精气神、增长新本领、展现新作为，做到想干愿干积极干、能干会干善于干，以踏石留印、抓铁有痕的劲头抓落实，做改革发展的促进派和实干家。要坚持求真务实、按规律办事，树立正确政绩观，努力创造经得起实践、人民、历史检验的实绩。

（5）带头落实全面从严治党责任。针对管党治党不力、党建意识淡漠、党建工作缺失，针对主体责任、“一岗双责”落实不到位，把业务工作和党建工作割裂开来的问题，针对那些认为正风反腐影响经济发展等错误观点，树立全面从严治党永远在路上的思想，树立抓好党建是最大政绩、抓不好党建是不称职、不抓党建是失职的意识，坚持思想建党和制度治党紧密结合，强化依规治党意识，切实担负起管党治党责任。要自觉接受党内政治生活锻炼，坚持民主集中制原则，认真开展批评和自我批评，严格党员、干部日常管理监督，保持反腐败高压态势。要持续深入改进作风，培育良好家风，管好子女家属和身边工作人员，按“亲、清”原则正确处理政商关系，营造风清气正的政治生态和从政环境。

在把握好以上学习内容、学习要求的同时，无论是党员还是领导干部，还要注重联系本职工作实际，学习好习近平总书记关于指导农业和农业科技工作的重要讲话和指示精神，进一步统一思想和行动，明确工作思路和努力方向。要对照讲话提出的各项要求，总结分析贯彻落实情况，找出差距和不足，有针对性提出加强和改进工作的具体措施，确保讲话精神落地落实。

三、学习教育方式方法

要突出经常性教育的特点，坚持以党支部为基本单位，以“三会一课”等党的组织生活为基本形式，以落实民主评议等党员日常教育管理制度为基本依托，在融入经常、融入日常上下功夫，更好改造主观世界和客观世界。要与学习党的历史结合起来，用好红色教育资源，弘扬党的优良传统和作风，使之成为党员干部奉献农业科技事业的精神动力。要注重联系党员干部思想和工作实际，坚持正面教育与反面警示相结合，以先进典型为镜，以反面典型为戒。要因地制宜、因人施策，防止一锅煮、一刀切、大水漫灌，防止形式主义、走过场，防止撇开日常工作搞学习，防止简单以开了多少会、做了多少笔记来评判学习教育的成效。要把学习教育同做好中心工作结合起来，同落实本部门各项任务结合起来，做到两手抓、两促进。

1. 个人自学

全体党员要加强个人自学，树立重视学习、热爱学习、终身学习的观念。要读原著、学原文、悟原理，带着信念学、带着感情学、带着使命学、带着问题学。各党支部要针对不同类型党员的实际情况，对党员提出自学要求，所党委提供适合的学习资料，创造必要的学习条件，引导党员充分利用中组部共产党员网、“两学一做”学习教育网、微信易信、部院网站专栏和全国党员干部远程教育平台开展自主学习、互动交流。

2. 集中学习讨论

中心组定期组织集中学习，围绕学党章、坚定理想信念；学党规、严守纪律规矩；学讲话、增强“四个意识”；学宗旨、坚持创新为民 4 个专题开展交流研讨。认真落实“三会一课”制度，党支部每月召开一次全体党员会议，每次围绕 1 个专题组织讨论，每名党员学习会前都要认真撰写发言提纲。鼓励各党支部之间开展主题联学活动。学习讨论要紧密结合现实，联系个人思想工作生活实际，看自己在新任务新考验面前能否坚守共产党人信仰信念宗旨，能否正确处理公与私、义与利、个人与组织、个人与群众的关系，能否努力追求高尚道德、带头践行社会主义核心价值观、保持积极健康生活方式，能否自觉做到党规党纪面前知敬畏守规矩，能否保持良好精神状态、积极为党的农业科技事业担当作为。通过学习讨论，真正提高认识，找到差距，明确努力方向。

3. 创新方式讲党课

讲党课一般在党支部范围内进行，也可在单位党组织范围内讲大课，鼓励不同党支部联合讲党课、旁听其他党支部讲党课。党支部要结合专题学习讨论，对党课内容、时间和方式等作出安排。领导班子成员要在所在党支部至少讲 1 次党课。积极开展“请进来”“走出去”讲，要积极联系党校教师、有关专家、先进模范等讲党课，可邀请本单位优秀专家、先进典型讲党课，鼓励党支部书记、普通党员联系实际讲党课，或结对“互讲”。注重运用身边事例、现身说法，注重互动交流、思想碰撞、答疑释惑，增强党课的吸引力、感染力和实效性。今年“七一”前后，各党支部要结合开展纪念建党 95 周年活动，集中安排一次党课。

4. 召开专题组织生活会

年底前，以党支部为单位召开专题组织生活会。支部班子及其成员对照职能职责进行党性分析，查摆在思想、组织、作风、纪律等方面存在的问题。要面向党员和群众广泛征求意见，严肃认真开展批评和自我批评，针对突出问题和薄弱环节提出整改措施。组织全体党员对支部班子的工作、作风等进行评议。

5. 开展民主评议党员

年底前，以党支部为单位召开全体党员会议，组织党员开展民主评议。对照党员标准，按照个人自评、党员互评、民主测评、组织评定的程序，对党员进行评议。党员本人要撰写党员个人党性分析材料，填报《民主评议党员登记表》。结合民主评议，支部班子成员要与每名党员谈心谈话，党员和党员之间也要开展谈心交心。党支部综合民主评议情况和党员日常表现，确定评议等次，对优秀党员予以表扬；对有不合格表现的党员，按照党章和党内有关规定，区别不同情况，稳妥慎重给予组织处置。

6. 立足岗位作贡献

各党支部要深入开展岗位建功活动，促进党员模范履行岗位职责，保持“忠诚、规矩、担当、务实、干净”的良好风气，推动农业科技事业发展再上新台阶。要通过设立党员先锋岗、党员责任区、党员服务窗口，提出党员发挥作用的具体要求，教育引导党员时刻铭记党员身份，积极为党工作。为公众提供服务的窗口岗位、为农民提供服务的科研基地，安排共产党员坚持佩戴党徽、挂牌上岗，亮出党员身份和服务承诺，提高服务质量，展现良好形象。全面推行联系课题组、联系职工“双联系”制度，组织所领导、中层干部到联系点调研，引导党员干部在服务职工群众中增强党性、改进作风、提升能力。结合纪念建党 95 周年，评选表彰一批优秀共产党员、优秀党务工作者、先进党支部，弘扬正气、树立标杆。

7. 党员领导干部作表率

党员领导干部要以身作则、率先垂范，层层示范、层层带动，形成上行下效、整体联动的总体效应。党员领导干部要学在前、做在前，要求别人做到的，自己首先做到；要求别人不做的，自己坚决不做，不能搞“灯下黑”，不能“手电筒照人不照己”。要严格执行双重组织生活等党内生活各项制度，带头参加学习讨论，带头谈体会、讲党课、作报告，带头参加组织生活会、民主评议，带头履职尽责、立足岗位作贡献，发挥带学促学作用，推动整个学习教育扎实有效开展。2016 年度党员领导干部专题民主生活会要以“两学一做”为主题，领导班子和领导干部要查找存在的问题。

四、组织领导

1. 层层落实责任

我所“两学一做”学习教育在所党委领导下实施，把开展“两学一做”学习教育作为一项重大政治任务，尽好责、抓到位、见实效。设立研究所“两学一做”学习教育工作小组，具体负责学习教育的组织实施，在抓好领导班子自身学习教育的同时，要对各党支部进行全覆盖、全过程的现场指导，落实学习教育各项要求。党支部书记要切实承担起主体责任，不仅要管好干部、带好班子，还要管好党员、带好队伍，层层传导压力，从严从实抓好学习教育。

2. 强化组织和督导

所中心组要制订学习计划，充分发挥示范带头作用。各党支部要结合实际制订学习计划，引导帮助全体党员制订个人自学计划，督促执行“三会一课”制度，落实学习要求。要配齐配强支委会，健全完善制度，推动转化提升，确保学习教育有人抓有人管。开展党员组织关系集中排查，努力使每名党员都纳入党组织有效管理，参加学习教育。对确实严重违背党章党规的党员，该处置处置，该清理清理。对党支部书记等党务骨干进行培训，掌握工作方法，明确工作要求。党政领导班子成员要深入党支部指导，及时了解掌握党员干部的学习情况，及时发现和解决苗头性、倾向性问题。

3. 坚持分类指导

要针对管理、科研、离退休等不同类型党支部实际情况，对学习教育的内容安排、组织方式等提出具体要求。学生党员及离退休党员“两学一做”学习教育专项制定实施方案，加强对学生党员、离退休党员学习教育工作的指导。对离退休干部职工党员及年老体弱党员，原则上既要体现从严要求，又要考虑实际情况，以适当方式组织他们参加学习教育。结合院所党建网开辟“两学一做”学习教育专栏，所网及工作简报等积极主动宣传“两学一做”学习教育的做法和成效，加强舆论引导，营造良好氛围。

4. 务求取得实效

各党支部要把学习教育同科研中心工作紧密结合，突出实践特色，统筹安排。要把理想信念宗旨时时处处体现为行动的力量，筑牢拒腐防变的思想道德防线，始终保持干事创业、开拓进取的精气神，以农业科技事业发展的良好成效来体现学习教育工作的丰硕成果。

十二、中共中国农业科学院兰州畜牧与兽药研究所委员会关于领导班子成员落实“一岗双责”的实施意见

（农科牧药党〔2016〕19号）

为进一步加强研究所党的建设，不断提高全面从严治党工作水平，根据党内有关规定和部院党组的要求，制定本实施意见。

一、完善党建工作责任制

建立党委书记对党建工作负总责、所班子成员“一岗双责”、党办人事处推进落实、各党支部层层负责的党建工作责任体系。党委书记切实履行抓党建第一责任人的职责，班子其他成员根据分工切实抓好职责范围内的党建工作。

二、坚持抓党建促业务

所班子成员按照其分管的部门，对该部门业务工作和党的建设负分管责任，做到党建工作与业务工作同部署、同督促、同总结，把个人履行“一岗双责”职责情况作为年终述职、专题民主生活会的重要内容。

三、“一岗双责”主要内容

（一）参加分管部门所在党支部组织生活会，定期听取支部党建工作汇报，审定年度计划，提出指导意见。

（二）同分管部门所在党支部书记进行专题谈心谈话，了解党建工作动态、干部职工思想状况

和党风廉政建设等情况。

（三）每年至少召开1次分管部门党员群众座谈会，听取党员群众意见。

（四）坚持谈话提醒制度，抓住年节等重要时间点和出国出差等重要活动，对分管部门负责人和支部书记提醒谈话。

（五）每年至少为分管部门所在党支部党员讲党课1次。

（六）督促分管部门所在党支部认真贯彻执行民主集中制、“三重一大”“三会一课一费”、民主评议党员、党风廉政建设“两个责任”等制度，对存在的问题和薄弱环节及时指出，指导落实到位。

所班子成员要把分管部门的党建工作情况作为年底考核述职的重要内容。

四、发挥表率作用

所班子成员带头参加“两学一做”学习教育，切实增强“三个自信”，牢固树立“四个意识”，严守政治纪律和政治规矩，自觉在思想上政治上同以习近平同志为总书记的党中央保持高度一致，做政治上的明白人；带头贯彻执行党内政治生活各项规定，坚持和发扬党的优良传统和作风，自觉接受党员群众监督。

十三、中共中国农业科学院兰州畜牧与兽药研究所委员会关于党支部“三会一课”管理办法

（农科牧药党〔2016〕20号）

为进一步完善党支部“三会一课”制度，提高党支部组织生活质量，加强党员学习教育与管理，制定本办法。

第一条 “三会一课”内容

“三会一课”是指定期召开党支部委员会会议、党支部党员大会、党小组会议，按时上好党课。

第二条 “三会一课”制度

（一）党支部委员会会议

1. 党支部委员会每月召开1次，遇特殊情况可随时召开。会议由党支部书记主持，全体支委会成员参加。

2. 会议内容

（1）研究贯彻执行上级党组织和党支部党员大会的决议。

（2）讨论加强党支部的思想、组织、作风建设的事项，讨论加强思想政治工作、精神文明建设的事项。

（3）讨论通过党支部工作计划和工作总结、支部委员会工作报告。

（4）研究入党积极分子的培养教育及党员发展对象，评选优秀党员。

（5）其他应讨论决定的重要事项。

3. 党支部委员会决定重要事项时，到会支部委员必须超过半数以上；如遇重大事项需要做出决定，到会的委员不超过半数时，必须提交党员大会讨论。

4. 指定专人做好会议记录。记录要完整、准确、清晰。内容主要包括：时间、地点、主持人、参加人员、缺席人员、会议议程、委员发言摘要、做出的决议及表决情况等。会议记录由专人保管，年底存档。

5. 会议形成的决议，须确定支委会成员专门负责检查落实，并向书记报告执行情况。

（二）党支部党员大会

1. 一般每季度召开1次党支部党员大会。会议由党支部书记主持，支部全体党员参加，入党

积极分子也可以参加。

2. 会议内容

（1）传达学习党的路线、方针、政策和所党委的决议，制定党支部贯彻落实的计划、措施。

（2）听取、讨论支部委员会的工作报告，对支部委员会的工作进行审查和监督。

（3）召开专题组织生活会；开展专题学习教育、民主评议党员、党支部书记述职述廉等工作；通报党费收缴情况。

（4）讨论发展新党员和接受预备党员转正，讨论决定对党员的表彰和处分。

（5）选举支部委员会成员；开展优秀共产党员、优秀党务工作者及先进党支部评选推荐工作。

（6）讨论需由党支部大会决定的其他重要事项。

3. 支部组织委员负责会议记录，记录要完整，清晰。主要内容包括：时间、地点、主持人、参加人员、缺席人员、会议议程、党员发言摘要、大会做出的决议及表决情况等。会议记录专人保管，年底存档。

4. 会议形成的决议由支委会负责检查落实。

（三）党小组会议

1. 党小组会一般每月召开 1~2 次，如支部有特殊任务，次数可增加，也可推迟召开。会议由党小组组长主持，小组全体党员参加。

2. 党小组会议的主要内容

（1）传达学习党的路线、方针、政策和党支部的决议，制定贯彻落实党支部决议的具体措施。

（2）研究开展党小组活动的计划；开展民主评议党员、专题学习教育工作；通报党费收缴情况。

（3）讨论违纪党员的问题，提出处理意见。

（4）对积极分子列为发展对象提出建议。

（5）讨论需由党支部大会决定的其它重要事项。

3. 指定专人做好会议记录，会议记录要清晰、完整。主要内容包括：时间、地点、主持人、参加人员、缺席人员、会议议程、党员发言摘要、党小组会议做出的决议及表决情况等。会议记录要认真保管，年底存档。

（四）党课制度

1. 一般每季度安排 1 次党课，也可根据实际情况适当增加。

2. 党课内容

（1）学习《中国共产党章程》和党内其他法规。

（2）学习党的方针政策。

（3）学习党建相关理论和知识。

（4）结合当前形势，对党员进行形势教育和任务教育。

3. 要求

（1）要认真制定党课计划。

（2）建立考勤制度，无特殊情况，党员不能无故缺席。对因故未能参加党课的党员要及时补课。

（3）由党支部书记讲党课，也可以邀请党委成员、党员先进典型人物或具备授课能力的其他支部委员、党员授课。每次授课必须要充分准备，讲课时要联系实际，讲求实效。

（4）每次党课要认真做好记录。主要包括：时间、地点、授课人、参加人员、缺席人员、党课主要内容、党员点评摘要和领导讲话要点等。

第三条　“三会一课”制度执行情况与标准党支部创建挂钩，与党支部党建述职评议挂钩。

对不能按照本办法规定开展“三会一课”活动的党支部，所党委要及时进行督促，限期整改。对长期执行“三会一课”制度不力的党支部，要对支部委员会进行调整改选。

第四条　本办法自2016年7月4日党委会会议通过之日起执行。

第五条　本办法由党委办公室负责解释。

十四、中共中国农业科学院兰州畜牧与兽药研究所委员会关于党费收缴使用管理的规定

（农科牧药党〔2016〕20号）

根据《中共中央组织部关于中国共产党党费收缴使用和管理的规定》（中组发〔2008〕3号），为进一步加强研究所党员党费收缴管理工作，制定本规定。

第一条　按月领取工资的党员，每月以工资总额中相对固定的、经常性的工资收入（即岗位津贴、薪级工资、绩效工资、津贴补贴）为计算基数，按规定比例交纳党费。

第二条　党员工资收入发生变化后，从按新工资标准领取工资的当月起以新的工资收入为基数，按照规定比例交纳党费。

第三条　党员交纳党费的比例为：

（一）在职党员：每月工资收入（税后）在3 000元以下（含3 000元）者，交纳月工资收入的0.5%；3 000元以上至5 000元（含5 000元）者，交纳1%；5 000元以上至10 000元（含10 000元）者，交纳1.5%；10 000元以上者，交纳2%。

（二）离退休党员：每月以实际领取的离退休费总额或养老金总额为计算基数，5 000元以下（含5 000元）者按0.5%交纳党费，5 000元以上者按1%交纳党费。

（三）学生党员：每月缴纳党费0.2元。

（四）预备党员：从支部大会通过其为预备党员之日起交纳党费，党费交纳比例按（一）、（二）、（三）款执行。

（五）交纳党费确有困难的党员，经党支部委员会研究，报所党委批准后可以少交或免交党费。

第四条　党员应主动按月向党支部交纳党费，如有特殊情况，经党支部同意，可以每季度交纳一次党费。补交党费的时间一般不得超过6个月。

对不按照规定交纳党费的党员，其所在党支部应及时对其进行批评教育，限期改正。对无正当理由，连续6个月不交纳党费的党员，按自行脱党处理。

第五条　党费应存入中国农业银行单独设立的银行账户。各党支部于每月25日之前将本支部党员交纳的党费及党员党费缴纳明细单上报党委办公室，党委办公室负责将各党支部上交的党费存入研究所党费专用账户。

第六条　党费实行会计、出纳分设管理。党费的日常管理工作由党办人事处负责，财务工作由条件建设与财务处负责。党费会计核算和会计档案管理参照《行政单位会计制度》执行。按照规定比例向中共兰州市委上缴党费。

第七条　党费必须用于党的活动，主要作为党员教育经费的补充。具体使用范围为：（1）培训党员；（2）订阅或购买用于开展党员教育的报刊、资料、影像制品和设备；（3）表彰先进党支部、优秀共产党员和优秀党务工作者；（4）补助生活困难的党员；（5）补助遭受严重自然灾害的党员和修缮因灾受损的党员教育设施；（6）组织党员开展的各项活动；（7）其他事项。

第八条　党费使用实行逐级签字审批制度。

（一）借款：使用人填写《借款单》，注明借款金额及用途，党委办公室主任签字审核，所党

委书记审批。

（二）报销：经手人填写《报销单》，注明党费用途、报销金额，并附发票；与该笔党费支出有关的人员签字验证，党委办公室主任签字审核，所党委书记审批。签字审批手续不全，不得借支和报销党费。

第九条 所党委每年12月在党员大会上报告党费收缴、使用和管理情况。党支部每年向党员公布一次本支部党员党费收缴情况。

第十条 本办法自2016年7月4日党委会会议通过之日起执行。

第十一条 本办法由党委办公室负责解释。

十五、中国农业科学院兰州畜牧与兽药研究所“科研英才培育工程”管理办法

（农科牧药人〔2016〕28号）

第一章 总 则

第一条 为了贯彻落实中国农业科学院人才引育“双轮驱动”战略，做好“科研英才”培养工作，建立科学、规范的培养管理机制，根据中共中国农业科学院党组《青年英才计划“科研英才培育工程”实施方案》，结合研究所实际，特制定本办法。

第二条 科研英才遴选工作坚持思想政治素质、科研道德、科研创新能力、团结协作精神、发展潜力等素质并重。充分发挥同行专家的作用，严把质量关，优中选优，确保入选者德才兼备，具有较大发展潜力。

第二章 管理机构

第三条 研究所人才工作领导小组负责研究所“科研英才培育工程”相关政策和科研英才的遴选、年度跟踪考核、期满评估工作。

第四条 党办人事处负责研究所“科研英才培育工程”的日常管理工作，科技管理处、条件建设与财务处等部门配合做好有关管理工作。

第三章 遴 选

第五条 入选者应具备以下基本条件：

（一）政治立场坚定，热爱祖国，具备良好的职业道德和敬业精神；

（二）治学严谨，勇于创新，团结协作，有强烈的事业心和责任感；

（三）在农业科技创新领域从事基础研究、应用基础研究和应用研究等工作；

（四）年龄在35周岁以下，具有博士学位，身体健康，具有较大的发展潜力；

（五）具备副高级及以上专业技术职务（特别优秀的，可破格考虑）；

（六）做出突出成绩者优先入选。

第六条 遴选程序

（一）个人申报。申报人员根据遴选指标和要求，向研究所提出申请，并提交申报材料，主要包括：

1. 个人基本信息；

2. 主持和主要参与的科研项目；

3. 已取得科研成果或奖励；

4. 培育期目标、培育措施等。

（二）审核评审。党办人事处负责对申报人员进行资格审查。所人才工作领导小组组织同行专家对符合申报条件的人选进行遴选，遴选环节主要包括：对申报人员的思想品质、科研能力、学术水平、科研成果等进行考核，申报人员答辩、会议评议、无记名投票表决，确定所级入选者。

（三）公示。对确定的所级入选者进行公示，公示期为 3 个工作日。公示无异议后，报院人才工作领导小组备案，进入研究所培育程序。

（四）签订协议。研究所与所级入选者签订《中国农业科学院青年英才计划“科研英才培育工程”所级入选者管理协议》，明确培育目标、培育方案等。

第四章　培育周期及方式

第七条　培育期为 5 年，从签订管理协议当月起计算。

第八条　培育方式

（一）自选培育项目

科研英才所级入选者在以下 4 个自选培育项目中选择 2 个开展培育。

1. 成长互助项目。参照中国农业科学院“科研英才培育工程”实施方案中成长互助项目实施办法，研究所选派科研英才所级入选者到我院优势研究所或团队开展合作研究工作。

2. 导师引航项目。参照中国农业科学院“科研英才培育工程”实施方案中导师引航项目实施办法，研究所聘请高层次人才担任所级入选者的成长导师，定制发展规划并跟踪指导，帮助打牢理论基础，开拓学科视野，提高研究水平。

3. 首席助理项目。在中国农业科学院科技创新工程创新团队中设置首席科学家助理岗位，安排科研英才所级入选者担任首席科学家助理。

4. 前沿探索项目。依托“中国农业科学院基础研究引导计划”，支持科研英才所级入选者开展孵化性基础研究，对国家自然科学基金面上项目和青年科学基金项目获得者给予经费配套支持，为下一步申请获得优秀青年科学基金和杰出青年科学基金奠定坚实基础。实施办法按照《中国农业科学院基础研究引导计划实施方案》有关规定执行。

（二）成长绿色通道

科研英才所级入选者执行以下绿色通道政策。

1. 专业技术职务晋升。在专业技术职务评审工作中，在同等条件下优先评审推荐所级入选者。

2. 各类人才推荐。在国家和省部级人才计划（工程）推荐评审工作中，在同等条件下优先推荐所级入选者；择优推荐入选者担任省部重点实验室、工程技术中心等的重要职务。

3. 导师资格遴选。在硕士、博士生指导教师资格遴选工作中，在同等条件下优先考虑所级入选者。

4. 重大项目申报。在申请国家自然科学基金、科技重大专项、重点研发计划、技术创新引导专项（基金）等项目时，优先推荐入选者担任项目负责人或支持主要参与项目实施工作。

第五章　支持经费与享受待遇

第九条　培育期内，研究所统筹基本科研业务费、创新工程专项经费等资金，为所级入选者提供 50 万元科研经费支持，主要用于入选者开展自主选题、学术交流、学习培训和文献出版等支出。

分年度经费额度由研究所与入选者协商确定。研究所可根据入选者科研经费支出进度和工作进展，适当调增或调减分年度经费额度。

第十条 培育期内，所级入选者除享受研究所正式职工的工资、福利和医疗等待遇外，可按照甘肃省领军人才津贴标准享受岗位补助，根据考核结果发放。

第六章 培育考核评估

第十一条 对所级入选者采取年度跟踪考核、期满评估的方式进行考核评估。

第十二条 年度跟踪考核和期满评估内容包括：承担科研任务、科研进展、成果产出、当年支持经费使用情况和培育目标完成情况等。

第十三条 评估结果分为优秀、合格、基本合格和不合格 4 个档次。年度跟踪考核结果为基本合格或不合格的，要及时查找原因，调整培育措施。因研究所支持不力，导致入选者不能达到培育目标的，研究所进行整改落实；因个人原因未达到培育目标的，研究所将取消其入选者资格并停止支持。期满评估结果优秀的入选者，研究所将继续给予培育扶持。

第十四条 对违反学术道德规范，产生不良社会影响的入选者，研究所将取消其入选者资格并停止支持。

第七章 附则

第十五条 本办法自 2016 年 9 月 13 日所务会议通过之日起执行。

第十六条 本办法由党办人事处负责解释。

第七部分　大事记

● 1月27日，中国农业科学院党组陈萌山书记，院党组成员、人事局魏琦局长，财务局刘瀛弢局长，监察局舒文华局长等一行8人到所检查指导工作。陈书记在讲话中指出：研究所发展势头良好，发展前景广阔。陈书记要求：要立足西部，克服地域劣势，发挥学科优势，按照行业和地方科技需求，更好融于地方，服务地方。要着眼未来，服从大局，谋划大事，根据国家重大需求，结合未来发展方向，做出更大的贡献。要扶持大项目，在科技成果培育孵化上大下功夫，积极主动，整体提升研究所的科技竞争力。要重视基础研究，完善创新考核机制。要大力推进协同创新，建立大协作，大联合创新机制。建立绿色增产增效模式，集成社会技术，真正发挥中国农业科学院在农业发展中的引领作用，使之产生倍加效应。加强交流，解放思想，借鉴学习，服务科研，转变作风、理念和思路，更好地为科研工作服务。

● 1月4日，研究所组织召开了2015年科研项目总结会，全所科研人员参加会议，张继瑜副所长主持会议。

● 1月5日，研究所召开年度部门工作汇报会，全面总结2015年工作。

● 1月14日上午，中国农业科学院2016年工作会议在北京开幕。张继瑜副所长、处级以上干部、创新工程团队首席专家和科研骨干60余人在研究所视频会议室同步收看了大会实况。

● 1月20日，研究所召开职工大会，传达贯彻中国农业科学院2016年工作会议和党风廉政建设工作会议精神，部署研究所2016年工作。

● 1月29日，研究所召开2015年总结表彰大会。

● 1月13日，研究所召开了2016年度国家自然科学基金项目申报暨“十三五”国家科技立项工作研讨会。

● 1月13—18日，杨志强所长、刘永明书记赴北京参加中国农业科学院2016年院工作会议。

● 1月12日，兰州市科技大市场王海燕主任来研究所调研。

● 1月29日，研究所召开2016年离退休职工迎春茶话会。

● 2月1日，甘肃省农牧厅姜良副厅长一行5人应邀到研究所就“高山美利奴羊”新品种推广转化工作进行专题调研指导。

● 2月2日，杨志强所长、刘永明书记、张继瑜副所长和阎萍副所长率领职能部门负责人走访慰问研究所离休干部、困难党员、困难职工。

● 2月3日，研究所分别与甘肃陇穗草业有限公司、酒泉大业种业有限责任公司签定了“航首1号紫花苜蓿”和“中兰2号紫花苜蓿”新品种授权生产许可协议，有偿授权这两家企业对研究所培育的苜蓿新品种扩大生产经营。

● 2月29日，杨志强所长、刘永明书记、张继瑜副所长、阎萍副所长赴北京参加中央第八巡视组专项巡视中国农业科学院党组工作动员会。

● 3月29日，研究所主持完成的甘肃省科技重大专项“甘肃超细毛羊新品种培育及产业化研究与示范”“新型高效安全兽用药物‘呼康’的研究与示范”及甘肃省科技支撑计划、甘肃省国际科技合作、甘肃省农业科技成果转化资金计划和甘肃省中小企业创新基金计划等8个科研项目通过甘肃省科技厅的验收。

● 3月13—14日，杨志强所长、张继瑜副所长等一行6人前往上海市，与上海朝翔生物技术有限公司陈佳铭董事长等就开展所企合作进行洽谈并签约。

● 3月10日，研究所第四届职工代表大会第五次会议在科苑东楼召开。会议由所党委书记、工会主席刘永明主持，研究所第四届职工代表大会代表35人出席了会议，全体职工旁听了大会。

● 3月9日，兰州市南北两山环境绿化工程指挥部王恩瑞指挥一行到研究所大洼山试验基地考察指导工作。

● 3月24日，张继瑜副所长一行6人应邀赴成都中牧生物药业有限公司就兽药研发、成果转化、技术创新、生产工艺等方面开展了研讨交流。

● 3月4日，研究所工会组织女职工和女学生在大洼山试验基地举办了庆祝“三八”妇女节趣味活动。

● 3月1日，兰州市人大常委会席飞跃副主任一行14人到研究所调研。

● 3月19—20日，杨志强所长参加甘肃省科协第七届第三次会议。

● 3月21—25日，杨志强所长参加兰州市人大第十五届第六次会议。

● 3月24日，财政部驻甘肃监察专员办事处鲁怀忠处长、王迎庆副处级调研员到研究所调研。

● 3月24日，西北农林科技大学动物医学院院长周恩民教授一行4人到研究所考察。

● 3月21日，刘永明书记主持召开研究所干部会议，传达学习中国农业科学院党组关于开展“四风”问题集中检查工作文件精神，部署研究所“四风”问题集中检查工作。

● 4月13—15日，依托于研究所的农业部动物皮毛及制品质量监督检验测试中心（兰州）（以下简称“中心”）顺利通过复查评审。

● 4月8日，中国农业科学院深圳农业基因组研究所筹备组副组长方宜文率领基因所及辖区派出所警官一行5人到所，就“警民共建”、和谐所区建设和科技项目合作事宜进行考察。

● 4月15日，研究所邀请全国劳动模范、党的第十七次全国代表大会代表、北京市奶牛中心副主任张晓霞高级畜牧师做了题为“立足本职　敬业奉献”的报告。

● 4月15—25日，研究所组织职工在大洼山试验基地开展了2016年春季义务植树活动。

● 4月29日研究所举行“庆五一健步走”活动。杨志强所长、刘永明书记、张继瑜副所长与200多名职工、研究生参加了活动。

● 4月14—17日，张继瑜研究员、李剑勇研究员等一行五人赴天津参加科技部兽用化学药物产业创新联盟会议。

● 4月21日，兰州市科学技术局召开全市科技奖励大会。研究所苗小楼副研究员主持的“‘益蒲灌注液’的研制与推广应用”项目获得兰州市科技进步二等奖，李剑勇研究员主持的“‘阿司匹林丁香酚酯’的创制及成药性研究”项目获得兰州市技术发明三等奖。

● 4月13日，刘永明书记主持召开研究所理论学习中心组学习会议，学习了习近平总书记关于从严治党的论述和在中纪委十八届六次全会上的讲话、王岐山在中纪委十八届六次全会上的讲话、韩长赋在农业部党风廉政建设会议上的讲话和陈萌山书记在中国农业科学院党员干部警示教育视频会议上的讲话。

● 5月5日，研究所召开了“两学一做”学习教育动员部署大会。杨志强所长主持会议，刘永明书记、张继瑜副所长与全体党员参加了会议。

● 5月30日，由我国实践十号返回式科学实验卫星搭载的牧草种子交接仪式在研究所举行。航天神舟生物科技集团有限公司赵辉总工程师将研究所搭载的14份牧草种子亲手交给杨志强所长。

● 5月10日，英国伦敦大学药学院生药学及植物疗法学中心米夏埃尔·海因里希教授应邀到所访问。

● 5月11—14日，杨志强所长、阎萍副所长等一行6人在陇南市杨永坤副市长的陪同下，对陇南市的徽县、成县、康县和武都区牛、羊、猪养殖场及生态放养鸡生产基地、中草药生产加工企业进行了考察，详细了解了相关产业发展状况，对企业生产中存在的问题进行了现场指导。

● 5月17—18日，研究所组织专家举行了2016届研究生毕业论文答辩、2014级研究生中期检查和2015级博士研究生开题报告会。13名应届毕业生顺利通过了学位论文答辩，16名研究生通过中期考核，4名研究生完成开题。

● 5月17日，研究所与济南亿民动物药业有限公司签订了新兽药“银翘蓝芩口服液”技术转让协议。杨志强所长和济南亿民动物药业有限公司董事长王涛分别代表双方在转让协议上签字。

● 5月18—20日，荷兰瓦赫宁根大学胡伯·撒瓦卡教授应邀到所进行交流访问。

● 5月6日，研究所组织职工参加了由兰州市七里河区文明委开展的“关爱母亲河”志愿服务活动。

● 5月18日，杨志强所长赴北京参加2016年中国畜牧兽医学会动物药品学会理事长工作会议。

● 5月12日，刘永明书记参加兰州市总工会召开的民主管理政务公开座谈会。

● 6月30日，为隆重庆祝中国共产党成立95周年，研究所举办了中国共产党成立95周年庆祝大会。大会由杨志强所长主持，所领导班子成员及全体党员参加了大会。

● 6月16日，刘永明书记以《落实全面从严治党要求，扎实开展“两学一做”学习教育》为主题，为研究所全体党员做了“两学一做”专题党课。

● 6月30日，为深入推进“学党章党规、学系列讲话、做合格党员”学习教育，研究所举办了“两学一做”学习教育知识竞赛活动。

● 6月8日，由研究所主持完成的“新型中兽药‘产复康’的产业化示范与推广”等8个兰州市科技发展计划项目，通过了市科技局组织的项目验收。

● 6月份研究所开展了以“强化安全发展观念，提升全民安全素质”为主题，内容丰富、形式多样的安全生产月系列活动。

● 6月3日，中共甘肃省委通报了2015年精准扶贫考评结果，研究所被评为优秀。

● 6月14—16日，中国农业科学院基本建设局陈璐副局长一行4人莅临研究所对研究所承担的试验基地建设项目和兽用药物创制重点实验室建设项目两个在建基本建设项目进行了检查。

● 6月29日，湖北武当动物药业有限责任公司陈国民总经理来所交流研讨。

● 6月2日，杨志强所长、刘永明书记、张继瑜副所长和阎萍副所长赴北京参加中央第八巡视组专项巡视中国农业科学院党组情况反馈专题会议。

● 6月22—25日，刘永明书记参加兰州市总工会第十二次代表大会。

● 7月6—7日，中国农业科学院“羊绿色增产增效技术集成模式观摩会议”在甘肃省永昌县召开。中国农业科学院副院长李金祥、甘肃省农牧厅副厅长姜良和研究所所长杨志强、副所长张继瑜等出席会议。中国农业科学院成果转化局局长袁龙江主持会议。甘肃省绵羊繁育技术推广站李范文站长、金昌市人民政府市长助理顾建成等领导、有关专家、技术人员和专业合作社农牧民代表、内蒙古代表区代表、中国科学报和农民日报等共70多个单位200余人出席会议并参加活动。

● 7月6日，中国农业科学院王汉中副院长和成果转化局综合处彭卓处长到所检查指导工作。

● 7月28日，党委书记刘永明主持召开了研究所警示教育大会，研究所全体职工观看了由中国农业科学院监察局和武汉市武昌区人民检察院联合摄制的警示教育片《转基因学者的变异人生—卢长明、曹应龙贪腐警示录》。

● 7月1日，研究所承担的2016年度修购专项-农业部兰州黄土高原生态环境重点野外科学观测试验站观测楼修缮项目在大洼山综合试验基地开工。

● 7月13日和7月20日，由研究所承担完成的“奶牛隐性乳房炎快速诊断技术LMT的产业化开发”“中型狼尾草在盐渍土区生长特性及其应用研究”项目和“中药制剂‘清宫助孕液’的产业化示范与推广”和“高效畜禽消毒剂二氧化氯粉剂的研究及产业化”项目两次分别通过了市兰州科技局组织的项目验收。

● 7月10—16日，应南非夸祖鲁-纳塔尔大学生命科学院院长Samson Mukaratirwa教授邀请，李剑勇研究员一行4人赴南非夸祖鲁-纳塔尔大学进行了为期7天的学术交流访问。

● 7月25日，兰州市发展和改革委员会副主任王建明一行来所调研。

● 7月26日，甘肃省地矿局第三地质矿产勘查院工会主席田毅一行11人到所调研文明单位创建工作。

● 7月14日，杨志强所长主持召开所长办公会议。按照中国农业科学院非公司制所办企业改制工作要求，研究决定了注销中国农业科学院兰州牧药所综合试验站，同意将中国农业科学院中兽医研究所药厂和中国农业科学院兰州牧药所伏羲宾馆改制为有限责任公司。并责成改制两企业负责人起草改制方案。刘永明书记、张继瑜副所长、阎萍副所长及办公室赵朝忠主任，条件建设与财务处肖堃处长、巩亚东副处长，基地管理处董鹏程副处长、王瑜副厂长，后勤服务中心张继勤副主任参加了会议。

● 7月5日，河南商丘爱己爱牧生物科技有限公司陈五常董事长、吴春丽总经理来所洽谈交流。

● 7月5日，澳大利亚国立大学Catherine Schuetze博士访问研究所。

● 7月11—12日，张继瑜副所长赴西藏自治区拉萨市参加全国农业科技援藏座谈会。

● 7月22日，中国农业科学院科技局王述民副局长、项目管理处刘涛副处长来所调研。

● 7月25—27日，中国农业科学院李金祥副院长、张继瑜副所长、阎萍副所长赴张掖参加国家肉牛牦牛产业技术体系第六届技术交流大会暨“张掖肉牛”高端研讨会。

● 7月4日，研究所高山美利奴羊新品种培育及应用课题组荣获中国农业科学院2012—2015年度中国农业科学院“青年文明号”称号。

● 7月4日，在中国农业科学院开展的2014—2015年度优秀共产党员、优秀党务工作者和先进基层党组织评选活动中，研究所党委荣获先进基层党组织称号，党委书记刘永明荣获优秀党务工作者称号，畜牧党支部书记高雅琴荣获优秀共产党员称号。

● 7月7日，七里河区委统战部副部长马定涛莅临研究所，对区政协委员候选人严作廷、郭健和郝宝成进行了民主测评和谈话考察。

● 7月28日，四川省阿坝州若尔盖县农牧局旦珍塔局长一行来所就深入开展藏兽医药合作开展交流。

● 8月1日，中国农业科学技术出版社闫庆建主任一行来所就图书出版进行调研。

● 8月11日，北京农业职业学院畜牧兽医系刘洪超书记一行8人来所考察。

● 8月12日，杨志强所长围绕“两学一做”学习教育有关要求，聚焦习近平总书记在建党95周年和创新科技三会重要讲话精神，以《不忘初心　做合格党员　在争创一流研究所中建功立业》为题，为研究所全体党员讲了党课。

● 8月14日，湖北省农业科学院邵华斌副院长一行5人到所考察交流。

● 8月16日，河北威远动物药业有限公司马国峰总经理一行来研究所就科技合作进行交流。

● 8月22—31日，杨志强所长陪同农业部副部长、中国农业科学院院长李家洋赴吉尔吉斯斯坦、塔吉克斯坦和俄罗斯联邦访问，为全面推动中国农业科学院与三国农业科技合作奠定了坚实的基础。

● 8月23日，中国农业科学院人事局副局长、离退休办公室主任吴京凯一行3人到研究所调研离退休管理服务工作。

● 8月23日，成都中牧药业有限公司廖成斌董事长一行5人，与张继瑜研究员等专家在研究所举行联席会议。

● 8月25日，研究所召开理论学习中心组会议，学习习近平总书记在庆祝中国共产党成立95周年大会和全国科技创新大会上的重要讲话精神，听取中共中央党校副教育长、哲学部主任、博导韩庆祥的视频辅导报告，围绕“增强看齐意识，用习近平总书记系列重要讲话精神武装头脑”开展专题研讨。

● 9月1—3日，农业部工程中心郝聪明处长、中国农业科学院基建局万桂林副处长一行6人到研究所张掖基地调研。

● 9月5日，研究所阎萍副所长一行6人深入甘南藏族自治州临潭县新城镇开展精准扶贫帮扶工作。

● 9月6号，甘肃省科技厅李文卿厅长到所调研并座谈。杨志强所长、刘永明书记、阎萍副所长出席座谈会，研究所科技管理处负责人及创新团队首席参加座谈会。张继瑜副所长主持会议。

● 9月7—8日，中国农业科学院饲料研究所党委书记康威、国家饲料中药物基准实验室主任李秀波研究员等一行3人到所考察。

● 9月11号，应英国伦敦大学、布里斯托大学和荷兰莱顿大学邀请，张继瑜副所长一行4人赴3所大学访问与交流。

● 9月16号，以色列农业研究院思明・亨金（Zalmen Henkin）博士、耶尔・拉奥（Yael Laor）博士、艾瑞奥・谢莫纳（Ariel Shabtay）博士和美里・津德尔（Miri Zinder）博士一行来所进行访问交流。

● 9月17—19日，杨志强所长赴四川省成都市参加2016年第六届中国兽医药大会，并参加中国畜牧兽医学会动物药品学分会第五届全国会员大会，会上当选为副理事长。

● 9月20—25日，应日本鸟取大学和HighChem株式会社药物研发中心邀请，杨志强研究员、科技管理处王学智研究员、中兽医（兽医）研究室李建喜研究员、兽药研究室蒲万霞研究员和吴培星副研究员一行赴该机构访问。

● 9月27—28日，科技部科技信息研究所张超中研究员、杜艳艳研究员，中国农业大学许剑琴教授来研究所开展“健康畜牧业促进生态文明的对策研究”课题调研。

● 9月26—28日，中国农业科学院离退休工作会议在兰州饭店召开。兰州畜牧与兽药研究所老干部管理科被评为中国农业科学院离退休工作先进集体。

● 9月29日，中国农业科学院人事局李巨光副局长带领的中国农业科学院人事人才建设调研组到所，就人才队伍建设有关情况进行了座谈。

● 10月9日，农业部兽用药物创制重点实验室和甘肃省新兽药工程重点实验室第一届学术委员会第四次会议在研究所召开。

● 10月9日，中国农业科学院党组成员、研究生院刘大群院长到所调研研究生工作。

● 10月9日，研究所举行了离退休职工欢度重阳佳节趣味活动。

● 10月10日，杨志强所长、刘永明书记和张继瑜副所长参加甘肃农业大学建校70周年庆祝大会。

● 10月11日，我国著名的兽医学家夏咸柱院士和中国兽医药品监察所段文龙研究员，应邀到所做学术报告。

● 10月18日，贵州省种畜禽种质测定中心唐隆强副书记一行10人来研究所就科技合作及畜禽种质检测进行交流。

● 10月19日，中国农业科学院油料作物研究所廖伯寿所长、张学昆副所长、基地办金河成主任一行3人来所考察。

● 10月20—23日，研究所承担的2013、2014年度修购专项“中国农业科学院共建共享项目‘张掖大洼山综合试验站基础设施改造’和‘中国农业科学院公共安全项目所区大院基础设施改造’”项目通过了农业部科教司调研员郝先荣等专家的验收。

● 10月25—31日，阎萍研究员、郭宪副研究员、丁学智副研究员一行3人对芬兰Orion医药和丹麦奥胡斯大学举行了学术访问。

● 10月26日，中国农业科学院办公室汪飞杰主任、院办秘书处左旭副处长、干部石瑾一行到研究所，对研究所保密工作进行检查和指导。

● 10月26—30日，张继瑜副所长赴比利时布鲁塞尔欧盟总部参加中欧国际合作项目H2020项目小组会议，并作了题为《细胞内病原原虫病防治策略》的报告。

● 10月27—28日，中国农业科学院2016年综合政务会议在兰州召开。研究所荣获中国农业科学院年度“好公文”单位称号，办公室赵朝忠主任荣获“优秀核稿员”称号。

● 10月31日，研究所理论学习中心组召开会议，学习党的十八届六中全会精神。

● 11月4日，研究所纪委书记、副所长张继瑜以《共筑中国梦　建设一流研究所》为题，为研究所全体党员讲了“两学一做”专题党课。

● 11月2日，中国农业科学院监察局副局长姜维民一行3人到所调研“科研项目试剂耗材采购平台”和“科研经费信息公开平台”建设情况。

● 11月1日，杨志强所长参加甘肃省农业科技创新联盟成立大会，并陪同参会的中国农业科学院副院长万建民和科技局局长梅旭荣考察研究所。

● 11月2日，中国农业科学院人事局调研组组长、烟草所副所长梁富昌、人事局综合处处长严定春、人事局人才处处长季勇等8人莅临研究所调研科研项目劳务费开支情况。

● 11月11—12日，杨志强所长赴天津参加京津冀科技协同与创新百名院所长领导者创新论坛。

● 11月16日，为进一步加强党风廉政教育，牢固树立全面从严治党的意识，研究所组织全体职工观看了《党风廉政教育警示录典型案例选》。

● 11月16—17日，杨志强研究员、张继瑜研究员赴江苏省绍兴市参加中国畜牧兽医学会成立80周年纪念暨第十四次会员代表大会，杨志强研究员当选为常务理事，张继瑜研究员当选为理事。

● 11月20日，杨志强所长赴南京农业大学参加盛彤笙兽医科学奖颁奖典礼。

● 11月27日，由苏丹农业与林业部哈萨布司长为团长的代表团一行十人来所访问，农业部对外经济合作中心王先忠处长和甘肃省农牧厅刘志民副厅长等陪同访问。

● 11月27日至12月3日，杨志强所长参加兰州市七里河区第十八届人民代表大会第一次会议。

● 11月29日，研究所邀请中国环境健康与卫生安全促进会甘肃省健康教育专业委员会专家王新娟老师开展了“健康生活方式技能培训与演练”活动。

● 11月27日至12月17日，张继瑜副所长参加中国农业科学院“现代农业科研院所建设与发展培训”赴美国培训交流。

● 12月1—2日，中国农业科学院财务局张士安副局长到研究所调研资产与预算管理情况。

● 12月2日，研究所召开理论学习中心组会议，学习贯彻党的十八届六中全会精神，开展

“两学一做”第四次专题研讨。会议由刘永明书记主持，全体中层干部、各党支部书记及创新团队首席专家参加了会议。

● 12月3日，中国农业科学院科技管理局组织有关专家对研究所主持的农业部948项目“奶牛乳房炎病原菌高通量检测技术与三联疫苗引进和应用”进行了验收。

● 12月9日，研究所组织全体职工及研究生举行消防安全知识讲座和消防演练活动。

● 12月12—13日，杨志强所长赴海南省三亚市参加第五届国际农业科学院院长高层研讨会。

● 12月15日，应研究所青年工作委员会邀请，研究所创新团队“细毛羊资源与育种”首席科学家杨博辉研究员为研究所全体青年职工、研究生做了题为《修学笃行筑团队》的道德讲堂讲座。

● 12月17日，中国农业科学院中兽医研究所药厂顺利通过甘肃省兽医局组织的兽药GMP复验。

● 12月19—20日，国际家畜研究所韩建林教授和国际旱地农业研究中心Joram博士一行应邀来所访问。

● 12月21日，研究所召开了2016年科研工作总结汇报会。会议由张继瑜副所长主持，全所人员参加会议。

● 12月23日，研究所召开2016年国际合作与交流总结汇报会。科技管理处王学智处长主持汇报会。

● 12月26日，四川省羌山农牧科技股份有限公司董事长张鑫燚一行12人来研究所进行合作交流。

● 12月30日，应研究所邀请，原甘肃省委常委、副省长、中国藏学研究中心副总干事洛桑•灵智多杰来所做了“青藏高原生态畜牧业发展战略研究”的学术报告。

● 12月30日，刘永明书记参加甘肃省卫生与健康大会。

第八部分　职工名册

一、在职职工名册

见表8-1。

表8-1　牧医所职工名册

序号	姓名	性别	出生年月	参加工作时间	党群关系	学历学位	行政职务	专业技术职务	所在处室	备注
1	杨志强	男	1957-12	1982-02	党员	大学	所　长	研究员		党委副书记
2	刘永明	男	1957-05	1980-12	党员	大学	书　记	研究员		副所长 工会主席
3	张继瑜	男	1967-12	1991-07	党员	博士	副所长	研究员		党委委员 纪委书记
4	阎　萍	女	1963-06	1984-10	党员	博士	副所长	研究员		党委委员
5	赵朝忠	男	1964-03	1984-07	党员	大学	主　任	副　研	办公室	
6	陈化琦	男	1976-10	1999-07	党员	大学	副主任	副　研	办公室	
7	张小甫	男	1981-11	2008-07	党员	硕士		助　研	办公室	
8	符金钟	男	1982-10	2005-06	党员	硕士		助　研	办公室	
9	张　梅	女	1962-10	1986-09		中专		实验师	后　勤	
10	陈云峰	男	1961-10	1977-04		高中		技　师	办公室	
11	韩　忠	男	1961-10	1978-12		大学		技　师	办公室	
12	罗　军	男	1967-12	1982-10	党员	大专		技　师	办公室	
13	康　旭	男	1968-01	1984-10		大专		高级工	办公室	
14	王学智	男	1969-07	1995-06	党员	博士	处　长	研究员	科技处	
15	曾玉峰	男	1979-07	2005-06	党员	硕士	副处长	副　研	科技处	
16	周　磊	男	1979-05	2006-08	党员	硕士		助　研	科技处	
17	师　音	女	1983-03	2008-03	党员	硕士		助　研	科技处	
18	杨　晓	男	1985-02	2010-07		硕士		助　研	科技处	
19	吕嘉文	男	1978-08	2001-08		硕士		助　研	科技处	
20	刘丽娟	女	1988-07	2014-07	党员	硕士		研实员	科技处	
21	赵四喜	男	1961-10	1983-08	九三	大学		编　审	编辑部	
22	魏云霞	女	1965-07	1987-07	九三	博士		副　研	编辑部	

（续表）

序号	姓名	性别	出生年月	参加工作时间	党群关系	学历学位	行政职务	专业技术职务	所在处室	备注
23	程胜利	男	1971-03	1997-07	民盟	硕士		副　研	编辑部	
24	陆金萍	女	1972-06	1996-07	党员	大学		副　研	编辑部	
25	肖玉萍	女	1979-11	2005-07	党员	硕士		副编审	编辑部	
26	王贵兰	女	1963-03	1986-07		大学		助　研	编辑部	
27	杨保平	男	1964-09	1984-07		大学		助　研	编辑部	
28	王华东	男	1979-04	2005-07		硕士		助　研	编辑部	
29	杨振刚	男	1967-09	1991-07	党员	大学	处　长	研究员	党办人事处	党委委员
30	荔　霞	女	1977-10	2000-09	党员	博士	副处长	副　研	党办人事处	
31	吴晓睿	女	1974-03	1992-12	党员	大学	副主科	副　研	党办人事处	
32	牛晓荣	男	1958-02	1975-04	党员	大专	主　科	高级实验师	党办人事处	
33	席　斌	男	1981-04	2004-07	党员	硕士		助　研	党办人事处	
34	黄东平	男	1961-06	1979-12		高中		技　师	党办人事处	
35	赵　博	女	1985-08	2015-07		硕士			党办人事处	
36	肖　堃	女	1960-08	1977-06	党员	大学	处　长	会计师	条财处	
37	巩亚东	男	1961-06	1978-10	党员	大专	副处长	实验师	条财处	
38	王　昉	女	1975-07	1996-06	党员	大学		高级会计师	条财处	
39	陈　靖	男	1982-10	2008-06	党员	硕士		助　研	条财处	
40	李宠华	女	1972-05	2010-07	党员	硕士		助　研	条财处	
41	邓海平	男	1983-10	2009-06		硕士		助　研	条财处	
42	张玉纲	男	1972-01	1995-11	党员	大学	副主科	助　研	条财处	
43	宋　青	女	1969-05	1990-08		高中		技　师	条财处	
44	郝　媛	女	1976-04	2012-07	党员	大学		研实员	房产处	
45	杨宗涛	男	1962-09	1982-02		高中		技　师	条财处	
46	孔繁矼	男	1959-07	1976-06		大专		副　研	条财处	
47	冯　锐	女	1970-07	1994-08		大专	副主科	实验师	条财处	
48	刘　隆	男	1959-11	1976-12	党员	高中	主　科	助实师	条财处	
49	赵　雯	女	1975-10	1996-11		大专		助实师	条财处	
50	杨克文	男	1957-03	1974-12		高中		技　师	条财处	
51	柴长礼	男	1957-04	1975-03		高中		技　师	条财处	
52	李建喜	男	1971-10	1995-06		博士	主　任	研究员	中兽医	
53	严作廷	男	1962-08	1986-07	九三	博士	副主任	研究员	中兽医	
54	潘　虎	男	1962-10	1983-08	党员	大学	副主任	研究员	中兽医	
55	郑继方	男	1958-12	1983-08		大学		研究员	中兽医	
56	罗超应	男	1960-01	1982-08	党员	大学		研究员	中兽医	

（续表）

序号	姓名	性别	出生年月	参加工作时间	党群关系	学历学位	行政职务	专业技术职务	所在处室	备注
57	李宏胜	男	1964-10	1987-07	九三	博士		研究员	中兽医	
58	李新圃	女	1962-05	1983-08	民盟	博士		副　研	中兽医	
59	罗金印	男	1969-07	1992-10		大学		副　研	中兽医	
60	吴培星	男	1962-11	1985-05	党员	博士		副　研	中兽医	
61	苗小楼	男	1972-04	1996-07		大学		副　研	中兽医	
62	李锦宇	男	1973-10	1997-07	党员	大学		副　研	中兽医	
63	王旭荣	女	1980-04	2008-06		博士		副　研	中兽医	
64	王东升	男	1979-09	2005-06	九三	硕士		副　研	中兽医	
65	董书伟	男	1980-09	2007-07	党员	硕士		助　研		
66	张　凯	男	1982-10	2008-06	党员	硕士		助　研		
67	张世栋	男	1983-05	2008-07	党员	硕士		助　研		
68	王胜义	男	1981-01	2010-07	党员	硕士		助　研	中兽医	
69	张景艳	女	1980-12	2009-06		硕士		助　研	中兽医	
70	王贵波	男	1982-08	2009-07	党员	硕士		助　研	中兽医	
71	辛蕊华	女	1981-01	2008-06		硕士		助　研	中兽医	
72	尚小飞	男	1986-09	2010-07	党员	硕士		助　研	中兽医	
73	杨　峰	男	1985-03	2011-06		硕士		助　研	中兽医	
74	崔东安	男	1981-03	2014-07	党员	博士		助　研	兽药室	
75	王　慧	男	1985-10	2012-07	党员	硕士		助　研	中兽医	
76	王　磊	女	1985-09	2012-07	党员	硕士		助　研	中兽医	
77	张　康	男	1987-06	2015-07		硕士			中兽医	
78	仇正英	女	1985-01	2016-07	党员	博士			中兽医	新职工
79	梁剑平	男	1962-05	1985-10	九三	博士	副主任	研究员	兽药室	
80	李剑勇	男	1971-12	1995-06	党员	博士	副主任	研究员	兽药室	
81	蒲万霞	女	1964-10	1985-07	九三	博士		研究员	兽药室	
82	罗永江	男	1966-09	1991-07	九三	大学		副　研	兽药室	
83	程富胜	男	1971-08	1996-07	党员	博士		副　研	兽药室	
84	周绪正	男	1971-07	1994-06		大学		副　研	兽药室	
85	陈炅然	女	1968-10	1991-10	党员	博士		副　研	兽药室	
86	牛建荣	男	1968-01	1992-10	党员	硕士		副　研	兽药室	
87	王　玲	女	1969-10	1996-09		硕士		副　研	兽药室	
88	尚若峰	男	1974-10	1999-04	党员	博士		副　研	兽药室	
89	李世宏	男	1974-05	1999-07	党员	大学		副　研	兽药室	
90	王学红	女	1975-12	1999-07	九三	硕士		高级实验师	兽药室	

（续表）

序号	姓名	性别	出生年月	参加工作时间	党群关系	学历学位	行政职务	专业技术职务	所在处室	备注
91	魏小娟	女	1976-12	2004-07	党员	硕士		副　研	兽药室	
92	郭志廷	男	1979-09	2007-05		硕士		助　研	兽药室	
93	刘　宇	男	1981-08	2007-06		硕士		助　研	兽药室	
94	郭文柱	男	1980-04	2007-11	党员	硕士		助　研	兽药室	
95	李　冰	女	1981-05	2008-06	党员	硕士		助　研	兽药室	
96	杨亚军	男	1982-09	2008-04	党员	硕士		助　研	兽药室	
97	郝宝成	男	1983-02	2010-06		硕士		助　研	兽药室	
98	刘希望	男	1986-05	2010-07	党员	硕士		助　研	兽药室	
99	秦　哲	女	1983-03	2012-07	党员	博士		助　研	兽药室	
100	孔晓军	男	1982-12	2013-07	党员	硕士		研实员	兽药室	
101	杨　珍	女	1989-05	2014-07	党员	硕士		研实员	兽药室	
102	焦增华	女	1978-11			硕士		助　研	兽药室	
103	高雅琴	女	1964-04	1986-08	党员	大学	主　任	研究员	畜牧室	
104	梁春年	男	1973-12	1997-07	党员	博士	副主任	研究员	畜牧室	
105	杨博辉	男	1964-10	1986-07	民盟	博士		研究员	畜牧室	
106	孙晓萍	女	1962-11	1983-08	九三	大学		副　研	畜牧室	
107	朱新书	男	1957-06	1983-08	党员	大学		副　研	畜牧室	
108	杜天庆	男	1963-12	1989-11	民盟	硕士		副　研	畜牧室	
109	郭　宪	男	1978-02	2003-07	党员	博士		副　研	畜牧室	
110	丁学智	男	1979-03	2010-07		博士		副　研	畜牧室	
111	郭天芬	女	1974-06	1997-11	民盟	大学		副　研	畜牧室	
112	刘建斌	男	1977-09	2004-06		博士		副　研	畜牧室	
113	王宏博	男	1977-06	2005-06	党员	博士		副　研	畜牧室	
114	裴　杰	男	1979-09	2006-06		硕士		副　研	畜牧室	
115	郭　健	男	1964-09	1987-07	九三	大学		高级实验师	畜牧室	
116	牛春娥	女	1968-10	1989-12	民盟	硕士		高级实验师	畜牧室	
117	李维红	女	1978-08	2005-06	党员	博士		高级实验师	畜牧室	
118	包鹏甲	男	1980-09	2007-06	党员	硕士		助　研	畜牧室	
119	岳耀敬	男	1980-10	2008-07	党员	硕士		助　研	畜牧室	
120	褚　敏	女	1982-09	2008-07	党员	硕士		助　研	畜牧室	
121	郭婷婷	女	1984-09	2010-07	党员	硕士		助　研	畜牧室	
122	熊　琳	男	1984-03	2010-07	党员	硕士		助　研	畜牧室	
123	冯瑞林	男	1959-06	1976-03		大专		实验师	畜牧室	
124	梁丽娜	女	1966-03	1987-08		中专		实验师	畜牧室	

（续表）

序号	姓名	性别	出生年月	参加工作时间	党群关系	学历学位	行政职务	专业技术职务	所在处室	备注
125	袁　超	男	1981-04	2014-07	党员	博士		助　研	畜牧室	
126	杨晓玲	女	1987-01	2013-07	党员	硕士		研实员	畜牧室	
127	吴晓云	男	1986-10	2015-07	党员	博士			畜牧室	
128	时永杰	男	1961-12	1982-08	党员	大学	处　长	研究员	草饲室	
129	李锦华	男	1963-08	1985-07	党员	博士	副主任	副　研	草饲室	
130	王晓力	女	1965-07	1987-12	党员	大学		副　研	草饲室	
131	田福平	男	1976-09	2004-07	党员	硕士		副　研	草饲室	
132	路　远	女	1980-03	2006-06	党员	硕士		助　研	草饲室	
133	张怀山	男	1969-04	1991-12		硕士		助　研	草饲室	
134	杨红善	男	1981-09	2007-06	党员	硕士		助　研	草饲室	
135	张　茜	女	1980-11	2008-06	党员	博士		助　研	草饲室	
136	王春梅	女	1981-11	2008-06		硕士		助　研	草饲室	
137	胡　宇	男	1983-09	2010-06	党员	硕士		助　研	草饲室	
138	朱新强	男	1985-07	2011-06	党员	硕士		助　研	草饲室	
139	周学辉	男	1964-10	1987-07	党员	大学		实验师	草饲室	
140	贺洞杰	男	1987-10	2013-07		硕士		研实员	草饲室	
141	崔光欣	女	1985-10	2016-07	党员	博士			草饲室	新职工
142	段慧荣	女	1987-07	2016-07	党员	博士			草饲室	新职工
143	苏　鹏	男	1963-04	1984-07	党员	大学	主　任	副　研	后　勤	
144	张继勤	男	1971-11	1994-07	党员	大学	副主任	副　研	后　勤	
145	李　誉	男	1982-12	2004-08		大专		助　研	后　勤	
146	魏春梅	女	1966-06	1987-07	民盟	中专		实验师	后　勤	
147	王建林	男	1965-05	1987-07		中专	副主科	实验师	后　勤	
148	戴凤菊	女	1963-10	1986-08	党员	大学	副主科	实验师	后　勤	
149	李志斌	男	1972-03	1995-07		大专		实验师	后　勤	
150	马安生	男	1960-01	1978-12		高中		技　师	后　勤	
151	周新明	男	1958-04	1976-03		高中		技　师	后　勤	
152	梁　军	男	1959-12	1977-04		高中		技　师	后　勤	
153	刘庆平	男	1959-08	1976-03		高中		技　师	后　勤	
154	郭天幸	男	1961-12	1983-07		高中		技　师	后　勤	
155	徐小鸿	男	1959-07	1976-03		高中		技　师	后　勤	
156	屈建民	男	1958-02	1975-03		高中		技　师	后　勤	
157	雷占荣	男	1963-08	1983-04		初中		技　师	后　勤	
158	张金玉	男	1959-06	1976-04		高中		技　师	后　勤	

（续表）

序号	姓名	性别	出生年月	参加工作时间	党群关系	学历学位	行政职务	专业技术职务	所在处室	备注
159	路瑞滨	男	1960-05	1982-12		高中		技　师	后　勤	
160	刘好学	男	1962-06	1982-10		高中		技　师	后　勤	
161	杨建明	男	1964-06	1983-06		高中		技　师	后　勤	
162	王小光	男	1965-05	1984-10	党员	高中		技　师	后　勤	
163	陈宇农	男	1965-10	1984-10		高中		技　师	后　勤	
164	杨世柱	男	1962-03	1983-07	党员	硕士	副处长	副　研	基地处	
165	董鹏程	男	1975-01	1999-11	党员	博士	副处长	副　研	基地处	
166	王　瑜	男	1974-11	1997-09	党员	硕士	正科级	助　研	基地处	
167	李润林	男	1982-08	2011-07	党员	硕士		助　研	基地处	
168	朱海峰	男	1958-02	1975-03		大学		助　研	基地处	
169	汪晓斌	男	1975-09	2005-06		大专		助　研	基地处	
170	宋玉婷	女	1987-10	2016-07		硕士			基地处	新职工
171	赵保蕴	男	1972-05	1990-03	党员	大专		实验师	基地处	
172	樊　堃	男	1961-03	1977-04		高中	主　科	实验师	基地处	
173	李　伟	男	1963-03	1980-11		中专		畜牧师	基地处	
174	李　聪	男	1959-10	1977-04		大专		助实师	基地处	
175	张　彬	男	1973-11	1995-11		大专		助实师	基地处	
176	郑兰钦	男	1959-07	1976-03	党员	高中	主　科		基地处	
177	朱光旭	男	1959-11	1976-03	党员	大专		技　师	基地处	
178	肖　华	男	1963-11	1980-11		高中		技　师	基地处	
179	王蓉城	男	1964-05	1983-10		大专		技　师	基地处	
180	毛锦超	男	1964-02	1986-09		高中		技　师	基地处	
181	李志宏	男	1965-08	1986-09		高中		技　师	基地处	
182	钱春元	女	1962-12	1979-11	党员	中专		馆　员	其　他	
183	韩福杰	男	1962-12	1987-07	九三	大学		助　研	其　他	
184	张　岩	男	1970-09	1987-11		中专		中级工	其　他	
185	张　凌	女	1962-12	1977-01	党员	大学		经济师	其　他	
186	薛建立	男	1964-04	1981-10		初中		中级工	其　他	
187	张　项	女	1964-02	1982-12	党员	高中		实验师	其　他	

二、离休职工名册

见表 8-2。

表 8-2　离休职工名册

序号	姓 名	性别	出生年月	参加工作时间	党群关系	学历学位	原行政职务	原专业技术职务	离休时间	享受待遇
1	杨茂林	男	1922-08	1947-08	党员	初中	副主任		1983-10	副地级
2	游曼清	男	1922-04	1948-09		大学		副研究员	1985-09	司局级
3	邓诗品	男	1927-03	1948-11		大学		副研究员	1986-05	司局级
4	宗恩泽	男	1924-12	1949-02	党员	大学		副研究员	1985-06	司局级
5	杨　萍	女	1926-01	1948-03		初中	主任科员		1987-03	处级
6	张敬钧	男	1924-10	1949-06		初中		会计师	1987-11	处级
7	余智言	女	1933-12	1949-03		高中		助理研究员	1989-03	处级

三、退休职工名册

见表 8-3。

表 8-3　退休职工名册

序号	姓名	性别	出生年月	参加工作时间	党群关系	学历学位	原行政职务	原专业技术职务	退休时间	享受待遇
1	刁仁杰	男	1927-09	1949-11	党员	大学	副主任	高级兽医师	1987-12	副处级
2	侯奕昭	女	1931-01	1955-08		大专		实验师	1987-12	
3	李玉梅	女	1926-07	1952-04		初中		会计师	1987-12	
4	刘端庄	女	1932-12	1956-03		初中		实验师	1987-11	
5	瞿自明	男	1930-07	1951-08	党员	大学	副所调	研究员	1996-03	副地级
6	梁洪诚	女	1935-08	1955-08		大专		高级实验师	1990-03	
7	史振华	男	1930-05	1956-02	党员	高小	主任科员		1990-01	正科级
8	李雅茹	女	1934-12	1960-06		大学		副研究员	1990-01	
9	杨玉英	女	1934-04	1951-03	党员	大专	副主任	实验师	1990-01	副处级
10	景宜兰	女	1934-11	1953-08		中专		实验师	1990-01	
11	肖尽善	男	1930-01	1955-09	九三	大学		高级兽医师	1990-03	
12	魏　珽	男	1930-02	1956-08	党员	研究生		研究员	1990-04	
13	郑长令	男	1934-10	1951-02		高中	主任科员		1994-10	正科级

（续表）

序号	姓名	性别	出生年月	参加工作时间	党群关系	学历学位	原行政职务	原专业技术职务	退休时间	享受待遇
14	吴绍斌	男	1942-07	1963-10		大专		高级实验师	2002-08	
15	赵秀英	女	1937-02	1958-10	党员	高中		会计师	1991-08	
16	董树芳	女	1938-02	1959-09		大专		实验师	1993-02	
17	杨翠琴	女	1938-10	1957-10		初中		实验师	1993-10	
18	王宇一	男	1933-03	1961-08	党员	大学	副处调	副研究员	1993-03	副处级
19	张翠英	女	1938-03	1960-02		初中	主任科员		1993-03	正科级
20	张科仁	男	1934-01	1956-09	民盟	大学	主任	副研究员	1994-01	正处级
21	屈文焕	男	1934-01	1950-01	党员	大专	副主任	兽医师	1994-01	副处级
22	胡贤玉	女	1937-08	1961-08		大学	副处长	副研究员	1994-03	副处级
23	师泉海	男	1934-08	1959-08	党员	大学	副书记	高级兽医师	1994-10	副地级
24	刘绪川	男	1934-10	1957-08	党员	大学		研究员	1994-12	
25	王兴亚	男	1934-10	1957-10	党员	大学	主任	研究员	1994-12	正处级
26	李臣海	男	1935-01	1953-03	党员	高小	主任科员		1995-01	正科级
27	董　杰	男	1935-02	1952-08		大专		兽医师	1995-02	
28	钟伟熊	男	1935-04	1959-08	党员	大学		研究员	1995-04	
29	王云鲜	女	1940-11	1959-10	九三	大学		高级兽医师	1995-11	
30	罗敬完	女	1937-12	1963-09	九三	大专		高级验实师	1996-06	
31	姚拴林	男	1936-07	1964-08		大学		副研究员	1996-07	
32	赵志铭	男	1936-11	1960-09	党员	大学		研究员	1996-11	
33	冯永秀	男	1929-07	1951-01	九三	大专		助理研究员	1989-08	
34	游稚芳	女	1938-06	1960-09	九三	大学		助理研究员	1993-07	
35	王玉春	女	1939-05	1964-08	九三	大学		研究员	1999-05	
36	赵荣材	男	1939-05	1961-08	党员	大学	所长	研究员	2000-06	正地级
37	王道明	男	1928-05	1956-09	九三	大学		助理研究员	1988-12	
38	侯彩芸	女	1935-01	1960-09		大学		副研究员	1990-02	
39	陈哲忠	男	1930-12	1956-09	民盟	大学	主任	副研究员	1991-01	处级
40	陈树繁	男	1931-05	1951-01		大学		副研究员	1991-06	
41	兰文玲	女	1931-01	1955-08		大学		助理研究员	1987-10	
42	王素兰	女	1937-02	1960-09	九三	大学		副研究员	1992-03	
43	张德银	男	1933-01	1952-08	党员	中专	副所调	助理研究员	1993-02	副地级
44	孙明经	男	1933-10	1953-05	党员	大学	副所长	副研究员	1993-11	副地级
45	王正烈	男	1933-11	1956-09	党员	大专		副研究员	1993-12	副处级
46	刘桂珍	女	1938-11	1962-09		大学		助理研究员	1993-12	
47	李东海	男	1934-01	1959-08		大学	副主任	副研究员	1994-02	副处级

（续表）

序号	姓名	性别	出生年月	参加工作时间	党群关系	学历学位	原行政职务	原专业技术职务	退休时间	享受待遇
48	张志学	男	1933-12	1956-09	党员	大专	副所长	副研究员	1994-01	副所级
49	苏连登	男	1934-12	1963-11	党员	大学		副研究员	1995-01	
50	同文轩	男	1935-02	1959-09	民革	大学		副研究员	1995-03	副处级
51	邢锦珊	男	1935-06	1962-07	民盟	研究生	副主任	副研究员	1995-07	副处级
52	高香莲	女	1940-08	1951-01		中专	主任科员		1995-09	正科级
53	姚树清	男	1936-08	1960-09		大学		研究员	1996-09	
54	张文远	男	1936-10	1965-09	党员	研究生	主任	研究员	1996-11	正处级
55	郭　刚	男	1936-11	1960-09		大学		副研究员	1996-12	
56	周省善	男	1935-12	1961-04	党员	大学	主任	副研究员	1996-01	正处级
57	杜建中	男	1937-10	1957-08	党员	大学	主任	研究员	1997-10	正处级
58	王宝理	男	1937-10	1957-08	党员	大专	副站长	高级畜牧师	1997-10	副处级
59	张隆山	男	1937-07	1963-09	党员	大学	主任	研究员	1997-07	正处级
60	弋振华	男	1937-01	1959-05	党员	中专	主任	高级兽医师	1997-01	正处级
61	李世平	女	1943-07	1966-09	民盟	大专		助理研究员	1997-12	
62	唐宜昭	男	1938-09	1962-02	党员	大学		副研究员	1998-01	
63	张礼华	女	1939-12	1963-09	党员	大学	主任	研究员	1998-02	正处级
64	曹廷弼	男	1938-03	1963-09	党员	大学	主任	副研究员	1998-03	正处级
65	张遵道	男	1937-11	1961-05	党员	大学	副所长	研究员	1998-06	副地级
66	卢月香	女	1943-01	1967-08		大学		高级实验师	1998-07	
67	宜翠峰	女	1943-06	1966-04		高中	主任科员		1998-07	正科级
68	熊三友	男	1938-08	1963-08	党员	大学		研究员	1998-08	正处级
69	薛善阁	男	1938-08	1957-02	党员	初中	主任科员		1998-08	正科级
70	张登科	男	1938-08	1959-05	党员	中专	主任	高级畜牧师	1998-08	正处级
71	马呈图	男	1938-10	1963-07		大学		研究员	1998-10	
72	苏　普	女	1938-12	1963-08	党员	大学	主任	研究员	1998-12	正处级
73	裴秀珍	女	1944-04	1964-02		高中	主任科员	会计师	1999-04	正科级
74	张　俊	男	1939-08	1964-12		初中		经济师	1999-08	
75	陈国英	女	1944-11	1964-12		高中		馆员	1999-10	
76	雷　鸣	男	1939-12	1963-08	党员	大学	副书记	高级农艺师	2000-01	副地级
77	董明显	男	1939-12	1962-08	九三	大学		副研究员	2000-01	
78	魏秀霞	女	1950-10	1978-09		中专		实验师	2000-01	
79	陆仲磷	男	1940-03	1961-08	党员	大学	副所长	研究员	2000-06	副地级
80	王素华	女	1945-08	1964-04	党员	初中			2000-05	正处级
81	康承伦	男	1940-03	1966-09	党员	研究生		研究员	2000-04	

（续表）

序号	姓名	性别	出生年月	参加工作时间	党群关系	学历学位	原行政职务	原专业技术职务	退休时间	享受待遇
82	石　兰	女	1946-05	1965-12		高中	主任科员	会计师	2000-07	正科级
83	夏文江	男	1936-09	1959-08	民盟	大学	主任	研究员	2000-07	正处级
84	吴丽英	女	1946-09	1965-11	党员	高中	副科长	会计师	2001-10	正科级
85	王毓文	女	1946-09	1964-09	党员	高中	主科	实验师	2001-10	正科级
86	赵振民	男	1942-09	1965-08	民盟	大学		副研究员	2002-10	
87	张东弧	男	1942-09	1959-09	党员	研究生	主任	研究员	2002-10	正处级
88	王利智	男	1942-10	1965-09	九三	大学	主任	研究员	2002-11	正处级
89	侯　勇	女	1947-12	1966-09	九三	中专	副主席	会计师	2003-01	副处级
90	周宗田	女	1948-02	1977-01		中专		实验师	2003-04	
91	徐忠赞	男	1943-12	1967-09	民盟	大学		研究员	2004-01	
92	李　宏	女	1946-02	1967-08		研究生		副研究员	2004-01	
93	马希文	男	1944-02	1969-09	党员	大学	站长	高级兽医师	2004-03	正处级
94	秦如意	男	1944-03	1966-09	党员	大学	副主任	副研究员	2004-04	副处级
95	马永财	男	1944-11	1965-08	党员	初中	主任科员		2004-11	正科级
96	刘秀琴	女	1949-12	1968-07		大专	主任科员	实验师	2005-01	正科级
97	蔡东峰	男	1945-12	1968-12	党员	大学	主任	高级兽医师	2006-01	正处级
98	王槐田	男	1946-01	1970-08	党员	大学	处长	研究员	2006-01	正处级
99	苏美芳	女	1951-04	1968-11		初中	主任科员		2006-04	正科级
100	戚秀莲	女	1951-06	1972-01		中专	主任科员	助理会计师	2006-06	正科级
101	高　芳	女	1951-06	1968-11	民盟	大普		高级实验师	2006-06	
102	张菊瑞	女	1951-12	1968-12	党员	中专	副处		2006-12	副处级
103	杨晋生	男	1947-02	1968-12		中专	主任科员		2007-02	正科级
104	孟聚诚	男	1948-01	1968-06	九三	大学		研究员	2008-01	
105	刘文秀	女	1953-03	1973-08	党员	大普		副研究员	2008-03	
106	丰友林	女	1953-02	1977-01	党员	大普		副编审	2008-02	
107	刘国才	男	1948-04	1975-10	党员	初中	副处		2008-04	副处级
108	梁纪兰	女	1954-01	1974-08		大学		研究员	2009-02	
109	庞振岭	男	1949-08	1969-01		初中	主任科员	实验师	2009-09	
110	王建中	男	1949-10	1969-12	党员	中专	主任	实验师	2009-10	正处级
111	郭　凯	男	1949-09	1976-01		中专	主任科员	助理实验师	2009-09	正科级
112	赵青云	女	1955-07	1976-10	九三	中专		实验师	2010-07	
113	蒋忠喜	男	1950-08	1968-11	党员	大专	主任		2010-09	正处级
114	苗小林	女	1955-10	1974-03	党员	高中		实验师	2010-10	
115	李广林	男	1950-12	1969-06	党员	大普		高级实验师	2010-12	

（续表）

序号	姓名	性别	出生年月	参加工作时间	党群关系	学历学位	原行政职务	原专业技术职务	退休时间	享受待遇
116	胡振英	女	1956-01	1973-10	九三	大普		高级实验师	2011-01	
117	崔　颖	女	1956-10	1973-11	九三	大学		副研究员	2011-10	
118	白学仁	男	1952-06	1968-07	党员	大专	处长		2012-06	正处级
119	党　萍	女	1957-10	1974-06		大普		高级实验师	2012-10	
120	张志常	男	1953-05	1976-10	党员	中专		助理研究员	2013-05	
121	杨耀光	男	1953-07	1982-02	党员	大学	副所长	研究员	2013-07	
122	袁志俊	男	1953-08	1969-12	党员	大专	处长		2013-08	正处级
123	白花金	女	1958-09	1981-08	民盟	中专		实验师	2013-09	
124	李金善	男	1953-11	1974-12	党员	高中		实验师	2013-11	
125	常玉兰	女	1958-12	1976-03		高中		实验师	2013-12	
126	齐志明	男	1954-02	1978-10		大普		副研究员	2014-02	
127	王成义	男	1954-06	1978-09	党员	大普	处长	高级畜牧师	2014-06	正处级
128	宋　瑛	女	1959-06	1976-03	党员	高中	主任科员	助理实验师	2014-06	
129	常　城	男	1954-07	1970-04		大专		高级实验师	2014-07	
130	张　玲	女	1959-11	1976-03		大专		实验师	2014-11	
131	华兰英	女	1959-11	1976-03		高中		馆员	2014-11	
132	焦　硕	男	1955-06	1976-10	九三	大学		副研究员	2015-06	
133	关红梅	女	1960-09	1976-03	九三	大学		助理研究员	2015-09	
134	贾永红	女	1960-10	1977-03	党员	大学		实验师	2015-10	
135	脱玉琴	女	1939-07	1961-05		初中			1989-06	
136	张东仙	女	1940-04	1959-01		高小			1990-06	
137	崔连堂	男	1930-05	1949-09		初小			1990-06	
138	刘定保	男	1940-12	1960-04		高中		高级工	1984-10	
139	雷发有	男	1936-08	1957-07		初小		高级工	1981-07	
140	李菊芬	女	1936-10	1955-04		初中		高级工	1988-01	
141	雷紫霞	女	1941-02	1982-10		高中		高级工	1989-02	
142	朱家兰	女	1923-09	1959-01		高中		高级工	1982-10	
143	吕凤英	女	1947-04	1959-00	党员	初小		高级工	1997-05	
144	刘天会	男	1952-06	1969-01		小学		高级工	1998-02	
145	郑贺英	女	1949-02	1976-10		小学		中级工	1999-03	
146	耿爱琴	女	1949-10	1965-08		高小		高级工	1999-08	
147	付玉环	女	1951-10	1970-10		初中		高级工	2000-09	
148	朱元良	男	1943-12	1960-08		高小		技师	2004-01	
149	王金福	男	1946-01	1964-09		初中		高级工	2006-01	

（续表）

序号	姓名	性别	出生年月	参加工作时间	党群关系	学历学位	原行政职务	原专业技术职务	退休时间	享受待遇
150	魏孔义	男	1946-09	1964-12		高小		高级工	2006-09	
151	刘振义	男	1948-09	1968-01		高小		高级工	2008-09	
152	孙小兰	女	1959-12	1977-04		高中		高级工	2009-12	
153	陈　静	女	1960-01	1976-03		高中		高级工	2010-01	
154	刘庆华	女	1960-09	1977-04		高中		高级工	2010-09	
155	杜长岭	男	1951-01	1970-08		初中		高级工	2011-01	
156	陈维平	男	1951-06	1968-11		高中		高级工	2011-06	
157	张惠霞	女	1961-06	1979-12		高中		高级工	2011-06	
158	刘世祥	男	1953-09	1970-09		高中		技师	2013-09	
159	代学义	男	1954-03	1970-11		初中		技师	2014-03	
160	翟钟伟	男	1954-10	1970-12		初中		技师	2014-10	
161	方　卫	男	1954-10	1972-12		初中		技师	2014-10	
162	白本新	男	1955-10	1973-12		高中		技师	2015-10	
163	张书诺	男	1956-02	1980-12		大专		高级实验师	2016-02	
164	常根柱	男	1956-03	1974-12	党员	大普		研究员	2016-03	
165	谢家声	男	1956-06	1974-12	党员	大专		高级实验师	2016-06	
166	孟嘉仁	男	1956-10	1980-12		中专		实验师	2016-10	
167	游　昉	男	1956-12	1974-05	党员	高中		会计师	2016-12	

四、离职职工名册

见表 8-4。

表 8-4　离职职工名册

序号	姓名	性别	出生年月	参加工作时间	党群关系	学历学位	行政职务	专业技术职务	原所在处室	备注
1	杜文斌	男	—	1989-11	党员	硕士			兽药室	2016-6 辞职

五、各部门人员名册

见表 8-5。

表 8-5　各部门人员名册

部门	工作人员
所领导（4 人）	杨志强　刘永明　张继瑜　阎　萍
办公室（9 人）	赵朝忠　陈化琦　符金钟　张小甫　张　梅　陈云峰　罗　军　韩　忠　康　旭

（续表）

部门	工作人员
科技处（15人）	王学智　曾玉峰　周　磊　师　音　刘丽娟　杨　晓　吕嘉文　魏云霞　赵四喜 杨保平　肖玉萍　王华东　程胜利　王贵兰　陆金萍（其中编辑部8人）
党办人事处（7人）	杨振刚　荔　霞　吴晓睿　牛晓荣　席　斌　黄东平　赵　博
条件建设与财务处（16人）	肖　堃　巩亚东　王　昉　张玉纲　陈　靖　宋　青　李宠华　邓海平　郝　媛 冯　锐　赵　雯　刘　隆　杨宗涛　孔繁矼　杨克文　柴长礼
草业饲料室（15人）	时永杰　李锦华　周学辉　王春梅　张怀山　路　远　田福平　杨红善　张　茜 王晓力　朱新强　胡　宇　贺洞杰　崔光欣　段惠荣
基地管理处（18人）	杨世柱　董鹏程　王　瑜　肖　华　朱光旭　王蓉城　毛锦超　李志宏　郑兰钦 李　聪　李　伟　李润林　赵保蕴　朱海峰　汪晓斌　樊　堃　张　彬　宋玉婷
畜牧研究室（质检中心）(25人)	高雅琴　梁春年　杨博辉　冯瑞林　郭　健　褚　敏　朱新书　丁学智　郭　宪 孙晓萍　岳耀敬　刘建斌　裴　杰　王宏博　包鹏甲　郭婷婷　杜天庆　牛春娥 梁丽娜　郭天芬　李维红　熊　琳　杨晓玲　袁　超　吴晓云
兽药研究室（23人）	梁剑平　李剑勇　程富胜　王　玲　罗永江　郭文柱　郝宝成　蒲万霞　魏小娟 尚若峰　周绪正　郭志廷　刘　宇　杨亚军　李　冰　牛建荣　王学红　刘希望 杨　珍　李世宏　秦　哲　孔晓军　焦增华
中兽医（兽医）研究室(27人)	李建喜　严作廷　潘　虎　郑继方　罗超应　李宏胜　李新圃　罗金印　李锦宇 苗小楼　张世栋　王东升　董书伟　吴培星　张　凯　尚小飞　王旭荣　张景艳 王贵波　王胜义　辛蕊华　杨　峰　王　慧　王　磊　崔东安　张　康　仇正英
后勤服务中心中心（21人）	苏　鹏　张继勤　陈宇农　屈建民　梁　军　马安生　雷占荣　周新明　张金玉 刘好学　刘庆平　徐小鸿　杨建明　路瑞滨　李　誉　王小光　魏春梅　郭天幸 戴凤菊　王建林　李志斌
其他（7人）	钱春元　韩福杰　张　岩　张　凌　薛建立　张　项　陈炅然